彩图 1　高温障碍

彩图 2　冷害

彩图 3　冻害

彩图 4　沤根

彩图 5　缺水干枯

彩图 6　白菜日灼

彩图 7　光照不足

彩图 8　蔬菜受有毒物质危害

彩图 9　蔬菜受农药危害

彩图 10　萝卜霜霉病

彩图 11　黄瓜白粉病

彩图 12　葱锈病

彩图 13　苋菜白锈病

彩图 14　甘蓝菌核病

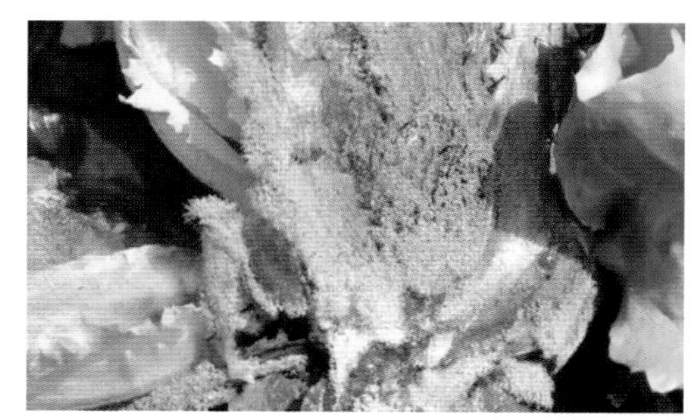

彩图 15　白菜灰霉病

彩图 16　辣椒（左）和菜豆（右）炭疽病

彩图 17　番茄晚疫病（左）和辣椒早疫病（右）

彩图 18　菜豆煤污病

彩图 19　蔬菜苗期立枯病

彩图 20　蔬菜苗期猝倒病

彩图 21　黄瓜细菌性角斑病

彩图 22　白菜软腐病

彩图 23　茄科蔬菜青枯病

条斑型(番茄病毒病)

花叶型 (茎芥菜病毒病)

蕨叶型 (辣椒病毒病)

彩图 24　蔬菜病毒病

彩图 25　番茄根结线虫病

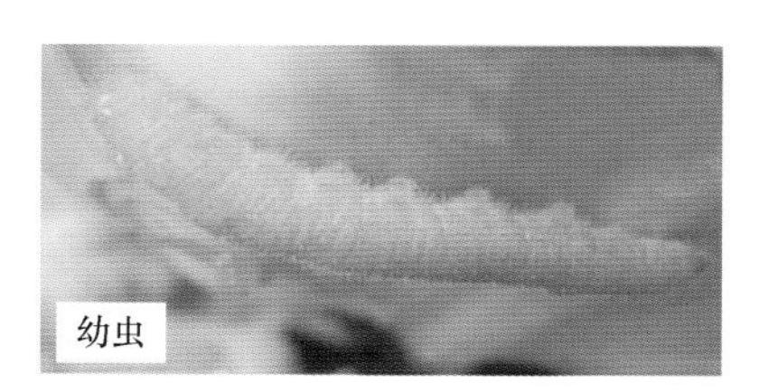

彩图 26　菜粉蝶

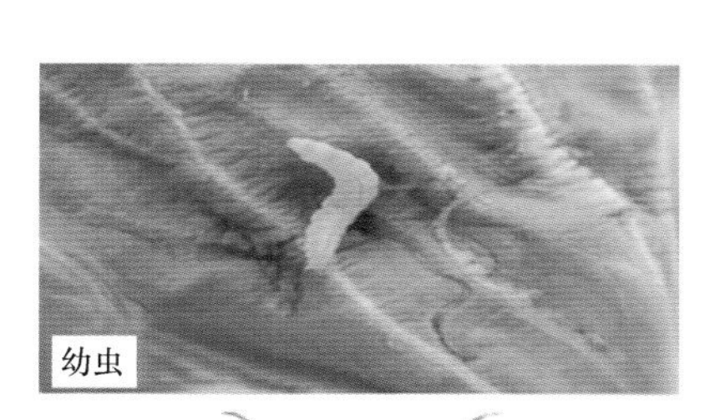

彩图 27　小菜蛾

彩图 28　斜纹夜蛾

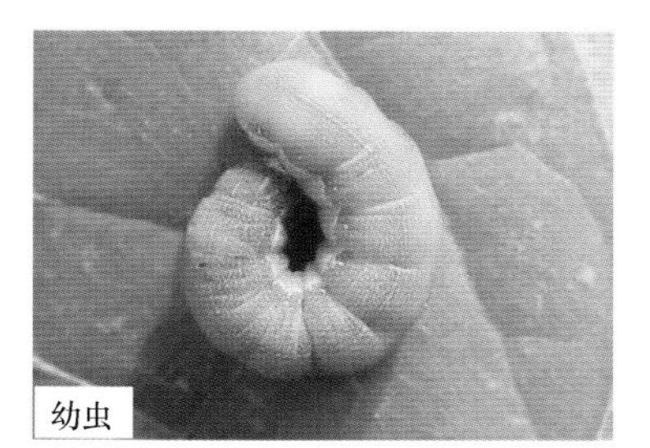

彩图 29　甜菜夜蛾

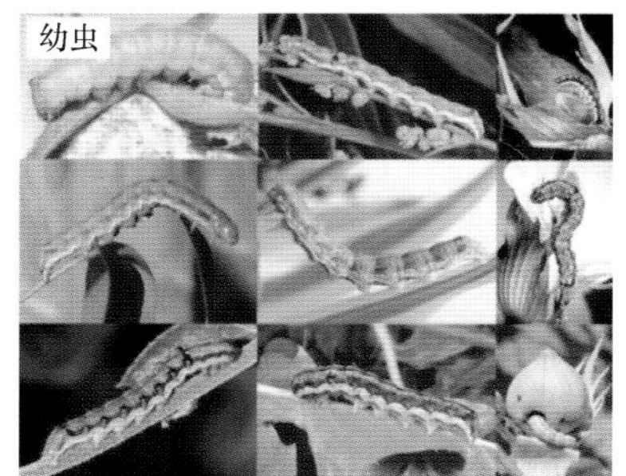

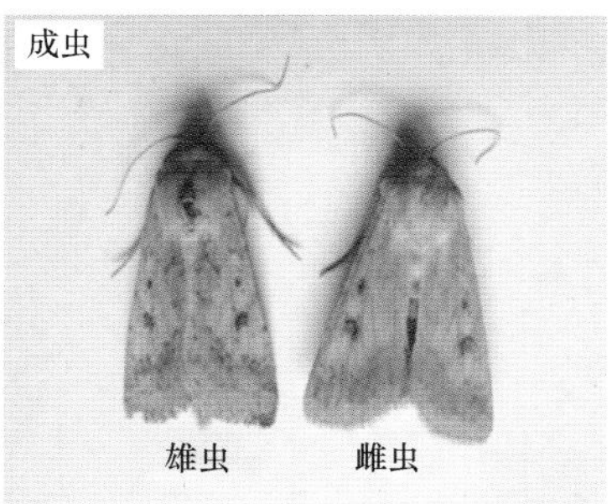

彩图 30　棉铃虫

彩图 31　短额负蝗

彩图 32　东亚飞蝗

彩图 33　茄二十八星瓢虫

彩图 34　黄曲条跳甲

彩图 35　黄守瓜

彩图 36　蚜虫

彩图 37　蓟马

彩图 38　温室白粉虱

彩图 39　烟粉虱

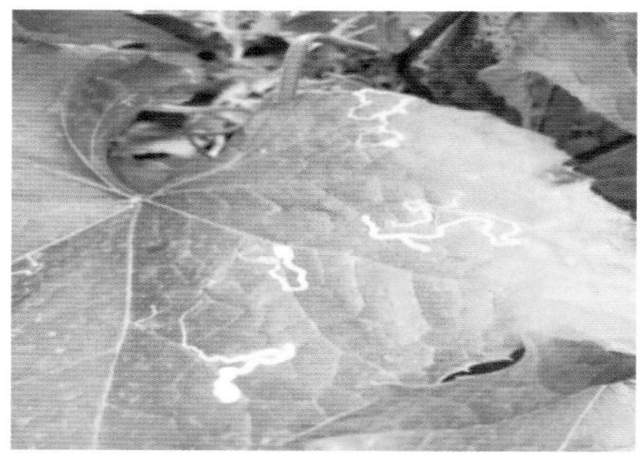

彩图 **40**　美洲斑潜蝇（左）及其危害（右）

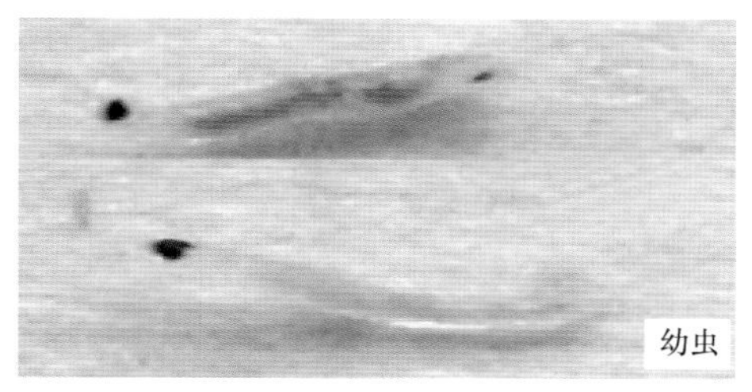

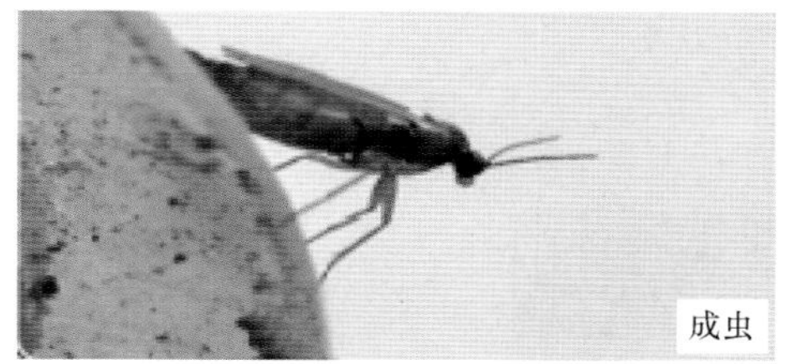

彩图 **41**　迟眼蕈蚊

彩图 **42**　斑须蝽

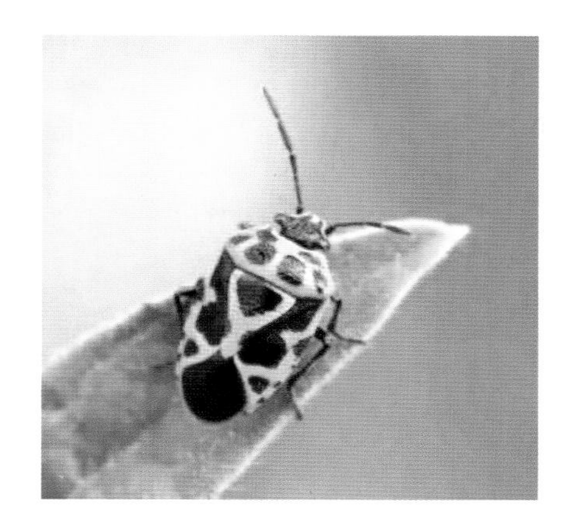

彩图 **43**　菜蝽

彩图 **44**　茶黄螨（左）及其危害（右）

彩图 45　叶螨

彩图 46　蜗牛

彩图 47　蛞蝓

彩图 48　地老虎

彩图 49　蝼蛄

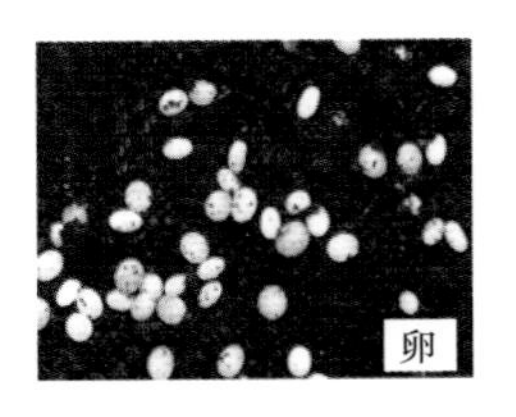

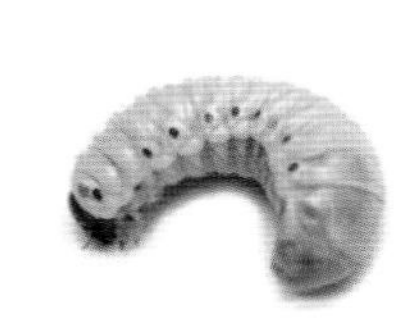

彩图 50　蛴螬

彩图 51　金针虫

蔬菜无土栽培关键技术

主　编　唐世凯　杨净云　刘丽芳
副主编　罗瑞芳　姚茹瑜　施　蕊　于龙凤
参　编　吴潇潇　龚发萍　许修文　孙　波　李晓娇

机械工业出版社

本书基于蔬菜健康安全视角，从“藏粮于地，藏粮于技”的战略出发，以有效解决粮菜用地的矛盾为目的，重点阐述设施蔬菜无土栽培关键技术中温、光、水、气、肥等核心关联因素的调控，突出“良境、良种、良法”相匹配的蔬菜生产技术体系，包括蔬菜无土栽培概述、物联系统、常用技术、管理技术、激素调控技术、育苗技术、专项技术、水肥一体化技术和病虫害防治技术等内容，以适应现代农业数智化发展的需要。

本书适合蔬菜产业生产经营管理人员、科研人员、企业及基层农技人员使用，还可作为职业菜农的技术培训教材和农林院校相关专业的教学用书。

图书在版编目（CIP）数据

蔬菜无土栽培关键技术/唐世凯，杨净云，刘丽芳主编. —北京：机械工业出版社，2023.4

ISBN 978-7-111-72360-8

Ⅰ.①蔬… Ⅱ.①唐…②杨…③刘… Ⅲ.①蔬菜园艺-无土栽培 Ⅳ.①S630.4

中国国家版本馆 CIP 数据核字（2023）第 029259 号

机械工业出版社（北京市百万庄大街 22 号 邮政编码 100037）
策划编辑：高 伟 周晓伟 责任编辑：高 伟 周晓伟 刘 源
责任校对：梁 园 陈 越 责任印制：张 博
中教科（保定）印刷股份有限公司印刷
2023 年 5 月第 1 版第 1 次印刷
184mm×260mm · 12.5 印张 · 4 插页 · 309 千字
标准书号：ISBN 978-7-111-72360-8
定价：69.80 元

电话服务 网络服务
客服电话：010-88361066 机 工 官 网：www.cmpbook.com
010-88379833 机 工 官 博：weibo.com/cmp1952
010-68326294 金 书 网：www.golden-book.com
封底无防伪标均为盗版 机工教育服务网：www.cmpedu.com

前　言

蔬菜作为必需的重要日用消费品，影响着人们的生活质量和身体健康，“菜篮子”工程也因此成为我国各级地方政府的一把手工程。得益于此，我国蔬菜产业不断发展，甚至在农产品出口增收中起到了举足轻重的作用。

我国蔬菜产业发展是技术提升和社会进步的综合结果。随着技术不断创新和社会组织化程度持续提升，生态环境更加友好、产能大幅增长、供给日益丰富、质量持续提高和销售日趋有序，蔬菜产业发展新格局业已形成。在蔬菜供给侧上，蔬菜生产从“价格数量效益型”转变为“结构质量效益型”；在蔬菜需求侧上，蔬菜消费从对“量”的满足转变为对“质”的需求。因此，基于蔬菜健康安全视角，从“藏粮于地，藏粮于技”的战略出发，有效解决粮菜用地的矛盾，成为当前社会的关注热点。

当前蔬菜产业高质量发展助推经济双循环的作用明显。第一，“短平快”禀赋性优势明显。蔬菜生产周期短、复种指数高，价格相对平稳，职业菜农收益见效快。第二，密集用工产业特点显著。蔬菜产业高质量发展，有助于稳定职业菜农就业、稳定职业菜农收入、增加“三农”收益，持续巩固脱贫攻坚成果，赓续乡村振兴，实现乡村产业兴旺。第三，破壁结构性与节令性失衡。蔬菜产业高质量发展，有助于满足消费者对蔬菜多样性的消费需求，实现蔬菜节令性平衡供应，解决蔬菜供需结构矛盾，满足消费者不断增长的蔬菜品质需求；增强蔬菜市场活力，延展蔬菜产业链，增值蔬菜价值链。第四，促进蔬菜国际贸易。利用“一带一路”“国际大通道”为我国蔬菜出口提供新路径，打破交通运输瓶颈，有助于增强我国蔬菜国际贸易便捷性和国际市场竞争力。

在蔬菜产业高质量发展中，蔬菜无土栽培技术是气候智慧型农业的核心表达。第一，提高蔬菜产业链条生产力。通过植入新技术、新方法，在持续提升蔬菜生产能力的基础上，提高土地单位面积生产力。第二，增强蔬菜生产环境适应性。在智慧物联网条件下，能加强生态系统对蔬菜的庇护适应作用和对职业菜农的内生动力培育。第三，挖掘蔬菜生产效益多样性。通过蔬菜无土栽培去发掘促进经济、生态和社会效益的多样性潜能。

鉴于此，我们编写了本书。本书由蔬菜无土栽培概述、物联系统、常用技术、管理技术、激素调控技术、育苗技术、专项技术、水肥一体化技术和病虫害防治技术等内容组成，共九章。其中，云南省贸易经济学校刘丽芳老师编写了第一章并增补完善了第六章、第七章部分内容，云南农业职业技术学院吴潇潇老师、罗瑞芳老师、杨净云副教授、姚茹瑜老师完成了第二章、第三章、第四章、第七章、第九章的编写工作，西南林业大学施蕊教授、龚发萍高级工程师分别编写了第五章、第六章，中基国研科技（云南）有限公司许修文编写了第八章，滇西科技师范学院于龙凤教授、李晓娇老师和云南林业职业技术学院孙波老师分别对相关技术及数据进行了复核校对。由西南林业大学唐世凯教授统稿，并对各章节内容进行修改完善。

需要特别说明的是，本书所用药物及其使用剂量仅供读者参考，不可完全照搬。在实际生产中，所用药物学名、通用名和实际商品名称存在差异，药物浓度也有所不同，建议读者在使用每一种药物之前，参阅厂家提供的产品说明以确认药物用量、用药方法、用药时间及禁忌等。

本书在编写过程中得到了广大业内专家学者、科技工作者、蔬菜职业人员的大力支持，玉溪农业职业技术学院陈世禄副教授提供了食用菌类蔬菜无土栽培技术的部分照片，在此一并表示感谢！由于编者水平有限，书中错漏在所难免，敬请读者批评指正。

编　者

目　录

第一章　蔬菜无土栽培概述

第一节　发展概况

我国古代农业栽培技术领先，蔬菜种类繁多并逐渐成为人们日常生活中必不可少的重要食物。随着社会的进步和农业科学技术的发展，蔬菜栽培技术日益精湛，逐渐从“苗圃”到“田地”、由“陆生”向“水培”、经“传统”跨“智慧”、用“设施”替“常规”，不断创新发展。

一、发展现状

我国是全球蔬菜生产量和消费量最大的国家，目前蔬菜已成为我国种植业中仅次于粮食的第二大农作物。一直以来，我国蔬菜产业持续稳定发展，总体上满足了城乡居民对蔬菜数量、质量、品种日益增长的需要，播种面积由 1989 年的 629.03 万 hm^2 增加到 2021 年的 2174.43 万 hm^2，增长了 2.5 倍；蔬菜产量由 1989 年的 17608.80 万 t 增加到 2021 年的 77548.78 万 t，增长了近 3.4 倍；蔬菜出口量由 1989 年的 82.00 万 t 增加到 2020 年的 1017.05 万 t，增长了约 11.5 倍（表 1-1）。

表 1-1　近年来我国蔬菜生产情况

年份	蔬菜播种面积/万 hm^2	蔬菜产量/万 t	蔬菜出口量/万 t
2012	1849.69	61624.46	741.00
2013	1883.63	63197.98	778.00
2014	1922.41	64948.65	802.56
2015	1961.31	66425.10	832.62
2016	1955.31	67434.16	827.00
2017	1998.11	69192.68	925.00
2018	2043.89	70346.72	948.00
2019	2086.27	72102.60	978.89
2020	2148.55	74912.90	1017.05
2021	2174.43	77548.78	—

注：本表数据来源于国家统计局。

随着我国经济社会的不断发展，人们对美好生活需求的不断提升，人们越来越重视生活质量，而安全和健康是对蔬菜质量的根本要求。从全国整体情况来看，蔬菜产品质量总体是安全的，消费者可放心食用；但也有部分蔬菜产品确因技术措施失当，过多使用农药、化肥和激素等，在抽检过程中被发现有重金属、农药残留超标等问题并发生一系列食品安全事件。随着社会发展，人们对蔬菜产品质量的要求越来越高，对市场上售卖蔬菜的安全性越来越重视，绿色蔬菜和有机蔬菜越来越受欢迎，甚至有的家庭选择自己种植蔬菜以保证蔬菜的安全性，而蔬菜无土栽培技术在一定程度上可满足居住在城镇的居民自行种植蔬菜的需求。蔬菜无土栽培技术用人工配制的培养液供给植物矿质营养的需要，所用培养液严格按照蔬菜产品的“绿色”“健康”标准配制，既易于控制又可以循环使用，能有效控制农药、化肥和激素的使用，减少蔬菜中重金属、农药残留和激素等物质的含量。当然，在蔬菜生长过程中，必需营养元素的组分和需要量与化肥的用量不能完全画等号，这些将在本书相应章节中阐述。

二、发展历程

蔬菜无土栽培，又称蔬菜水培、营养液栽培和固体基质栽培等，即采用“蔬菜设施栽培技术”，对于蔬菜正常生长所需的温度、光照、水分、养分、氧气等要素，通过人工智能（AI）的“设施”条件代替“土壤”全面提供。蔬菜无土栽培技术实现了现代科学技术与农业生产技术的有机结合，在控制设施设备和生产要素的情况下进行，不受土壤和其他环境条件的限制，极大地节约蔬菜生长的空间和时间，加速蔬菜的上市周期，能较好地控制蔬菜质量，提高蔬菜的复种指数、生物产量、产品质量和经济效益。该方法可节省水分、肥料和其他生产资料，有效解决传统有土栽培蔬菜“高产”与“品质”之间的矛盾，实现“优质”与“高产”的统一。因其不用土壤，可在沙漠、海滩、荒岛、屋顶和阳台等场所进行生产，属于省力省工的“减量化”生产，有利于加强蔬菜生产管理，提高效率与效益，其未来的发展前景广阔。

从19世纪中期至今，已经有许多的科技工作者对蔬菜无土栽培技术进行了持续的系统研究，获得了较好的成果并不断发展。

1. 国外研究进展

德国是最早研究无土栽培技术的国家。1840年，德国科学家李比希（Leibig）提出了植物矿质营养学说，为现代无土栽培技术奠定了坚实的理论基础。1842年，德国科学家卫格曼（Wiegman）和波斯托罗夫（Postolof）利用非土壤栽培植物获得成功，是无土栽培的雏形。1859—1865年，德国科学家萨奇斯（Sachs）和克诺普（Knop）利用硝酸钾、硝酸钙、磷酸二氢钾、硫酸镁和氯化铁配制营养液，用营养液培养多种植物获得成功，有力地证明了植物矿质营养学说的正确性，同时建立了沿用至今的用矿质营养液培养植物的方法，并逐步演变成现代的无土栽培技术。

美国是最先将无土栽培技术用于商业化生产的国家。1929年，美国加利福尼亚大学教授格里克（Goricke）在其实验室中用营养液无土栽培番茄获得成功，并获得了“水培植物设施”的专利。1935年，美国科学家霍格兰（Hoagland）和阿农（Arnon）等人研究分析了不同土壤溶液的组分及浓度，从而提出了许多营养液的配方。但无土栽培技术从实验室研究走向实际生产运用却经过了约20年的漫长岁月，直到20世纪40年代前后，无土栽培作为一种新的栽培方法才被大规模应用于蔬菜生产，最先是许多军事基地采用无土栽培技术种植蔬菜以供军用，此后，人们继续发展蔬菜无土栽培技术。据报道，截至2017年年底美国设施园艺总面积达21702hm^2，已转向研究太空农业中的无土栽培技术，并已在该领域走在世界前列。

英国是最早普及蔬菜栽培营养液膜技术（Nutrient Film Technique，NFT）的国家，现已改为深液流水培技术（Deep Flow Technique，DFT）。1939—1945年，英国先后在伊拉克的哈巴尼亚和波斯湾的巴林群岛用无土栽培技术生产蔬菜。1973年，英国温室作物研究所的库柏（Cooper）提出了营养液膜技术，并于1981年采用自动化技术控制营养液和相应环境生产番茄，年产量达220万kg，被称为当时世界上最大的“番茄工厂”。1985年，英国岩棉培蔬菜面积达181hm^2。1999年，英国学者萨瓦斯（Savvas）和马诺斯（Manos）通过补充灌溉液中消耗的水分和养分以保持电导率平衡，实现对营养液的有效调整和循环再利用。截至2017年年底英国设施园艺总面积为2852hm^2。

荷兰是世界上无土栽培面积最大的国家。1993年无土栽培面积已达3750hm^2，1997年就建有10000hm^2温室，其中蔬菜作物占4500hm^2、花卉占4400hm^2、盆栽作物占1100hm^2。1999年，荷兰的帕尔东斯（Pardons）等人在NFT栽培中，开展氯化钠对芹菜生长影响研究的结果显示，使用合适浓度的盐对于改善芹菜的品质是很有效的。2000年，荷兰的阿尔图鲁（Altunlu）等人研究表明，不供液无土栽培和基质袋培的两种无土栽培类型对黄瓜采摘后的品质有重要的影响。目前，荷兰的无土栽培作物主要是番茄、黄瓜、甜椒和花卉（主要是切花），其中大部分实现了微电脑控制，成为无土栽培技术现代化和自动化生产管理水平最高的国家之一。

日本无土栽培技术在第二次世界大战结束后迅速发展，是无土栽培技术较发达的国家。20世纪80年代，日本无土栽培面积扩大至近300hm^2，其蔬菜无土栽培系统主要以DFT为主，花卉无土栽培以岩棉培为主。1993年，日本无土栽培面积已发展到455hm^2，其中水培面积超过380hm^2、固体基质栽培面积为46hm^2、岩棉培面积为29hm^2。2003年，日本的无土栽培面积达到1500hm^2，2005年达到1634hm^2。日本不仅在无土栽培的实验研究和大面积应用方面处于世界领先水平，对植物工厂的研究也处于世界领先水平，研制出的各种全自动控制设施设备，可使植物工厂基本实现完全机械化和自动化生产。另外，波兰、丹麦、挪威、以色列、加拿大、俄罗斯等国也有一定面积的蔬菜无土栽培。

2. 国内研究进展

我国无土栽培有悠久的历史。豆芽生产、水仙花盆养等是最早的无土栽培雏形，其中豆芽生产最早可以追溯到北宋时期。我国无土栽培蔬菜应用较早，但开展无土栽培研究工作并最终走向大规模生产的时间比国外晚了很多年。

（1）起步阶段　1937年，上海市四维农场采用基质培育出少量番茄供应市场。1959年，上海市宝山县的菜农用瓦砾作为蔬菜无土栽培基质，在缸内成功种出番茄，1966年用同种方法试种茄子和黄瓜获得成功。1969年，台湾省龙潭农校开始了砾培蔬菜的研究和生产，获得成功。1976年，山东农学院（现为山东农业大学）利用温室进行黄瓜、番茄、韭菜、小白菜和小萝卜等多种蔬菜的无土栽培效果研究，获得成功之后，对温室蔬菜无土栽培形式及营养液配套系统进行研究，但均未能形成商品化规模生产。

1978年，随着改革开放和旅游业的发展，一些涉外单位对洁净和无污染的生食蔬菜需求激增，农业部（现为农业农村部）和东南地区各省市及时组织“七五”科技攻关，把蔬菜无土栽培列为重点攻关课题，我国的蔬菜无土栽培技术研究和推广得以发展。1982 年，上海市农业科学院园艺所在蔬菜无土育苗的基础上开展了蔬菜无土栽培，于 1985 年在温室中进行营养液水培番茄，每亩（1 亩≈666.67m^2）产量达到 7788kg，产品主要销往西餐馆。1984—1987 年，山东农业大学与胜利油田合作研究果蔬无土栽培系统，利用温室无土栽培蔬菜面积达 0.67hm^2，番茄每亩产量高达 13000kg。1985 年 5 月，我国成立了自己的第一个无土栽培学术组织，即中国农业工程学会无土栽培学术委员会（现为中国农业工程学会设施园艺工程专业委员会），并定期召开年会，与国际无土栽培学术组织建立关系，借鉴和吸收了许多国外无土栽培的科学技术成果。

（2）成长阶段 20 世纪 90 年代初期，在借鉴国外无土栽培技术的基础上，结合我国现有的条件和环境，南方一些企业建立了一批无土栽培基地。1986—1995 年，我国蔬菜无土栽培面积从 1985 年的不到 1hm^2 发展到 1995 年的 50hm^2。1996—2000 年“九五”科技攻关期间，工厂化高效农业示范工程被列为国家重大科技产业工程项目，在沈阳、北京、上海、杭州和广州五个大城市建立工厂化新型设施园艺科研和工程示范基地 33.30hm^2，陕西杨凌高新农业示范区也建起了大型的连栋玻璃温室，推进蔬菜产业化、规模化和集约化发展。至 1997 年，我国无土栽培面积达到 100hm^2 左右。

（3）发展阶段 随着国家和社会各界的重视，无土栽培技术在我国获得了迅速发展。2001 年无土栽培技术被列为“国家高技术研究发展计划”（简称 863 计划）的研究内容，经过众多科学家及农业工作者的辛苦付出，取得了一大批科技成果，我国无土栽培面积进一步扩大，2005 年达 1200hm^2，2011 年达到了 3000hm^2。近年来，我国各研究机构和组织对无土栽培的生产模式、基质配方、营养配方和灌溉方式等都有了深入的研究，2016 年中国科学院植物研究所和福建三安集团联合，利用人工光谱补光配方和水肥一体化技术，建立了世界上面积最大的全人工植物工厂，实现了我国蔬菜无土栽培的大规模产业化生产应用。2017 年，北京蔬菜研究中心通过引进和参考国外水培设施，结合我国现实经济水平研究开发出了蔬菜深液流水培技术（DFT）设施。

随着对无土栽培技术认识的加深，我国蔬菜无土栽培面积将继续扩大，栽培技术水平也将继续提高。

第二节 效益分析

随着数字化渗透不断深入，无土栽培技术使蔬菜生产摆脱了自然环境的制约，人们能对蔬菜生长所需的全部环境条件进行精准控制并按照人们的意愿向着机械化、工厂化、自动化和智慧化的生产方式发展，透明化、可视化和信息化作用更加凸显，数字化是智控蔬菜生产方式的现代化标志，蔬菜产业数字化将对我国“三农”发展和乡村蔬菜产业振兴起到重要推动作用。

一、经济效益

1. 促进生产效益提升

蔬菜无土栽培技术能节省蔬菜生产的劳动力成本，增加效益；简化蔬菜生产的劳作环

节，提高效率；实现物联系统的现代智能化，精准提质。传统蔬菜栽培从播种到采收的整个过程，除了施肥、浇水等工序外，还需要整地、中耕、锄草等作业，需要投入大量的劳动力，而无土栽培技术不需要中耕、整地、锄草等生产作业环节，浇水、追肥同程实现，营养液供应可通过机械化或自动控制定时定量精准供给，实现水肥一体化，操作简便且不会造成浪费，极大地减轻了劳动强度，节省劳动力50%以上，降低蔬菜管理成本，还提高效率。同时，蔬菜所需的水分和营养可得到精确的控制，保证蔬菜生长过程所需的营养成分“恰到好处”，不浪费生产资料，也不会出现蔬菜生长缺肥缺水或施肥用水浪费现象，从而提高蔬菜品质和产量，增加蔬菜的销售价格和经济收益。

2. 节约耕地

目前，可有效利用的耕地资源呈下降趋势。随着人口增长及城镇化建设加快，用于蔬菜种植的耕地面积也在减少，而利用蔬菜无土栽培技术，生产蔬菜并非完全依赖耕地，在人均耕地面积减少的情况下不会影响蔬菜作物生产。在有限的耕地面积上进行蔬菜无土栽培技术，可实现蔬菜立体种植，能有效提高蔬菜单产，破解菜粮争地的难题，对我国“菜篮子”工程的高质量持续绿色发展具有重要意义。

3. 降低土地成本

2011—2020年，我国蔬菜栽培的单位面积土地成本呈现上升趋势，随着人均耕地面积的下降和对蔬菜产品需求的不断增加，蔬菜栽培的土地成本还会增加。与传统有土蔬菜栽培相比，利用无土栽培技术种植蔬菜摆脱了“土”的约束，在沙滩、荒原或者难以耕种的地区甚至小区阳台、露台及屋顶等都可以种植蔬菜，不需要占用耕地，可减少对耕地的浪费，并且节约土地成本（图1-1）。

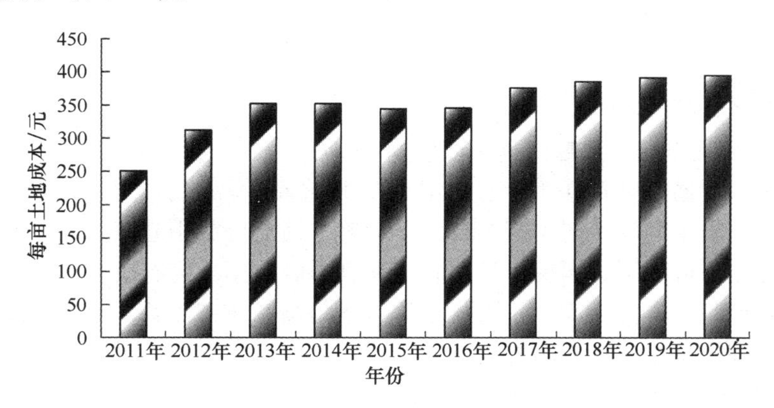

图1-1　2011—2020年我国蔬菜栽培每亩土地成本

注：本图数据来源于国家统计局。

二、生态效益

无土栽培可以有效避免或减轻过度施用化肥、农药等造成的污染，实现生产过程和产品的健康安全。

1. 减少环境农药残留

传统的有土栽培，连年种植易造成病虫害发生严重，特别是近年来兴起的设施栽培技术，在高效重复种植的情况下，病虫害发生尤其严重。另外，土壤栽培易过度施用肥料，肥料分解发酵产生臭味，也会污染环境，还会使很多害虫滋生，危害作物。为避免病虫害蔓延，通常采用的方法就是施用农药，但农药残留会造成严重的环境污染，并通过“农药—作物—动物—人”进行富集，人成为农药残留的终极受害者。无土栽培可防止因土传病原菌传播的多种恶性病害发生，阻断病原菌传播渠道，特别是水培法可从根本上杜绝此类问题。另外，无土栽培可以改善根际微环境，促使植株健壮生长，增强抗病能力，从而减少农药的使用，减少蔬菜产品中农药残留量。

2. 减少环境污染

若在土壤栽培中施用有机肥，施用前需要使有机肥充分腐熟发酵，在此过程中由于氨气的挥发会产生臭味，污染环境。另外，蔬菜生产过程中，主要以施用化肥为主，若过度施肥，大部分化肥被释放到环境中，也会对环境造成污染。化肥、农药的过量和盲目使用，一方面带来农资成本投入的增加，另一方面又给土壤、水质、大气造成污染。无土栽培可精确控制肥料的施用量，避免过度施肥，从而可以很好地避免有机肥分解过程产生的污染和多余养分释放到环境中造成的污染。

3. 保护有限的耕地资源

采用传统的有土栽培，在蔬菜生长过程中，因土壤水分蒸发和作物蒸腾作用，使土壤中的矿质元素由土壤下层移向表层，随着时间的推移，土壤表层积聚了很多盐分，造成土壤盐渍化，危害作物生长。尤其是温室栽培，考虑到建设成本和经济效益，建好后一般不轻易搬动，常年连续的耕种使得土壤盐分积聚，造成土壤养分失衡。在极端情况下，解决土壤盐渍化问题只能用耗工费力的“客土”方法解决。而采用无土栽培技术生产蔬菜，可有效避免此类问题发生，保护有限的耕地资源。

三、社会效益

1. 提供优质蔬菜产品，提高绿色生活质量

蔬菜无土栽培可通过从源头控制生产资料，提高蔬菜品质，从而提高消费者的生活质量。现实中，越来越多的城镇居民把阳台、露台等空地充分利用起来，利用花盆、泡沫箱等种植蔬菜，这种栽培模式下，居民可控制农药和肥料的使用。另有研究表明，无土栽培技术较成熟的国家和地区，单位面积产量可比土壤栽培提高 0.4~20 倍，因作物而异，一般提高 2~4 倍，我国试验示范结果证实多提高 30%以上。

2. 发挥生产资源优势，促进生态良性循环

蔬菜无土栽培可节约生产资料和资源要素。采用传统有土栽培，由于渗透、蒸腾和地表径流等作用，作物生长需水量较大，水利用率较低，造成水资源严重浪费；而采用无土栽培技术，在人为控制下，可避免水分大量的渗漏和流失，提高水资源的利用率。有研究表明，无土栽培技术节水率为 50%~66.7%，肥料利用率提高 20%~30%，节水、节肥效果明显。无土栽培技术必将成为节水型农业、旱区农业的首选。蔬菜无土栽培技术节水省肥、省工省时，较传统有土栽培具有节约资源的作用。

3. 发挥人力资源优势，加强社会协同发展

蔬菜无土栽培技术能激发社会内生动力，推动社会持续发展。传统的有土栽培只是简单的劳动力重复，操作者不需要有较高的文化知识，凭借经验也可进行蔬菜生产管理；无土栽培较传统的有土栽培而言，基质营养液的配制有一定的科学性和技术性，且工厂化无土栽培还需要借助机械或计算机系统进行生产管理，这就要求操作者需具备一定的科学文化知识和专业知识，无土栽培的整个生产管理过程会提供传统蔬菜生产所没有的工作岗位，需要大量高素质的职业农民从事蔬菜生产，创造并提供新的劳动就业机会，为稳就业、稳增长做出新贡献。

4. 治理生态环境污染，推动新型乡村发展

蔬菜无土栽培能有效防止环境污染。乡村污染治理是绿色发展、生态文明建设和乡村振兴战略的任务之一。农业生产中，为了增产、增收、提高种植效益，农药、化肥、农用薄膜是必不可少的生产资料。从表 1-2 可以看出，2007—2020 年，我国农用薄膜和农用化肥的使用量呈先增后减的单峰曲线，峰值出现在 2015 年，分别为 260. 36 万 t 和 6022. 60 万 t；农药使用量也呈先增后减的单峰曲线，峰值出现在 2014 年，达 180. 33 万 t。除 2020 年农药使用量较 2007 年减少外，2020 年农用薄膜和农用化肥的使用量远高于 2007 年。部分生产资料的大量使用给环境带来的污染问题日益严重，对构建美丽乡村也存在不利影响，扩大无土栽培面积，可减少农用薄膜、化肥、农药的使用量；无土栽培具有节肥节水，减少化肥、农药使用量，降低蔬菜生产中农药化肥污染的作用，对减少农业面源污染、治理美丽乡村建设具有重要的作用，可推动新型乡村发展。

表 1-2　我国部分农业生产资料使用情况　　（单位：万 t）

年份	农用薄膜使用量	农药使用量	农用化肥使用量
2007	193. 75	162. 28	5107. 80
2009	207. 97	170. 90	5404. 40
2011	229. 45	178. 70	5704. 20
2013	249. 32	180. 19	5911. 90
2014	258. 02	180. 33	5995. 90
2015	260. 36	178. 30	6022. 60
2017	252. 84	165. 51	5859. 41
2018	246. 68	150. 36	5653. 43
2019	240. 77	139. 17	5403. 59
2020	238. 90	131. 30	5250. 65

注：本表数据来源于国家统计局及中国农村统计年鉴。

目前，世界上有 100 多个国家和地区在应用和发展无土栽培技术，随着研究的深入和自动化水平的提高，蔬菜无土栽培技术管理水平随之提高，应用范围和栽培面积也将不断扩大，可实现集约化、工厂化生产，达到优质、高产、高效和低耗的目的，且从栽培设施到植物生长所需环境都能做到实时监测和调控。但是，蔬菜无土栽培技术在从小规模生产到大规模化生产进程中也存在不少问题。其中，投入成本高、一次性投资大是最突出的问题；同时，对管理人员的科学知识和管理水平也有较高要求。此外，对蔬菜无土栽培中的病虫害防治、基质营养液的消毒和废弃基质的处理等问题，以及如何做到减少污染和浪费，也需进一步研究解决。随着科学技术的发展和提高，人们对无土栽培技术的研究还在继续，随着研究的深入，无土栽培将向人们展现出无限广阔的发展前景。

第二章　蔬菜无土栽培物联系统

当下，随着计算机、人工智能和5G+4K技术的快速发展，蔬菜无土栽培的物联系统也在不断发展变化。物联系统是蔬菜无土栽培重要的基础设施，主要包括温室棚架系统、栽培系统、温室环境智能监控系统和无线监控网络通信系统等部分。不同地区、不同蔬菜品种对于环境的要求是不同的，传统大田生产受自然条件的制约较大，无法进行全年生产，而蔬菜无土栽培物联系统可以根据种植区域的气候类型、地形地貌及蔬菜类型等，从安全性、适用性和耐久性三个方面进行综合考虑，并根据投资成本、运营成本等因素，合理选择组合类型用于蔬菜生产。通过温室大棚改善蔬菜生长所需的光照、温度、水分和气体等环境条件，匹配适宜的栽培系统，并运用温室环境智能监控系统和无线监控网络通信系统等现代技术实现对温室环境的自动检测与调控，确保蔬菜能够在适宜的人工条件下实现全年无障碍生产。

第一节　温室棚架系统

温室或温棚是蔬菜无土栽培物联系统的重要设施之一，它通过改善蔬菜生长所需的温度、湿度和光照等环境条件，使蔬菜在传统不宜生长的季节或地域得以正常生长发育。为蔬菜的非季节性或非地域性正常生产提供良好的保障。

作为温室或温棚的棚架系统，主要是对温室或温棚起到“骨架支撑”的作用，其承力性和持久性至关重要。按照屋架材料、采光材料、外形、加温条件及作用等，可把温室分成很多种类。

一、PC阳光板温室

PC阳光板，也称聚碳酸酯阳光板，在设施农业建设中应用广泛。PC阳光板透光率高、密封性好、抗冲击性强、保温效果好，是目前所有覆盖材料中综合性能最好的一种高新节能型环保塑料板材。如PC阳光板温室，是一种使用PC阳光板作为覆盖材料的连栋温室（图2-1）。

近年来，PC阳光板温室在我国发展迅速，并且主要集中在北方地区。与玻璃温室相比，PC阳光板温室具有重量轻、骨架材料消耗少、成本低、结构件遮阳率低、使用寿命长、生产效率和环境控制能力强等优点，取得的效果基本与玻璃温室相同。另外，PC阳光板的产品结构和特性使用户可根据不同需求选用相应的产品，是一种具有较高灵活性和实用性的覆盖材料，用户接受度较强，成为目前现代温室发展的主流。

PC阳光板温室主要包含主体结构骨架、覆盖材料（PC阳光板）、开窗通风系统、遮阳系统、降温通风系统、控制系统和室内照明系统等配置，还可在实际生产时选择灌溉、增温、苗床等配置。

图 2-1　PC 阳光板温室

注：本图来源于青州市鑫华生态农业科技发展有限公司。

二、薄膜温室

薄膜温室是集各类温室大棚的优势于一身的复合型大棚，塑料薄膜温室能够充分吸收阳光，具有很好的保温作用，可为蔬菜的生长发育提供适宜的温度。其主要覆盖材料有聚氯乙烯（PVC）薄膜、聚乙烯（PE）薄膜和乙烯-乙酸乙烯酯共聚物（EVA）薄膜三类，具有价格低廉、使用方便和经济实用的显著特点，在我国的大部分地区均有使用。

PVC 薄膜使用的历史较长，为人们所熟知；PE 薄膜在我国农用大棚和塑料温室的使用中占主导地位；EVA 薄膜是一种新型的绿色环保可降解薄膜材料，具有高透明、柔软、坚韧等优点，使用后可被自然微生物降解，废弃或明火燃烧时不会对自然环境造成污染，但其成本相对较高。

1. 结构特点

（1）结构简单　鉴于塑料薄膜的特性，薄膜温室的承重结构、固膜系统和安装要求等均相对简单。薄膜温室常采用热浸镀锌轻钢或普通钢作为承重材料，无檩体系作为承重系统，纵向杆件作为系杆和连系梁使用，这样可简化结构，减少用钢量。

（2）灵活多样　薄膜温室在其生产和发展过程中受到地域和市场需求等诸多因素的限制和影响，并在生产中结合自身结构特点，形成了不同形式和规格的新型薄膜温室系列产品。

2. 主要类型

（1）锯齿形薄膜温室　锯齿形薄膜温室是在天沟垂直方向设计通风屋面的温室形式（图 2-2），具有外观新颖现代、结构稳定、视觉流畅、透光率极强（可高达 90%以上）、抗风雪能力强的特点。在夏季气温较高、冬季温度也不太低的南方地区，锯齿形薄膜温室是比较理想的温室结构类型，但在夏季干燥、冬季寒冷的地区不宜推广。

（2）双层充气薄膜温室　双层充气薄膜温室是简单的保温节能型温室。其室内温度变化比较平缓，保温性能可以比普通温室高 30%以上，但透光率一般比普通温室低 10%左右。在我国冬季光照充足、气温较低的北方地区具有较好的经济效能；我国长江以南地区由于冬季光照不足、气温较高，双层充气的节能效果很难弥补由于透光不足而造成的损失，一般不宜采用。

图 2-2　锯齿形薄膜温室

注：本图来源于成都禾前雨农业科技有限公司。

（3）拱形薄膜温室　拱形薄膜温室是经济适用型的蔬菜温室大棚，其造型美观、价格合理，深受用户欢迎（图 2-3）。拱形薄膜温室的顶部呈弧形、外观线条流畅，用钢量小、保温性能好、建造成本低、性价比较高，适用于我国绝大部分地区。

图 2-3　拱形薄膜温室

注：本图来源于青州博发温室工程有限公司。

三、节能日光温室

节能日光温室是我国独有的一种温室类型（图 2-4），主要依靠白天太阳辐射积蓄热量，使温室内温度升高；夜间运用保温设备减少室内热量散失，维持室内温度平稳，最大限度地获得和保护太阳辐射能量，让蔬菜在寒冷地区可以正常越冬而无须加温处理。节能日光温室具有保温性能好、投资少、节约能源等特点，较适宜在北方农村使用。

节能日光温室种类较多，但其本质没有太大的差别。只是根据不同地区的气候和习惯的不同，使用的节能日光温室各具特点。随着节能日光温室的不断发展，不断吸收各种日光温室的优点，未来节能日光温室将更趋于合理化、科学化和高效化。

图 2-4　节能日光温室

注：本图来源于成都禾前雨农业科技有限公司。

四、玻璃温室

玻璃温室是以玻璃作为主要透光覆盖材料的一种新型温室（图 2-5）。玻璃温室具有外观现代新颖、结构稳定、采光面积大、使用寿命长、耐腐性和透光率极强等特点，适用范围广泛，根据种植的植物不同分为多种不同温室。

图 2-5　玻璃温室

注：本图来源于青州市弘景温室工程有限公司。

根据覆盖玻璃的层数可将温室分为单层玻璃温室和双层中空玻璃温室。只覆盖一层玻璃的温室称为单层玻璃温室，覆盖有双层玻璃的温室称为双层中空玻璃温室。目前，一般采用浮法平板玻璃，主要有 4mm 和 5mm 两种规格。气候条件较差的地区，如多冰雹地区，应选择 5mm 规格的玻璃。玻璃温室一般以钢架结构为主，自动化程度较高。

目前，市面上使用比较广泛的一种玻璃温室的结构形式是文洛型结构。这种结构采用水平桁架做主要承力的构件，与立柱共同形成稳定的承重结构。传统的文洛型结构每跨水平桁架上支撑2~4个3.2m跨度的小屋面，形成标准的6.4m、9.6m、12.8m跨度的温室。这种结构的屋面承力材料选用铝合金材料。近年来，我国对传统结构进行了改进，将传统的3.2m小跨度做成3.6m或4.0m小跨度，从而产生了8.0m、10.8m和12.0m跨度的温室。屋面承力构件改用小截面的方管，传统铝合金只起镶嵌玻璃的作用。这样可以缩小铝合金材料的断面尺寸及其用量。

一套完整的全自动化玻璃温室系统主要包括土建部分、主体骨架（钢构架）、覆盖材料（包括四周及顶部覆盖材料）、遮阳系统（或内保温系统）、强制降温通风系统、顶部开窗自然通风系统、水帘整体电动外翻窗系统、配电系统、工程安装费和运输费用等，建造时应予以综合考虑。

第二节　温室内置系统

蔬菜无土栽培的温室内置系统主要包括栽培系统、温室环境智能监控系统和无线监控网络通信系统等。它有效承担了“五脏六腑”的功能和作用，是温室能够正常运行并满足在设施条件下蔬菜充分利用所有生长因素的关键。在建设时，要运用“系统思维”方式，充分考虑其相互间的衔接性、协调性和互作性，应突出因地制宜、价廉物美、实用耐用、节能环保和绿色健康的特点，确保蔬菜无土栽培温室内置系统在运行过程中安全可靠。

一、栽培系统

1. 水培系统

蔬菜水培是通过定植板使植株的根系能够直接与营养液接触，通过营养液提供水分和养分，使其能够正常生长的一种无土栽培技术。目前的水培设施、营养液配制技术、自动化和计算机控制技术等都比较完善，但也存在资金投入大、生产成本高、管理操作要求严格等缺点。

在生产上，叶菜类蔬菜水培运用最为广泛。使用水培生产的叶菜类蔬菜具有质量好、安全卫生、受环境影响小、节省肥料等优点。通过水培，可在工厂内批量化生产，去淡旺季化明显，生长周期缩短，延长蔬菜的采供期，资金周转快，经济效益高。

蔬菜水培系统主要由贮液池、栽培板、加液系统、排液系统及循环系统等几部分组成。目前，大规模应用的蔬菜水培系统主要有以下几种。

（1）营养液膜技术设施系统　营养液膜技术，简称NFT（图2-6），是通过使用定植板将植物直接放在种植槽中，蔬菜根系仅根尖部分接触深度为1~2cm的浅层流动营养液，其余大部分根系裸露在潮湿空气中的一种蔬菜水培技术。该系统应用于速生性叶菜类蔬菜的生产较理想，适当扩宽种植槽也可以种植番茄、甜瓜等作物，目前江苏、浙江等地的推广面积较大。该技术具有设施结构简单，容易建造、较深液流水培技术投资少、便于实现生产自动化等优点。但该系统操作要求严格、耐用性差、稳定性差、运行费用高。

营养液膜技术设施系统主要由种植槽、贮液池、营养液循环流动装置和其他辅助设施等组成，可根据蔬菜的实际生产需要和投资成本选择搭配营养液自动投放装置和营养液加温、冷却装置等其他辅助设施。

图 2-6　营养液膜技术设施系统

注：本图来源于寿光九合农业发展有限公司。

1）种植槽。①大株型蔬菜种植槽，是用 0.1~0.2mm 厚的白面黑底的 PE 薄膜临时围合成的等腰三角形种植槽。种植槽一般长 20~25m、底宽 25~30cm、槽高 20cm。种植槽需要有一定的坡降以保证营养液能在槽内流动顺畅，坡度一般控制在 58%左右。种植槽长边与坡降方向平行。②小株型蔬菜种植槽，是用玻璃钢或水泥制成的波纹瓦连接在一起作槽底，波纹瓦上面用一块盖板遮住，使其不透光，种植槽架设在木架或金属架上，高度以方便操作为宜，宽 100~120cm、深 2.5~5.0cm，行距视株型的大小而定，一般每槽种植蔬菜 6~8 行。③管道式种植槽，采用大口径 PVC 管连接在一起作为种植槽。一般种植槽长 20m 左右、坡度为 58%左右，两槽间距按定植蔬菜的行距来确定。在 PVC 管上按定植蔬菜的株距打孔，把植株定植于管道式种植槽的定植孔内。

2）贮液池及营养液循环流动装置。①贮液池，采用营养液膜水培时每亩栽培面积需要建造 20~25m^3。贮液池的修建根据供液方式不同而异，如果是采用非循环供液的贮液池可以修建在地面上；采用循环式供液方式的贮液池修建在供液系统的最低点，让营养液不需要动力就可以很容易的回流到贮液池中。②营养液循环流动装置，主要由水泵、管道及流量调节阀等组成。水泵选择潜水泵或自吸泵，因营养液呈微酸性，因此水泵要选择抗腐蚀的。一般 1000m^2 温室用一个功率为 1.5kW 的自吸泵。管道一般用塑料管道，安装要密封，尽量埋于地下，一方面方便工作，另一方面避免管道因日晒而老化。流量调节阀是一种直观简便的流量调节控制装置，管网中应用流量调节阀可直接根据设计来设定流量。③其他辅助设施。为减轻劳动强度并使调节及时，可选用一些自动化控制的辅助设施进行自动调节，包括定时器、电导率（EC 值）自动控制装置、pH 自动控制装置、营养液温度调节装置和安全报警器等。

（2）深液流水培法设施系统　深液流水培技术，简称 DFT，是通过定植板或定植网固定植株，使其根系伸入深度较深且流动的营养液层中生长的蔬菜水培技术。该系统具有生产效率高、设备稳定耐用、管理便捷等优点，是最早成功运用于商业生产的蔬菜无土栽培技术系统。但该系统投资大、成本高、技术要求比较高，易造成病害蔓延。目前，该系统在广东省推广面积较大，其他省市也有一定推广。

该系统的基本设施主要包括种植槽、贮液池、水泵，以及营养液自动循环系统、控制系统和植株固定装置等。常见的深液流水培形式主要有协和式水培、M 式水培、日本神园式水培、水泥砖结构固定式水培、新和等量交换式水培等。

(3) 动态浮根法设施系统 动态浮根法，简称 DRF，是在栽培床内进行营养液灌溉，栽培植物根系随营养液的液位变化而上下左右波动的一种蔬菜深水栽培技术。

该系统主要由种植槽、贮液池、水泵、营养液循环系统、空气混入器、排液器和定时器等设施设备组成。其中，种植槽为泡沫塑料板压制成型，其上覆泡沫板，并按种植密度开定植孔。种植槽一般有 1%~2%的坡度。营养液循环系统安装与深液流水培法的基本相同，不同的是槽内供液管与槽宽平行，安装在槽头。在营养液流进种植槽的入口处安装空气混入器，加装空气混入器可增加约 30%的空气。在排水口处安装 1 个 0~8cm 高的排水器，可以自动调节营养液的水位。

(4) 浮板毛管法设施系统 浮板毛管法，简称 FCH（图 2-7），即在深水种植槽内放置一块泡沫浮板，使其漂浮在营养液的表面，浮板上铺一块比浮板更长的无纺布，无纺布两头自然伸入营养液中。植物通过定植板固定于浮板两侧上端，根系一部分伸入深层营养液中吸收养分和水分，另一部分吸收氧气。该技术具有生产成本低、投资少、管理方便、节能实用等优点。浮板毛管法能有效克服营养液膜技术的缺点，避免因临时停电影响营养液的供给，同时为根系生长创造一个相对稳定环境，氧气供应充足。该技术适用性广，适用于我国不同地区、气候条件和生态类型。目前广泛应用于番茄、辣椒、芹菜、生菜等蔬菜的绿色种植。浮板毛管法在我国大部分地区进行了示范推广，获得了良好的应用效果。

图 2-7　浮板毛管法设施系统

注：本图来源于寿光九合农业发展有限公司。

浮板毛管水培设施包括种植槽、地下贮液池、循环管道和控制系统四个部分。除种植槽以外，其他三个部分设施基本与营养液膜技术设施系统相同。

(5) 浮板水培技术设施系统 浮板水培技术也称深水漂浮法，简称 FHT，是植株被定植在浮板上，而后将浮板直接放入营养液池中，使其自然漂浮的一种水培模式。该技术可节省大量的操作空间和降低搬运强度，营养液量大、易形成缓冲液，使蔬菜根际环境比较稳

定，操作方便、土地利用率高，省水省肥，可实现工厂化流水线作业和全年生产。但该技术的基础设施建设投资大、运行维护费用高、消毒和操作要求严格，一旦发生病虫害将难以得到有效控制。浮板水培法主要适用于种植小株型的叶菜类蔬菜和蔬菜育苗。

浮板水培技术设施系统主要包括种植槽、定植板、营养液循环系统、自动控制系统等。种植槽一般是为砖和水泥砌成的水池，宽 4~10m、深 80~100cm，长度根据温室长度定。整个温室内部除留出少量工作空间之外，其他全部都建成种植槽。种植槽底部安装出液口，在出液口上连接压缩空气泵的出气口及浓缩液分配泵。种植槽中的营养液通过回流管道与另外一个水泵相连接，利用该水泵进行整个种植槽中营养液的自体循环。定植板一般采用白色聚苯乙烯泡沫塑料板，并在定植板打许多定植孔，孔距和孔径因蔬菜种类和生长阶段的不同而异。定植板依靠浮力漂浮在营养液上，不需要他物支撑。

2. 雾培系统

雾培又称气雾栽培（图 2-8），是通过定植板将蔬菜植株固定，使其根系悬挂于种植槽内，蔬菜茎和叶露在外面，利用喷雾装置将营养液雾化并直接喷射到植物根系上的一种无土栽培技术。雾培能够很好地解决根系水气矛盾，同时也有利于自动化和立体栽培，有效提高空间利用率。但雾培有设备要求较高、一次性投资大、要求管理技术较高，一旦发生停电等故障，容易导致植株死亡等缺点。

图 2-8　雾培系统

注：本图来源于厦门安元素环境工程有限公司。

雾培系统主要由种植槽、供液系统、调控系统、雾化装置及计算机自动控制管理系统等组成。根据植物根系是否有部分伸入营养液层分为全雾培和半雾培两种类型。全雾培是指植株的根系全部生长在雾化的营养液环境中；而半雾培是植株的下部根系浸没在种植槽下部的营养液层中，而上部根系则生长在雾化的营养液环境中。

（1）种植槽　雾培系统的种植槽（栽培床）可用硬质塑料板、泡沫塑料板、木板或水泥混凝土等制作，其形状多种多样。雾培系统要求安装在槽内的喷头要有充分的空间将营养液均匀喷射到各株的根系上，种植槽不能太狭小也不能太宽，否则喷头不能将营养液均匀地喷射到所有植株的根系上。常见的种植槽形式有槽式气雾栽培床、A 形气雾栽培床、柱状栽培床、立筒式栽培床、管道式栽培床等。

（2）供液系统　供液系统主要包括营养液池（贮液池）、水泵、管道、过滤器、喷头等部分。①营养液池，可用水泥砖砌成或塑料桶等，池的大小应保证水泵有一定的供液时间而不至于很快就抽干，池的容积至少保证植物 1~2d 的耗水需要。②水泵，选择时应注意水泵功率，应根据种植面积大小、喷头的工作压力大小等选择。③管道，一般选用塑料管，各级管道粗细应根据选用的喷头的工作压力大小而定。④过滤器，雾培最怕的是喷头堵塞，因此要在供液系统中加装过滤器，过滤营养液中的杂质，应选择过滤效果好的叠片式过滤器或网式过滤器。⑤喷头，可根据雾培形式和喷头安装位置的不同来选择喷头，以营养液能够喷洒到设施中所有的根系并且雾滴较为细小为原则。

3. 基质栽培系统

基质栽培是指将植株的根系固定在非土壤的固体基质中，并通过灌溉设施将水分和养分通过基质供应给植株，使其正常生长发育的一种无土栽培方式（图 2-9）。基质栽培可以使用的基质有很多，根据性质不同主要分为有机基质和无机基质两类。有机基质主要包括泥炭、锯末、树皮、稻草、稻壳等有机物质，以泥炭应用最广，锯末次之；无机基质主要包括岩棉、蛭石、砂粒、陶粒、珍珠岩、聚乙烯和脲甲醛泡沫塑料等无机物质，以岩棉应用最为广泛，普遍应用于蔬菜、花卉的育苗和栽培上。与水培相比，基质栽培设备相对简单，投资成本较低；基质具有缓冲作用，能够有效缓解水分、养分与供氧之间的矛盾；栽培技术简单，容易掌握。但基质栽培需要大量使用固体基质材料，对基质的理化性质有一定的要求，且基质需要定期进行处理、消毒、更换，比较费工。基质栽培技术是目前我国无土栽培中推广面积最大的一种技术。在蔬菜生产中无论使用何种基质，通常都需放进特定的容器，再将蔬菜种植到容器中并配以相应的营养液灌溉系统进行灌溉。

图 2-9　基质栽培系统

注：本图来源于河北盛鼎保温材料有限公司。

（1）基质钵栽　基质钵栽也称钵培法，即在釉瓷钵、塑料钵或普通瓦盆等容器中填充基质的一种蔬菜无土栽培技术系统。该系统由栽培容器、灌溉系统、排液系统及贮液罐等部分组成。主要用于蔬菜的栽培，还可用于花卉的栽培。

（2）基质槽培　基质槽培也称槽栽法，即使用种植槽作为容器的一种蔬菜无土栽培技术系统，其工作原理与基质钵栽基本相同。基质槽培装置一般由种植槽、贮液池、电泵、营养液灌溉及排出管道等几部分组成。根据蔬菜生产的实际需要，可将种植槽做成永久性槽或半永久性种植槽。基质槽培常用的基质有砾石、砂粒、陶粒、锯末和泥炭等有机基质，或使用多种材料混合成的复合基质，其中泥炭和蛭石混合基质的应用效果最好。根据使用的基质不同，又可细分为砾培、砂培、陶粒培、锯末培、有机基质培等类型。

1）砾培。砾培是使用粒径大于 3mm 的砾石作为固体基质的一种蔬菜无土栽培技术系统。该系统的水肥利用率高，但建设成本较高，砾石在运输、清洗和消毒过程中使用劳动力较多，用工费用高，且不易彻底杀灭病虫害，因而病虫害发生较为严重。

2）砂培。砂培是用砂粒作为生长基质的一种蔬菜无土栽培技术系统。砂培具有很多优点：砂粒持水较多，扩散范围大，能满足蔬菜在生长全过程中对水肥的需要；能充分排水，保证根际通气，营养液一般不循环利用，没有病菌互相传染的危险；砂粒来源广泛，价格低廉，尤其在沙漠地区资源极其丰富；生产设备结构相对简单，易于建造，维护成本低，运行费用低，砂粒不需每隔 1~2 年进行定期更换，属永久性的基质。正是由于这些优点，在实践中砂培系统具有很大的潜在优势，国际上应用广泛。砂培的缺点是：滴灌管容易堵塞、水肥用量大、基质易盐渍化，若砂粒过小，透水性变差，保持水分过多，还会导致通气不良。

3）陶粒培。陶粒培是使用陶粒作为生长基质的一种蔬菜无土栽培技术系统。陶粒的团粒大小比较均匀，内部空隙多、结构多类似蜂窝状、质地轻、由表及里有许多微孔，具有一定的机械强度，吸水、透气、持肥能力强。在蔬菜生产中，纯陶粒培相对较少，往往与其他基质配合使用。

4）有机基质培。有机基质培是利用有机物作为原料，经处理后按一定比例混合而成的栽培基质为主体的一种蔬菜无土栽培技术系统。因有机基质本身含有大量的营养元素，可以简化营养液配方，降低成本。同时，有机基质保肥、保水能力强，缓冲能力好，可有效减少化肥施用量，减少肥料成本及污染。因此栽培设施简单、投资较少、管理方便、产品容易符合无公害的要求。有机基质的种类较多，如泥炭、秸秆、酒糟、锯末等，其理化性状各有千秋，一般采用混合基质，以弥补各自的缺陷并达到互补作用。

有机基质培的设施由贮液池、栽培床、加液系统、排液循环系统组成。加液系统采用滴灌或喷灌，营养液由泵从贮液池中抽出，经过滤器，通过滴灌或喷灌软管进入栽培床，被作物吸收，剩余的营养液渗入渗液层，进入排液沟流回贮液池再循环利用，开放式系统中营养液不循环利用。

（3）袋培　袋培时，以滴灌形式向植物供应营养，将基质装入尼龙袋或塑料袋等容器，根据蔬菜的生长特性，按照一定距离在袋上打孔，将植物栽在孔内，营养液通过管道供给。袋培具有投资少、使用方便、根系病虫害不会互相传染的优点，对地面的水平度要求不高，适应不同的地形，尤其适合果菜类蔬菜使用。该技术在美洲和西欧各国已经普遍采用，目前已成为无土栽培的主要方式之一。

袋培基质的选材广泛，泥炭、椰糠、珍珠岩、蛭石等均可。使用的塑料袋一般为复合色、乳白色、银灰色和黑色，一般可分为开口筒式栽培袋和枕头式栽培袋两种形式。袋培的供液方式仅限于滴灌管式或滴头式滴灌。

（4）岩棉培　岩棉培的灌溉方式主要是滴灌，是以岩棉作为植物生长基质的一类蔬菜无土栽培技术系统。该系统具有建造安装简便、成本较低、管理简单等优点，在配备有控制装置的条件下易于实现大规模自动化生产。该系统首先在欧洲开始应用，现已在世界各国大面积应用。十几年来，我国开始使用岩棉培。

1）开放式岩棉培。其主要特点是营养液不循环利用。通过滴灌注入的营养液，未被蔬菜吸收的部分从岩棉种植垫的底部流出并直接排出室外。优点是设施结构简单、安装便捷、造价成本低、管理方便，能有效避免因营养液循环而导致的病害蔓延。缺点是营养液不循环导致使用量大，排出的营养液会对环境产生一定的污染。开放式岩棉培主要由岩棉垫、供液系统及排液系统等部分组成。

2）循环式岩棉培。循环式岩棉培与开放式岩棉培最大的区别为营养液循环利用。通过滴灌系统将营养液滴入岩棉后，多余的部分通过回流管道流回地下集液池中，进行循环使用。优点是营养液利用率高，能有效避免浪费及污染环境，但其设备结构相对复杂，造价及运行成本较开放式岩棉培高，而且当营养液受到污染且消毒不彻底时易造成病害迅速蔓延。

4. 立体栽培

立体栽培也称垂直栽培（图 2-10），是在不影响平面栽培效果的情况下，通过竖立的栽培柱、搭架、吊挂等形式按垂直梯度分层栽培，充分利用温室空间和太阳能的一种蔬菜无土栽培技术系统。该系统可以大幅度提高单位面积的种植量和收获量，充分发挥有限土地的生产潜力，提高土地利用率 3~5 倍、提高单位面积产量 2~3 倍。

图 2-10　立体栽培案例

注：本图来源于河北果实农业科技有限公司。

根据蔬菜栽培床的不同，可将立体栽培分为柱状栽培、吊袋式栽培、立柱式盆钵栽培、吊槽式栽培、三层槽式栽培、鲁 SC—Ⅰ型多层式栽培、管道 DFT 水培、滴灌供液式立体盆栽、立体 NFT 水培和插管式立柱栽培等。

二、温室环境智能监控系统

温室环境主要指温室内的温度、湿度、光照、二氧化碳浓度和 pH 等。温室环境智能监控系统是通过使用各种传感器接收温室中的各类环境因素信息并上传至计算机，进行逻辑运算后判断并控制相应温室设备运作以调节温室环境。输出和打印设备可帮助种植者进行全面细致的数据分析并保存历史数据。该系统主要包括综合环境控制子系统、水肥灌溉控制子系统、紧急状态处理子系统和信息处理子系统等几个部分。根据温室内栽培的不同蔬菜种类或相同蔬菜的不同生长阶段设置温室的环境参数指标，把传感器接收到的环境参数和事先预置的环境参数进行比较和处理，通过计算机对温室各电动执行器进行整体调节，自动调控到蔬菜生长所需的温、光、水、气等条件，若参数超过或低于极限值时，将启动报警保护系统，提高整个系统的安全性。同时，还可对蔬菜无土栽培基质的 pH、电导率等进行设置，自动调节滴灌、喷灌系统的灌溉时间和次数。

三、无线监控网络通信系统

该系统由设备层、传输层、服务层和应用层组成。利用蜂舞协议（Zigbee，一种短距离、低功耗的无线通信技术）实现温室内环境信息的监测，采用 GPRS 方式传输，实现温室环境信息和控制信号的传输。GPRS 目前已基本上覆盖全国，可以不用担心温室中是否有网线和 WiFi 网络，较为方便地与外网通信。未来，随着北斗卫星系统的广泛运用和 5G+4K 技术的快速发展，人工智能物联系统在蔬菜无土栽培上的应用将会跨越式发展。

第三节　建造示例

蔬菜无土栽培物联系统作为无土栽培的关键系统之一，需要根据种植地点和蔬菜类型进行合理选择，主要从安全性、适用性和耐久性三个方面进行综合考虑，并根据投资成本、运营成本等因素，合理选择配套设施。结合传感技术、互联网技术和云计算等技术，可建成满足区域性服务的温室智能管理系统，实现精确感知、精准操作、精细管理，促进产量增加、蔬菜品质提高、投入品减少、劳动力消耗减少、成本降低，取得良好的经济效益、社会效益和生态效益。除无特殊说明外，本节主要以雾培为例进行说明。

一、温室棚架系统

1. 温室结构

蔬菜无土栽培温室使用 C20 混凝土浇筑圈梁或构造独立基础。结构采用文洛三尖顶型，配有主体钢架结构、铝合金推拉门和冷凝水回收水槽等基础设施。所有结构钢表面均进行热镀锌防腐处理，镀锌层厚度大于或等于 0.08mm；使用的钢管全部符合 GB/T 13793—2016《直缝电焊钢管》；温室骨架主体立柱和桁架、弦杆、檩条分布采用 100mm×50mm×3mm 以上和 50mm×50mm×2mm 以上热镀锌矩形管，连接部件使用热镀锌螺栓和自攻螺钉。

2. 温室覆盖材料

使用 PC 阳光板为覆盖材料，温室四周和顶部使用 8mm 或 10mm 厚的阳光板，使用温室专用铝合金型材和抗老化胶条作为密封材料。

3. 配套系统

温室内系统配备：①温室内外遮阳系统，其中外遮阳系统的主体立柱和纵横拉杆使用 50mm×50mm×2mm 及以上的热镀锌矩形管，并配套齿轮齿条式拉幕系统、黑色遮阳网、铝合金驱动边等；内遮阳系统配备传送机构、托幕线和铝箔遮阳网。②通风降温系统，使用湿帘风机进行通风降温。湿帘采用铝合金框架，不易受温差影响而产生变形漏水，配套水泵及输水系统。③开窗通风系统，选择交错开窗系统，全部使用热镀锌矩形管和齿轮齿条式传动系统，配置进口或国产减速电机等。④内保温系统，配备传送机构、托幕线和轻质防水棉幕布。⑤补光系统，可选择农艺钠灯对设施进行补光。

4. 温室配电系统

对温室内配备的相关系统进行电气控制。它具有热过载和断路双重保护，所有控制回路和指令电器均采用 24V 交流电。配有标准的防雷接地体装置，接地电阻不大于 4Ω。包括温室配电柜、控制柜，控制柜内材料主要包括电控箱、各类绝缘电线电缆、各类规格的扎带、电缆挂钩、电线管、电管弯头、PVC 黏合剂、防水胶布和螺钉螺母等。

二、温室内置系统

1. 苗床育苗系统

温室内常使用移动式苗床。苗床支架采用镀锌钢管、边框采用铝合金型材、苗床网采用表面镀层防腐处理，还应具有防翻限位装置。

2. 雾培系统

（1）栽培架设计 采用当前生产上运用最广的梯架式雾培，梯架由镀锌钢管拼接成梯形，梯架底宽为 1m、斜边长 1.5m，上梯面宽 0.4m，梯架间留出宽 0.8m 的操作道，整个梯架栽培面积按 3 倍平面耕作面积设计。

（2）定植板选择及开孔 定植板选择容重为 40～43kg/m^3、厚 2.5cm、宽 90cm、长 180cm 的隔热保温材料——挤塑板，可以缓减根雾环境的温度波动。在板边进行镶嵌式开槽，方便两板之间无空隙拼接。用电热烙铁装上所需孔径的套筒，于板面上呈 45°斜角热熔式开孔。

（3）架设弥雾管与安装喷头 栽培架左右各布设上下两道弥雾管道。弥雾管一般选择外径为 25mm 的 PVC 管。用打孔器在弥雾管上按照间距为 0.6m 钻孔，在孔上安装十字弥雾喷头，安装时把喷头基座嵌入并用黏合剂粘牢固即可，使喷头在一条管线上并固定好，上下两道弥雾管的喷头交错安装，确保每株植株的根系都能喷施到营养液，做到喷雾无死角。

3. 管道系统的埋设安装

除了弥雾管以外，管道系统还包括主管、侧管与支管，管道采用 3～4 级变径布设的方式，各级管道的粗细应根据选用的喷雾装置上的喷头工作压力大小而定。通常来说，以每小区设置 400～500 个喷头为宜，确保雾化效果达到最好，管道系统只需三级布局即可；管道采用埋设方式，有利稳定液温、方便管理、减少老化。

三、营养液循环系统

1. 营养液池建设

一般 1～1.5 亩配置 20m^3 左右的营养液池，利用雾培缓冲性小的特点，以小池多配的方式，减少对营养液的浓度管理与 pH 管理。一般池深 1.5m、宽 2.0m，长度则依据所需的总容水量而定，过长的池可以分隔成多池，池间相通即可。建池一般用砖砌再进行水池粉刷，涂刷一层防水涂料或者采用其他防漏措施。

2. 水泵配备

水泵是雾化产生的主要动力，一般以 400～500 个喷头作为一个喷雾区，配以 4000～5000W 的水泵。水泵一般选择防化学腐蚀的自吸泵。在水泵的进水端安装底阀，防止停止工作时管内水回流。

3. 过滤器选装

雾培的过滤器主要是防止杂质堵塞喷头，一般选择 Y 型、滤筒为叠式的过滤器。这种过滤器对管道水压没有太大影响，拆卸清洗滤筒的叠片也较为方便，选择型号需与主管管径相配。过滤器一般安装于供液主管上。

4. 强磁处理器安装

在营养液循环供液过程中，营养液常会析出结晶物，或者因化合物反应产生沉淀。为解决结晶所致的喷头堵塞，一般在主管上还要安装强磁处理器。于主管上安装 8000Gs 的强磁水处理器，可以起到防垢的作用，通过强磁处理，可使结晶状态由颗粒紧密型变为粒状或针状的松软细微型，容易被水流带走，不会积垢于喷头或者管壁。磁化会使水结构疏松并使它的结构有所调整。

5. 营养液杀菌器安装

蔬菜雾培的营养液在输送喷雾回流的过程中都处于开放的环境下，细菌等的滋生感染难以杜绝，在营养液循环系统中需安装水处理的紫外线杀菌灯，使用专业的套装杀菌器会更方便。

6. 电功能水设备安装

蔬菜雾培应做到避免药物残留。在生产中如对场地、栽培板和苗床等栽培设施的灭菌最好采用电功能水技术。目前，该技术已在工厂化雾培蔬菜中普遍运用，具有很好的杀菌防病效果。

7. 营养液回流口处理

雾培营养液经由多级管道最后输送到喷头喷洒于根系后，回落至苗床或种植槽，再经由苗床或种植槽尾处回流孔统一收集回流至营养液池，在总回流口处必须设一个纱布制作的网兜，用于残根及回流液中杂物的过滤，以减少对营养液的水质污染。

四、智能驱动系统

1. 计算机控制系统

目前，用于雾培的计算机控制系统（包括环境调控和营养液调控），可以实现多区的信号管理，这对于规模化的蔬菜生产基地来说显得更为专业，而且能够降低成本，让较多的设备实现共享。在蔬菜无土栽培的温室环境调控方面，配有空气温度、叶片水膜、光照强度、根际温度等传感器；在营养液调控方面，配有水位传感器、电导率传感器、水温传感器等；并通过环境参数的传感采集，配以相应的执行设备，构建一个相对智能化的雾培生产体系。当温度过高时可以自动启动天窗、风机、湿帘及遮阴等降温设备与设施，当温度过低时可以启动热风炉及水加温设备等。而在营养液的调控方面，如蔬菜雾培侧重于营养液的浓度管理，电导率传感器可以实时在线监控，如果配以母液池，可以实现自动补水与添加母液。

2. 无线监控网络通信系统

当前，选择 GPRS 或北斗卫星的无线网络作为本地和云服务器通信的媒介，方便与外网通信。其整体框架为：中断执行单元+GPRS 无线网络+云服务器+手持设备或电脑。

3. 备用发电系统

雾培最怕停电，所以雾培基地最好都配以备用发电机，一旦停电就可以启动发电机供电，在安装时最好与发电机连接一起构建自动响应系统，一遇停电即可自动启动发电机，备用发电机的功率因基地规模大小而有选择性地配备。

4. 水肥一体化系统

选择封闭式水肥一体化设备，具体内容在本书第八章进行阐述。

第三章　蔬菜无土栽培常用技术

截至目前，蔬菜无土栽培的方式很多，可以根据基质对根系的固定状态分为两类。一类是不使用固体基质固定根部的无基质栽培，如蔬菜水培；另一类是使用固体基质来固定根部的基质栽培。

第一节　蔬菜水培技术

水培是指在蔬菜生产过程中，不使用固体基质，蔬菜的根系直接与营养液接触，通过营养液不断循环流动改善供氧条件的栽培方式。蔬菜水培方式有以下几种。

一、营养液膜技术（NFT）

营养液膜技术（Nutrient Film Technique，NFT）是将蔬菜种植在0.5~2cm深的浅层流动营养液中进行栽培的方法，即蔬菜的根系一部分浸泡在营养液中，另一部分暴露在种植槽内湿润的空气中。营养液由贮液池通过供液装置在水泵的驱动下被送入种植槽，流过根系后又回流到贮液池内循环使用。营养液流动给蔬菜提供了生长所需的水分、养分和氧气。

营养液膜技术的优点：蔬菜的根系一部分浸泡在营养液中，另一部分暴露在空气中，可以很好地解决根系需氧问题。另外，种植槽是用轻质塑料薄膜制成，或者用波纹瓦拼接而成，设施轻便、简洁、易安装、易拆卸、投资成本低。

营养液膜技术的缺点：一是根际环境稳定性差，对管理人员的技术水平和设施设备的性能要求比较高；二是营养液膜系统为封闭循环系统，一旦发生根际病害，容易在整个系统中传播蔓延，所以在使用前对设施的清洗和消毒的要求较高；三是因营养液层比较浅，一旦停电，营养液供应不上，植株容易缺水干旱，所以必须配备用电源；四是根系量大的蔬菜随着植株的生长，根系会在槽底堆积形成根垫（根系多，在槽底积压成的一个厚层），根垫会阻碍营养液的流动，造成种植槽内养分供应不均匀。

1. 栽培管理技术要点

（1）种植槽处理　新槽使用前要检查各部件是否合乎要求，尤其是槽底是否平顺，有无破损渗漏。蔬菜换茬后重新使用的槽，在使用前应彻底清洗、消毒和检查有无渗漏。

（2）育苗与定植　主要有大株型和小株型种植槽的育苗与定植。

1）大株型种植槽的育苗与定植。大株型种植槽是由塑料薄膜围成的三角形槽，这种槽对植株没有任何的支持作用，再加上营养液层很浅，定植后蔬菜的根系都是平铺在槽底的，

故定植的幼苗需要带有固体基质或用有多孔的塑料钵等固定植株。定植时连苗带钵（块）一起置于种植槽底，并将幼苗置于膜宽边的中央，整齐排列成行，两株保持适当距离，把膜的两边拉起合拢并用夹子夹住，膜中央有 20~30cm 的宽度紧贴地面，使其成为一条高约 20cm 的等腰三角形种植槽。槽内底部可铺垫一层无纺布用以吸水并使水扩散，以改善根系吸水和通气状况。

2）小株型种植槽的育苗与定植。小株型种植槽育苗采用岩棉块或海绵块进行育苗，定植时直接带育苗块放入定植孔中。也可用蛭石等基质育苗，定植时用清水冲洗干净幼苗的根部后，用无纺布或海绵缠住幼苗茎基部，然后移入定植孔中。裹住幼苗的岩棉、海绵的量以塞入定植孔后幼苗不会从定植孔中脱落为宜，不要塞得过紧，以防影响蔬菜生长。定植后确保育苗条块触及槽底并使幼叶伸出板面上方。

2. 营养液管理

（1）营养液配方的选择　由于营养液膜技术的营养液层很薄，所以在供液过程中营养液的浓度和组分变化比较快，容易造成槽头和槽尾的植株生长不一致的问题，因此要选用稳定性较好的营养液配方。

（2）供液方法　营养液膜技术的供液方法有连续供液法和间歇供液法两种。

1）连续供液法。连续供液是每天不停歇地 24h 持续供液。营养液供应量为 2~4L/min，供液量随蔬菜的长势而逐渐增大。若采用连续供液法，在蔬菜根垫形成后，根垫内部的营养液流不出来，会造成蔬菜根际环境不均匀，蔬菜生长不整齐。所以连续供液在蔬菜根垫形成前可以使用，根垫形成后就不宜再使用。

2）间歇供液法。当根垫形成以后，为了解决根系吸氧的问题，供液方法改为间歇供液法。停止供液时，根垫内的营养液会排出，空气就能进入根垫，增加整个根系的吸氧量。间歇供液的强度根据蔬菜的具体长势与气候情况而定。停止供液的时间不能太短，若小于 35min，达不到补充氧气的作用；但也不能停得太长，太长会导致蔬菜缺水萎蔫。

（3）液温的管理　营养液膜技术种植槽是由塑料薄膜、玻璃钢或水泥瓦等材料建造的，这些材料的保温、隔热性能很差，特别是塑料薄膜；再加上种植槽中营养液很少，在营养液通过种植槽后，容易发生温度变化，尤其在冬季和夏季，同一条种植槽内进液口和出液口的营养液会出现明显温差。槽内温度不同，会造成生长不整齐的现象，影响最终的产量和品质。所以，要注意种植槽不能过长，也要保证营养液在种植槽中能顺畅流动，减少营养液在种植槽中的滞留时间。

二、深液流水培技术（DFT）

深液流水培技术（Deep Flow Technique，DFT）是将蔬菜根系伸展到厚 5~8cm 流动的营养液层中的一种水培技术。这种栽培技术与营养液膜技术基本相似，不同之处是营养液层较深。植株用定植板或定植网悬挂在营养液液面上，根系从定植板或定植网伸到营养液中。

深液流水培技术的特点是营养液的液层较深，营养液浓度、溶解氧量、pH、温度及水分存量都不易发生急剧变化，为蔬菜根系提供了一个较稳定的生长环境。营养液循环流动，不仅可以增加营养液的溶氧量，还可以把根表面的有害代谢产物携走，避免其在根部积累。同时，能及时消除根表与根外营养液的养分浓度差，养分能被及时送到根表，充分满足蔬菜对养分的需要。

1. 栽培管理技术要点

（1）种植槽处理 在新的蔬菜种植槽使用前需检查各部件是否合乎要求、有无破损或渗漏。换茬后重新使用的种植槽，在使用前需彻底清洗、消毒和检查，确保无渗漏。

（2）育苗与定植 一般采用岩棉块或海绵块育苗，也可使用穴盘育苗。对用岩棉块和海绵块育苗的，定植时直接将已育成的蔬菜苗连同整个育苗块一并移入定植杯内即可；对用穴盘育苗的，先从穴盘中把苗取出来，用清水冲洗干净基质，然后放入定植杯中，用海绵、无纺布或陶粒等填充固定，防止倒伏。

2. 营养液管理

（1）槽内液面和液量的管理 定植初期，当根系未伸出定植杯或只有少数伸出时，保持液面能浸没杯底1~2cm即可。当蔬菜根群大量生长并伸入营养液后，液面就要调低，让部分根段暴露于空气中，促使这些根段上长出新的根毛。在整个栽培过程中营养液的液面不能无规则地升降，否则已暴露在空气中的根毛再被营养液长时间浸泡容易坏死。

（2）供液时间和供液次数 深液流水培技术营养液供液方式为间歇供液。确定供液时间和供液次数的基本原则是能使根系得到充足的营养液又能节约能源。一般白天供液2~3次，每4h循环1次；夜间停止供液。

（3）液温的管理 在蔬菜生产时要求具有相对稳定的根部温度，为了减少营养液温度的变化，可以在贮液池中安装增温或降温装置。如果不能安装温控装置，选择用泡沫塑料、水泥砖等保温隔热性能较好的材料做种植槽，减少因气温的变化而造成营养液温度的变化。

三、动态浮根法（DRF）

动态浮根法（Dynamic Root Floating，DRF）种植槽内的营养液面上下浮动，供液时先灌入深8cm的营养液，然后用排液器将营养液排出，让营养液降至4cm的深度。上下浮动的营养液面有利于解决水培中水、气的矛盾。供液时根系浸入营养液中，增加根系对养分的吸收；排液时上部根系暴露在空气中，可以吸收充足的氧气，下部的根系浸在营养液中吸收水分和养分，保证植株不缺水。

动态浮根法的特点为：营养液较多，缓冲性强，容易维持营养液温度；多种人工增氧措施结合使用，营养液溶解氧量较高；种植槽内有凸起的沟槽，形成倒“V”字形，容易诱导产生气生根系，蔬菜的根系比较发达；喷灌进液，每小时只需要5~15min，节能环保。该技术不惧因夏季高温引起水温上升及溶解氧量下降而导致的水培蔬菜根部活力下降、提早老化和产量降低的问题，特别适合热带和亚热带地区叶菜周年生产。

动态浮根法水培系统适合栽培叶菜，一般采用海绵块育苗，定植时将带海绵的幼苗块定植到定植孔中即可。营养液配方根据所种植蔬菜的种类和生育过程不同而不同。栽培管理的重点是液面位置的控制，定植第一周营养液的液位波动控制在6~8cm，1周后将液位调整为4~8cm。在10:00~16:00，每隔1h供液1次，每次供液15min；其他时间每2~3h供液1次，每次供液15min。

四、浮板毛管法（FCH）

浮板毛管法（Floating Capillary Hydroponics，FCH）是在营养液中放置浮板，其上面覆盖无纺布，蔬菜部分的根系分布在无纺布上，借助无纺布的毛管力吸收营养和直接从空气中吸收氧气的一种水培方式。

浮板毛管法水培的根际环境条件稳定，有利于蔬菜的正常生长；根际供氧充分，不会因溶解氧量下降导致水培蔬菜出现根部活力下降、提早老化和产量降低的问题；营养液多，不怕因临时停电造成蔬菜缺水缺肥。

浮板毛管法水培种植槽内放入厚0.6cm、宽10~20cm、长15~20m的聚苯乙烯泡沫板，板上铺一层亲水性无纺布。槽内注入深3~6cm的营养液后，泡沫板就会漂浮在营养液上面，无纺布两侧延伸入营养液中。定植板覆盖在种植槽上，开两排定植孔，孔径与育苗杯外径一致，孔间距为40cm×20cm。定植后两行蔬菜的根系刚好把槽内的浮板夹在中间。定植好的蔬菜的一部分根在浮板上，产生的根毛吸收氧气；一部分根伸到营养液内吸收水分和营养。

浮板毛管法水培营养液管理主要是要注意营养液深度变化。在定植初期，蔬菜根系没有长出定植杯，为了保证根系能吸收到水分和养分，需要将定植杯的下半部浸入营养液中，这时营养液要保持在深6cm左右。以后随着根系生长，营养液逐渐下降到深3cm并一直保持此深度。其他管理参考深液流水培技术。

五、浮板水培技术（FHT）

浮板水培技术（Floating Hydroponics Technique，FHT），也称为深水漂浮法。该技术是把植物定植在定植板上，然后让定植板自然漂浮在营养液池中的一种水培模式，是深液流水培技术的一种栽培形式。不同于常规深液流水培技术的是营养液深10~100cm。

浮板水培技术能简便快速地换茬，一年能进行多茬生产，提高了温室利用率和单位面积产量；种植槽就是贮液池，营养循环系统简单；可以实现流水线式生产，实现蔬菜规模化、现代化和工厂化生产。但其种植槽体积大，所以一次性投资大；生产中要求严格消毒种植环境和贮液池，否则一旦发生病害将难以控制。

浮板水培技术不适合用于种植大株型蔬菜，仅用于种植各种小株型叶菜。蔬菜育苗和定植的方法与其他水培方法一致，定植后将定植板漂浮在营养液的表面即可。随着植株逐渐长大，生长空间不够时，将植株从原来的定植板中取出，换到具有更大株行距定植孔的定植板上。因为蔬菜在不同的生长发育阶段所需的营养液浓度不同，所以不同种植槽的营养液浓度不同，用以生产不同生长阶段的蔬菜。具体需要分多少个浓度，则应根据所生产的蔬菜种类而定。每次换茬不需更换营养液，只需补充养分和水分，但要做好防疫及消毒工作。

六、雾培技术

1. 类型

雾培，又称气雾培和喷雾栽培，是利用喷雾装置将营养液雾化为小雾滴状，直接喷射到蔬菜根部的一种无土栽培技术。雾培可根据部分蔬菜根系是否浸没在营养液中分为全雾培

（全喷雾培）和半雾培（半喷雾培）两种类型。全雾培蔬菜的根系完全生长在雾化的营养液环境中；半雾培蔬菜的部分根系浸没在营养液层中，另外那部分根系则生长在雾化的营养液环境中。

2. 特点

雾培有效解决了蔬菜根系吸收水分和吸收氧气的矛盾，几乎不会出现缺氧问题；雾培多用于蔬菜立体栽培，空间利用率高；雾培的营养液呈雾状，比液体状的用量要少，吸收快。但雾培生产设备的投资较大、管理技术要求较高、发生根系病害时容易扩散。生产中要特别注意喷头的可靠性，喷头不能堵塞、喷雾要均匀、雾滴不能过大，要注意营养液浓度和组成变化，需要有更高的精细化管理技术。

3. 技术要点

（1）蔬菜育苗 一般采用岩棉块或海绵块育苗，也可以使用穴盘育苗。

（2）菜苗定植 蔬菜定植方法与深液流水培的定植方法相似。用育苗块育苗的，连育苗块一起把幼苗放入定植杯中；使用穴盘育苗的，把幼苗从穴盘中取出来后用清水冲洗干净根系，用少量的岩棉或海绵块裹住幼苗的根茎部，然后放入定植杯中，再将定植杯放入定植孔内。

（3）营养液管理 附着在根系表面的营养液只有一层薄薄的水膜，营养液总量较少，为了防止在停止供液时植株吸收不到足够的养分，一般把营养液的浓度提高20%~30%。如果是半雾培，则不需要提高营养液的浓度，可与深液流水培的浓度一样。

雾培主要采用间歇供液法。供液时间根据植株的大小及气候条件的不同而定，蒸腾作用强时，供液时间应较长，间歇时间短一些；蒸腾作用弱时，供液时间应较短，间歇时间长一些。

第二节 蔬菜基质栽培技术

基质栽培是固体基质栽培的简称，指用固体基质固定蔬菜根系，并通过基质吸收营养液和氧气的一种蔬菜无土栽培方式。

一、基质选择

选择适宜的栽培基质是保证基质栽培取得成功的重要环节。基质要有良好结构、通气性、吸水能力和保水能力，还要有良好的缓冲能力和适宜的电导率和 pH。除此之外，基质还应无杂质、无病虫、无异味，价格低廉，调制和配制简单。

1. 无土栽培中常用的基质

（1）岩棉 岩棉是由辉绿岩、玄武岩等在1500~2000℃高温下熔融，喷吹成直径为0.5mm的细丝，再压制成块。岩棉具有很稳定的化学性质，不会吸附营养液中的离子，有利于蔬菜根系充分吸收养分；孔隙度大、吸水能力强、通气性和持水性好；pH稳定，初期呈微碱性，经过一段时间变为中性；不含病菌和有机物；质轻，不易变形。岩棉作为无土栽培基质时，不与其他基质混配，单独使用即可。新的岩棉使用前可以用清水冲洗，以降低 pH。

（2）砂粒 砂粒来源广泛、价格低廉、通气性好、但保水性差。用砂粒做栽培基质时，其粒径应为0.6~2.0mm，太粗则保水性差，蔬菜容易缺水；太细则通气性差、易积水，蔬菜容易沤根。无土栽培一般使用河砂。

（3）珍珠岩　珍珠岩由硅质火山岩在1200℃下燃烧膨胀而成。珍珠岩的特点是质地轻，具有良好的排水性和通气性，物理和化学性质比较稳定，但保水与保肥性差。珍珠岩容重轻，根系固定效果差，一般和泥炭或蛭石等混用，不单独作为蔬菜无土栽培基质使用。

（4）蛭石　蛭石是云母类次生矿物经1000℃高温处理，体积膨大15倍而成。蛭石容重小、孔隙度大、通气性良好、持水性强，呈中性偏酸；能提供一定量的钾和少量的钙、镁等营养物质；具有较高的缓冲性和离子交换能力。无土栽培用蛭石的粒径在3mm以上。蛭石容易破碎，长期栽培时不建议使用蛭石。

（5）膨胀陶粒　膨胀陶粒是用陶土在800~1100℃的陶窑中加热制成的。其优点是坚硬、不易破碎；单个颗粒具有很多持水小孔，排水、通气性能良好。其缺点是连续使用后内部和表面吸收的盐分会造成小孔堵塞，导致通气和养分供应上的困难。另外，由于膨胀陶粒的多孔性，长期使用之后有可能造成病原菌在颗粒内部集聚。

（6）泡沫塑料　蔬菜无土栽培中使用最多的是聚苯乙烯泡沫塑料，可采用塑料包装材料制造厂家的下脚料。泡沫塑料的排水性能良好，常用作填充在蔬菜栽培床下层的排水材料。

（7）泥炭　泥炭是沼泽中死亡的泥炭藓、灰藓、苔草和其他水生植物的残体不断积累转化形成的天然有机矿产资源。泥炭富含有机质和腐殖酸；具有纤维状结构，疏松多孔，通气、透水性好；贮存养分和水分能力强；无菌、无杂草种子；性质稳定。泥炭属不可再生资源，在世界各国都有分布。我国泥炭蕴藏量小，北方地区蕴藏量较多且质量较好；南方地区仅在一些山谷的低洼地表土下有零星分布。

泥炭是迄今为止世界各国普遍认为是最好的一种无土栽培基质，尤其在工厂化穴盘育苗中应用效果较好。泥炭在使用时大多配合蛭石、砂粒、珍珠岩等基质制成复合基质，以增大容重，改善结构。

（8）椰糠　椰糠是椰子外壳纤维加工过程中脱落下的一种纯天然的栽培基质。经加工处理后的椰糠非常适合培植蔬菜，是目前比较流行的蔬菜种植优质基质。椰糠具有良好的保水性、透气性；无病虫草害；有缓慢的自然分解率，有利于延长基质的使用期。

（9）砻糠灰　砻糠灰是将稻壳进行碳化处理之后形成的，也称碳化稻壳。砻糠灰的矿质营养含量丰富、价格低廉、通气性良好，但持水孔隙度小、持水能力差。

（10）锯末　锯末为木材加工的副产品，在资源丰富的地方可以用作无土栽培基质。锯末质轻，吸水、保水能力强，含有一定营养物质，一般多与其他基质混合使用。

用作蔬菜无土栽培的基质还有炉渣、砖块、火山灰、甘蔗渣、苔藓、各种农作物秸秆等。

2. 基质的配制和消毒

（1）基质的混合配制　各种基质既可单独使用，也可以几种基质混合使用，但在蔬菜无土栽培中，混合基质优于单一基质，且以2~3种基质混合为宜。蔬菜无土栽培常用复合基质配方见表3-1。

表 3-1 蔬菜无土栽培常用复合基质配方

基质成分	比例	基质成分	比例
陶粒：珍珠岩	2：1	蛭石：珍珠岩	1：1
炉渣：砂粒	1：1	泥炭：蛭石：珍珠岩	2：1：1
锯末：炉渣	1：1	泥炭：珍珠岩：砂粒	1：1：1
泥炭：珍珠岩	1：1	泥炭：蛭石	1：1
泥炭：珍珠岩	1：2	泥炭：砂粒	3：1
泥炭：珍珠岩	3：1	泥炭：砂粒	1：1
泥炭：炉渣	1：1	泥炭：浮石：砂粒	2：2：1

（2）基质的消毒 珍珠岩、蛭石、岩棉是在高温条件下生产出来的，本身是洁净的，不需消毒。其他基质，要保证清洁、无病虫，则需要进行消毒处理，以杀灭病菌孢子和害虫的卵、幼虫等。基质消毒通常有物理消毒和药物消毒两种方式。物理消毒主要有蒸汽消毒和太阳能消毒。药物消毒是用药物，如常用棉隆（必速灭）、福尔马林（40%甲醛溶液）等来处理基质。

1）蒸汽消毒。蒸汽消毒时，将基质均匀堆放到加热管上，堆放厚度为40cm左右，堆好后用塑料薄膜盖严实，然后通入70~90℃的水蒸气，持续加热30min。蒸汽消毒时温度不能太高，太高会杀死基质中的有益微生物。蒸汽法消毒效果好，不污染环境，但消毒成本高。

2）太阳能消毒。太阳能消毒是夏季利用温室或大棚中高温将基质中的水分蒸发，用形成的水蒸气消毒基质。具体的方法是：先把基质喷湿，使基质含水量超过80%，然后把基质堆成20~25cm高的堆，用塑料薄膜密封基质堆后密闭温室或大棚，暴晒10~15d。

3）药剂消毒。①福尔马林消毒，用福尔马林40~50倍液喷洒基质，将基质均匀喷湿后用塑料薄膜覆盖24h以上。使用前揭去薄膜让福尔马林挥发掉，挥发时间至少要15d。该法杀菌效果较好，但杀害虫效果较差。②氯化苦消毒，先将基质堆成长方形的堆，高30cm，然后在基质堆上每隔30cm打1个孔，孔深10~15cm，每个孔内注入5mL氯化苦药液，并立即将注射孔堵塞。放完药后，再在其上铺一层同样厚度的基质，打孔放药，如此反复，可以铺2~3层，然后盖上塑料薄膜密封熏蒸7~10d。使用前去掉塑料薄膜，晾7d后就可以使用。氯化苦毒性大，对植物组织和人体有毒害作用，使用时务必注意安全。③次氯酸钠和次氯酸钙等漂白剂消毒，适于砾石、砂粒消毒。配制有效氯含量为0.3%~1.0%的药液，将基质浸泡在药液中0.5h以上，捞出用清水冲洗即可使用，此法简便迅速。具有较强吸附能力或难以用清水冲洗干净的基质不用漂白剂消毒。

二、常用技术

1. 蔬菜岩棉培

岩棉培是以岩棉作基质的蔬菜无土栽培方法。岩棉的物理和化学性质稳定，可以为蔬菜的根系提供一个稳定的生长环境；岩棉质地均匀，栽培床中不同位置的营养液和氧的供应状况相近，植株间生长整齐；岩棉培中使用的岩棉块是预制的，安装和使用很方便；岩棉具有吸水、保水的性能，岩棉培不会受停电、停水的限制；岩棉是在高温条件下生产的，本身不会带有病原菌、虫卵，在栽培过程中，很少发生土传病害。

（1）岩棉培装置　蔬菜岩棉培的基本装置包括栽培床、供液装置和排液装置（图 3-1）。若采用循环供液，排液装置可以省略。

栽培床用长 70～100cm、宽 15～30cm、高 7～10cm 的岩棉块连接而成，岩棉块平放在定制的支架上，支架保持一定的坡度。岩棉块要装在黑色或黑白双面塑料袋内，以利于保水和稳定根际温度，防止岩棉块周围积累盐分和苔藓蔓延。安放好岩棉块后需要在每个岩棉块较低一端的塑料袋上打 2～3 个排水孔。相邻的两块岩棉块之间连接要紧密，不能留有空隙，以防止营养液滞留空隙中。岩棉培通过滴灌系统供液，供液系统可以采用开路系统，也可以采用闭路系统。

（2）栽培管理要点　岩棉培选用岩棉块育苗，其基本技术程序可参照第六章。

菜苗定植时先在包岩棉块的塑料薄膜上切开一个与育苗块底面积相同的定植孔，然后把滴头插入定植孔中，滴入营养液，使岩棉浸透。定植时将带苗的育苗块直接放在定植孔位置上，将滴头从岩棉块中拔出，插到育苗块上，当菜苗根系伸入岩棉块后，再将滴头移到岩棉块上。

蔬菜岩棉培供液的次数取决于蔬菜生长所处的环境，如果空气干燥，蔬菜需水多，供液次数多，每天可以供液 20 次及以上；如果蔬菜蒸腾速率低，供液次数可降至每天 5 次，甚至 1 次。每次的供液时间取决于排出营养液的量，每次排出的多余营养液的量应为供液总量的 20%。岩棉块内营养液的电导率一般控制在 2.5～3.0mS/cm。当电导率超过 3.5mS/cm 时，就应停止供应营养液，并滴灌清水洗盐；电导率指标恢复正常后，再滴灌营养液。

2. 基质槽培

基质槽培是将基质装入一定容积的种植槽中以种植蔬菜的一种无土栽培方法（图 3-2），可以用混凝土、砖或木板建造成永久性或半永久性的种植槽，也可以直接用砖垒成种植槽，不需要水泥，只需要在槽的底部铺 1～2 层塑料薄膜防止渗漏和隔离土壤即可。种植槽的大小、形状取决于种植的蔬菜种类及田间操作的便捷程度。为了获得良好的排水性能，蔬菜种植槽的坡度至少为 0.4%，有条件的可以在槽的底部铺设排水管。

图 3-1　岩棉培栽培床

图 3-2　基质槽培

槽培的基质可以是单一基质，也可以是混合基质。具体使用哪种基质由栽培蔬菜的种类及基质获得的便利性和价格决定。准备好基质以后，就可以将其装入种植槽，然后布置滴灌管。营养液可以由水泵供给，也可以利用重力把营养液供给蔬菜。供液系统一般采用开路系统，开路系统建造简单，相对成本较低；有条件的也可以建造闭路系统，以节约肥料和减少肥料对环境的污染。

3. 袋培

蔬菜袋培时，除了基质是装在塑料袋中以外，其他与槽培相似。栽培袋通常用抗紫外线的聚乙烯塑料薄膜制成。在光照较强的地区，栽培袋的表面以白色为好，以便于反射阳光并防止基质升温；在光照较弱的地区，栽培袋的表面以黑色为好，有利于冬季吸收热量，保持袋中基质的温度。

袋培的方式有两种：一种为开口筒式袋培，每袋装基质 10~15L，可以种植 1 株番茄或黄瓜等大株型蔬菜（图 3-3）；另一种为枕头式袋培，每袋装基质 20~30L，可以种植 2 株番茄或黄瓜等大株型蔬菜（图 3-4）。无论是开口筒式还是枕头式袋培，袋的底部或两侧开 2~3 个排水孔，用于排除多余的营养液，防止蔬菜沤根。

图 3-3　开口筒式袋培

图 3-4　枕头式袋培

4. 立体栽培

蔬菜立体栽培是立体化的无土栽培，这种栽培方式能充分利用温室空间和太阳能。

（1）柱状栽培　采用专用的无土栽培柱种植蔬菜，栽培柱由若干短的模型管构成，每个模型管上有几个凸出的杯状物，基质放在杯状物中，用以种植蔬菜（图 3-5）。也可以用石棉水泥管或硬质塑料管，在管的四周螺旋开孔，将蔬菜种植在孔内的基质中。在温室中按间距为 0. 8~1. 2m 安装栽培柱。滴灌系统安装在每个柱的顶部，营养液从顶部滴入并向下在整个栽培柱中渗透，营养液无须循环使用，从设施底部排水孔排出。

（2）吊袋式栽培　蔬菜吊袋式栽培是柱状栽培的简化，这种装置用聚乙烯袋替代立柱。栽培袋的直径为 15cm、厚 0. 15cm、长 2m，袋内装栽培基质，装满后将上下两端系紧，然后悬挂在温室中。在袋子的四周开一些大小为 2. 5~5. 0cm 的孔，用于种植蔬菜。蔬菜吊袋式栽培的供液系统和柱状栽培相同。

（3）立柱式盆钵栽培　蔬菜立柱式盆钵栽培是将多个已定型的塑料盆填装基质后上下

叠放成栽培柱的蔬菜无土栽培方式（图 3-6）。专用的塑料盆钵是梅花状的，直径为 40cm、深 15～20cm，盆的中央有一个直径为 5cm 的孔，用于插入固定柱，在盆底和 1/2 盆高处有小孔，用于排液和通气。安装时栽培孔交错排列，保证蔬菜受光均匀。供液管道由顶部自上而下供液，开放供液。

蔬菜立体栽培适合散生型叶菜类的种植，植株高度以不超过 45cm 为宜。

图 3-5　柱状栽培

图 3-6　立柱式盆钵栽培

5. 有机生态型蔬菜无土栽培技术

有机生态型蔬菜无土栽培技术是指使用基质但不用传统的营养液而使用有机固态肥，并用清水灌溉的一种蔬菜无土栽培方式。有机生态型蔬菜无土栽培除了具有一般蔬菜无土栽培的特点外，还具有管理简单、生产成本低、产量高、品质好的优点。有机生态型无土栽培按有机生态标准生产蔬菜，符合我国绿色食品和有机食品的标准。

（1）栽培基质混配　有机生态型蔬菜无土栽培的基质一般由 2～3 种有机基质与 1～2 种无机基质混配而成，有机基质为价格低廉、原料丰富易得的农业废弃物，如玉米秸秆、向日葵秸秆、椰糠、甘蔗渣、菇渣、酒糟、锯末、树皮和豆饼等。所用材料需粉碎、高温发酵后才可以使用。无机基质一般使用蛭石、珍珠岩、砂粒、炉渣等。常用的基质配比见表 3-2。

表 3-2　有机生态型无土栽培基质配方

基质成分	混配比例	基质成分	混配比例
泥炭：炉渣	4：6	砂粒：椰糠	5：5
泥炭：玉米秸秆：炉渣	2：6：2	油菜秸秆：锯末：炉渣	5：3：2
玉米秸秆：菇渣：风化煤	4：3：3	玉米秸秆：蛭石：菇渣	3：3：4
向日葵秸秆：菇渣：珍珠岩	4：3：3	玉米秸秆：菇渣：煤矸石	3：4：3
菇渣：玉米秸秆：蛭石：粗砂	3：5：1：1	玉米秸秆：向日葵秸秆：锯末：炉渣	5：2：1：2

（2）生产管理 有机生态型无土栽培一般以穴盘或营养钵育苗。定植时小心地把苗从穴盘或营养钵中取出，苗的根部要带土球，然后定植到种植槽中。采用营养钵育苗时，也可以将营养钵去底后带钵定植，这样可以减少伤根和减轻根腐病的发生。

定植前需要在栽培基质中施入基肥。基肥一般采用有机生态型无土栽培专用肥，使用量为 10~20kg/m^2。施用时先将基肥均匀撒在基质表面，然后将基质与肥料混匀。

一般在定植后 20~25d 开始追肥，具体的追肥间隔期和追肥量根据种植蔬菜的种类而定，茄果类蔬菜每次追肥间隔 10~15d；黄瓜为 7~12d；叶菜类一般不追肥。追肥方法有多种，撒施和穴施均可，其中穴施的效果最好。

根据蔬菜的种类和季节来确定灌水定额，并根据栽培蔬菜的大小及基质的含水状况调整浇水量，一般每天灌溉 1~3 次，保持基质湿度为 60%~80%。

三、樱桃番茄生产技术方案

1. 生产目标

使用现代化温室种植樱桃番茄，拟用生产面积为 2000m^2，亩产要达到 20000kg，2000m^2 温室的总产量要达 60000kg。果实要求果形均一、无畸形，果面光滑、无裂纹、无疤痕。

2. 生产时间

采用无限生长型番茄品种，一年四季均可生产。在现代化温室中，也可以随时播种。

3. 栽培品种

选用紫珍珠、绿翡翠、粉秋美。这些品种除了可食用外，还有很好的观赏价值。

4. 技术措施

（1）育苗

1）种子处理。播种前先用 52℃水浸泡种子 30min，浸泡过程中要不断搅拌，取出后用 1%高锰酸钾溶液或者 1%碳酸氢钠溶液再浸泡 10~15min，捞出用清水冲洗干净即可。然后在 28℃左右的环境中进行催芽，种子露白后即可播种。

2）播种时选用泥炭∶蛭石为 3∶1 的复合基质。先配制好基质，再在混合基质中加入已消毒的有机肥，加入量为 0.5kg/m^3。出苗前将温度保持在 25~30℃，出苗后温度为白天 20~25℃、夜间 10~15℃。长出三四片真叶时即可定植，适宜条件下整个苗期为大约 30d。

（2）定植

1）栽培基质。用玉米秸秆、蛭石、珍珠岩按 2∶1∶1 的比例配制基质。基质使用前要消毒。

2）种植槽。温室内的种植槽向南北方向排列，槽边框高 24cm、内径宽 48cm、槽间距为 72cm。为防止土传病害和水肥流失，槽内铺 0.1mm 厚的 PVC 薄膜，膜边用砖压紧，膜上铺 3cm 厚的陶粒，陶粒上铺一层无纺布，无纺布上填栽培基质。

3）定植操作。定植前，需要在混合基质中施入基肥，每平方米基质加入 10~15kg 消毒鸡粪、0.5~1kg 发酵豆饼、4kg 有机生态型无土栽培专用肥。幼苗长至 3~4 片真叶时可以定植，定植前将种植槽内整平，浇水，让基质浸透水分。双行三角形定植，株距为 30cm，每亩定植 2500~2800 株，定植后要浇透水。一般情况下，定植成活率达 100%。

（3）定植后的管理

1）温度。定植初期保持高温高湿环境，白天控制温度为 25~30℃、夜间为 15~17℃，

湿度（本书中的湿度均指相对湿度）为 60%～80%。缓苗期结束后白天温度控制为 20～25℃、夜间为 12～15℃，湿度不超过 60%。进入结果期，白天控制温度为 20～25℃、夜间为 15～17℃，每次浇水后及时通风排湿。

2）湿度。一般定植后要保持基质湿度为 60%～70%，湿度不能过大，过大会使植株营养生长过旺。坐果后，勤浇水。具体浇水量要以根据植株的形态和外界天气等情况进行。

3）养分。追肥一般在定植后 20d 开始，此后每隔 10d 追 1 次肥，每次每株追专用肥 10～15g；坐果后，每隔 7d 追 1 次肥，每次每株 25g。

4）吊蔓。当番茄植株的第一花序果实膨大、第二花序开花时，及时用绳吊蔓。

5）整枝。整枝方式采用单干整枝，除保留主干外，摘除所有侧枝。

6）留穗。每株保留 7～8 穗果（冬、春季生产）或 3～4 穗（秋、冬季生产），并且及时摘除多余的果穗、老叶、病叶和成熟果下部的叶片，以减少养分消耗，提高果实品质。

7）掐尖。一般秋冬茬留 6～7 穗果后掐尖，早春或冬春茬留 8～10 穗果后掐尖。

8）授粉。为了增加坐果率，需要进行人工授粉。在栽培的过程中，不使用激素处理，故授粉时采用人工振荡授粉或昆虫辅助授粉。授粉在开花后的每天上午 10:00～11:00 进行。

（4）采收　樱桃番茄开花后 50d 左右果实成熟，一般当果实表面约有 30%着色时应采收，适时采收可增加早期产量、提高产值，且有利于植株后期着生果的发育。但采收还要考虑贮藏运输时间，贮运时间长则可提前采收便于贮运；贮运时间短，则可推迟采收时间。

5. 成本概算

蔬菜无土栽培的生产成本在不计科技服务费和流动资金以外，主要包括生产场地、设施设备、生产资料和劳动力等成本费用，部分成本费用见表 3-3。

表 3-3　蔬菜无土栽培的部分成本费用

项目	数量	单位	规格	单价/元	金额/元	折旧年限/年	每年平均/元
温室建造	2000	m^2			600000	20	30000
种植槽框架	2000	m^2			20000	10	2000
珍珠岩	40	m^3		300	12000	2～3	4000
泥炭	1	m^3	3～6mm	300	300		
蛭石	41	m^3	3～6mm	260	10660	2～3	3500
陶粒	20	m^3	2～4mm	200	4000	2～3	1334
PVC 薄膜	700	m^2		1.5	1050	3	350
无纺布	700	m^2		1.5	1050	3	350
滴灌带	3000	m		0.13	390	5	78
输水管道	100	m		0.7	70	10	7
三通开关	100	个		0.4	40	5	8
穴盘	330	个	50 穴	0.8	264	3	88

（续）

项目	数量	单位	规格	单价/元	金额/元	折旧年限/年	每年平均/元
种子	15	千粒	常规种子	200	3000		3000
鸡粪	6.5	t		300	1950		1950
豆饼	0.65	t		3500	2275		2275
有机生态型无土栽培专用肥	5.5	t		750	4125		4125
遮阳网	2000	m^2	70%遮光率	1	2000	5	400
水电费					6300		6300
人工费					180000		180000
不可预见费					50000		50000

6. 效益分析

2000m^2 的温室樱桃番茄无土栽培每年的生产总成本为29万左右，若每年能产出樱桃番茄60000kg，按市场一般单价为9元/kg，总收入为54万元，扣除生产成本，则年收入在25万元左右。此收益仅作为参考，具体收益受温室樱桃番茄的生产区位、上市时间、价格和市场份额等影响。

第四章 蔬菜无土栽培管理技术

蔬菜无土栽培管理技术，主要包括蔬菜无土栽培营养液的配制与管理、蔬菜无土栽培设施环境调控技术。营养液的配制与管理是蔬菜无土栽培的关键。

第一节 营养液的配制与管理

蔬菜无土栽培的关键技术环节是将含有蔬菜生长发育需要的各种必需营养元素的化合物和少量为使某些必需营养元素有效性更为长久的辅助材料，按一定的数量和比例溶解于水中配制成营养液。在蔬菜无土栽培的生产过程中，无论使用固体基质栽培或水培，都要通过营养液为蔬菜生长发育提供所需的水分和养分。蔬菜无土栽培很大程度上取决于营养液的配方、浓度和各种营养物质的比例，以及 pH、溶解氧量、液温和营养液的科学管理。本节主要讨论蔬菜无土栽培的主要物质、营养液配制与调节技术等内容。

一、主要物质

蔬菜无土栽培中用于配制营养液的主要有水、各种营养元素化合物和一些辅助物质等。

1. 水

水质会影响营养液的组成和营养液中某些必需营养元素的有效性，甚至严重影响蔬菜的生长发育。因此，选择合适的水源，对水质进行分析检测尤为关键。

（1）水源的选择 蔬菜无土栽培的水源主要有地表水、雨水和地下水等。

1）地表水。地表水常指洁净的河水和湖水。要求有机质含量不能过高，否则会降低营养液中氢离子的浓度，影响营养液中的 pH 和微量元素的供应。地表水如果遭受农药、工业污水或废弃物的污染，污染重者不能用于配制营养液。要特别注意不能利用农田径流作为蔬菜无土栽培的水源。

2）雨水。雨水主要是指利用设备收集大型栽培设施（如温室等）的天沟流出的雨水。收集到的雨水一定要经过澄清和过滤，必要时加入沉淀剂或消毒剂进行处理，而后遮光保存，避免滋生绿藻。空气污染严重地区的雨水则不能作为配制营养液的水源。

3）地下水。地下水主要是指井水。北方硬水地区要注意钙、镁离子的含量；近海地区要注意钠离子含量；有些地区地下水中钼、硼含量较高，通过检测达标后，配制时可以省略这两种元素。

自来水可直接作为蔬菜无土栽培的水源，而蒸馏水、去离子水多用于严格的蔬菜无土栽培试验。

不管采用何种水源，使用前都必须经过水质的分析检测，以确定其可用性和适用性。

(2) 配制营养液的水质要求 蔬菜无土栽培对水质的要求比农田灌溉的水质要求高，但一般低于饮用水水质指标要求。

1）硬度。水的硬度统一用单位体积的氧化钙（CaO）含量来表示，即每度相当于氧化钙含量为10mg/L。水的硬度划分标准见表4-1。目前，将氧化钙含量在80mg/L以上的水称为硬水，不足80mg/L的水称为软水。

表4-1 水的硬度划分标准

硬度/度	氧化钙含量/(mg/L)	水质类型
0~4	0~40	极软水
4~8	40~80	软水
8~16	80~160	中硬水
16~30	160~300	硬水
>30	>300	极硬水

石灰岩和钙质土地区的水一般为硬水，多在我国华北地区。而南方地区除了石灰岩地区外大多数为软水，适于配制营养液。硬水中常含有较多的钙盐和镁盐，因此要先检测钙、镁离子含量，再从营养液配方中扣除已有的含量，然后按经过调整的配方配制营养液。一般以利用硬度为15度以下的水进行蔬菜无土栽培为好。

2）可溶性固体物质含量。可溶性固体物质是指水中的可溶性盐类。不同地区地下水中可溶性固体物质含量差异很大，一般每升几十至几百毫克。其含量常用电导率法测定，单位为mS/cm。1mS/cm的含量相当于500mg/L氯化钠（NaCl）的量。可溶性固体物质含量过高会对蔬菜生长发育造成危害。

3）pH。pH为5.5~8.5的水均可满足蔬菜无土栽培水源要求。配制成营养液后，可通过加酸或加碱对pH进行调整。

4）悬浮物含量。蔬菜无土栽培用水的悬浮物含量要求小于10mg/L。若利用河水、湖水、雨水等配制营养液时，使用前要经过澄清、沉淀处理。

5）氯化钠含量。实施蔬菜无土栽培，要求水中的氯化钠含量小于或等于200mg/L。

6）溶解氧量。蔬菜无土栽培对溶解氧量无严格要求，水源在未使用之前，溶解氧量应大于或等于3mg/L。

7）氯（Cl^-）含量。氯主要来自于自来水消毒时残存在水中的余氯和进行设施消毒时所含的含氯消毒剂，如次氯酸钠（NaClO）次氯酸钙［$Ca(ClO)_2$］，残留的氯应小于或等于0.01%。

8）重金属及有毒物质含量。蔬菜无土栽培用水的重金属及有毒物质含量需符合表4-2的标准。

表 4-2　蔬菜无土栽培用水的重金属及有毒物质含量标准

名称	标准	名称	标准
汞（Hg^{2+}）	≤0.001mg/L	铬（Cr^{3+}）	≤0.050mg/L
砷（As^{3+}）	≤0.050mg/L	锌（Zn^{2+}）	≤0.200mg/L
硒（Se^{2-}）	≤0.020mg/L	氟化物（F^{-}）	≤3.000mg/L
铜（Cu^{2+}）	≤0.100mg/L	六六六	≤0.020mg/L
隔（Cd^{2+}）	≤0.005mg/L	滴滴涕	≤0.020mg/L
铅（Pb^{2+}）	≤0.050mg/L	大肠菌群	≤1000 个/L

2. 各种营养元素化合物

化合物按纯度等级可分为化学试剂（保证试剂、分析纯试剂、化学纯试剂）、医药用品、工业用品和农业用品。用于蔬菜无土栽培营养液配制的化合物种类很多，实际应用时，微量元素一般用化学试剂或医药用品，大量元素的供给多采用农业用品，以降低生产成本。

（1）含氮化合物　含氮化合物是指能够作为氮源的肥料。

1）硝酸钙。硝酸钙是目前应用最广泛的氮源和钙源肥料。常用的是四水硝酸钙，分子式为 $Ca(NO_3)_2 \cdot 4H_2O$，分子量为 236.15，含氮（纯 N）12%、含钙（Ca）17%，白色结晶，极易溶于水，易吸水潮解，要密闭保存并放置于阴凉处。

2）硝酸铵。分子式为 NH_4NO_3，分子量为 80.05，含氮（纯 N）34%~35%，其中铵态氮和硝态氮各占 50%；白色结晶，溶解度很大，吸湿性很强，易板结，农用及部分工业用时为了防潮常加入疏水物质制成颗粒状；具有助燃性和爆炸性，贮藏时应密闭置于阴凉处。

3）硝酸钾。分子式为 KNO_3，分子量为 101.10，含氮（纯 N）14%、含钾（K）39%，可作为氮源和钾源；白色结晶，吸湿性较小，呈中性是生理碱性肥料；易溶于水，是强氧化剂，具助燃性和爆炸性，易受潮结块；不可猛烈撞击，不可与易燃物混在一起。

4）硫酸铵。分子式为 $(NH_4)_2SO_4$，分子量为 132.15，含氮（纯 N）20%~21%；白色结晶，易溶于水，物理性状良好，不易吸湿，是生理酸性肥料，在蔬菜无土栽培中用得较少。

5）尿素。分子式为 $CO(NH_2)_2$，分子量为 60.03，含氮（纯 N）46%；其纯品为白色针状结晶，吸湿性很强，易溶于水；肥料级常制成颗粒，外包被一层蜡状物质，吸湿性较小；水培中除了少数配方使用尿素作为氮源，很少使用。基质栽培中可以混入基质中使用。

6）磷酸二氢铵。分子式为 $NH_4H_2PO_4$，分子量为 115.05，含氮（纯 N）11%~13%，含磷（P_2O_5）62%，可以提供氮源和磷源；其纯品为白色结晶，作为肥料用的其外观多为灰色结晶，易溶于水，溶解度大。

（2）含磷化合物　含磷化合物是指能够作为磷源的肥料。

1）过磷酸钙。生产上，过磷酸钙中常含有硫酸钙的混合物，故常将过磷酸钙的分子式表示为 $Ca(H_2PO_4)_2 \cdot H_2O + CaSO_4 \cdot 2H_2O$，分子量为 252.08+172.17，一级品含有效磷（P_2O_5）18%，游离酸含量小于 1%，含钙（Ca）19%~22%、含硫（S）10%~12%，灰白色或灰黑色颗粒或粉末。过磷酸钙是一种水溶性磷肥，溶解度较小，易吸潮退化。在蔬菜无土栽培中主要用于基质培养，育苗时预先混入基质中，一般不做配制营养液的磷源。

2）磷酸二氢钾。分子式为 KH_2PO_4，分子量为 136.09，含磷（P_2O_5）52%、含钾（K_2O）34%，可以作为磷源和钾源；白色结晶或粉末，性质稳定，不易潮解，易溶于水，是蔬菜无土栽培中重要的磷源。

3）磷酸氢二铵。分子式为 $(NH_4)_2HPO_4$，分子量为 132.05，含氮（纯 N）21%，含磷（P_2O_5）53%，可以作为氮源和磷源；其纯品为白色结晶，有一定吸湿性，易结块，易溶于水，水溶液呈中性。

4）重过磷酸钙。分子式为 $Ca(H_2PO_4)_2 \cdot H_2O$，分子量为 252.08，含磷（P_2O_5）40%~52%、游离酸 4%~8%；灰白色或灰黑色颗粒或粉末，易溶于水，水溶液为酸性，其吸湿性和腐蚀性比过磷酸钙强。在蔬菜无土栽培中主要用于预先混入基质中，一般不作为配制营养液的磷源。

5）磷酸二氢铵。参见含氮化合物。

（3）含钾化合物 含钾化合物除前述磷酸二氢钾、硝酸钾外，还有硫酸钾和氯化钾。

1）硫酸钾。分子式为 K_2SO_4，分子量为 174.26，纯品含钾（K_2O）54.1%、肥料级含钾（K_2O）50%~52%，含硫（S）18%；其纯品为白色粉末或结晶，作为农用肥料的硫酸钾多为白色或浅黄色粉末；较易溶于水，但溶解度较低，吸湿性小，不易结块，水溶液为中性。硫酸钾是生理酸性肥料，是蔬菜无土栽培中良好的钾源。

2）氯化钾。分子式为 KCl，分子量为 74.55，肥料级含钾（K_2O）50%~60%，含氯（Cl）47%；其纯品为白色结晶，作为农用肥料的硫酸钾多为紫红色或白色或浅黄色粉末；易溶于水，吸湿性小，不易结块，水溶液为中性，是生理酸性肥料。在蔬菜无土栽培中也可作为钾源来使用，但在莴苣、芹菜等忌氯蔬菜作物上慎用，需严格控制使用范围。

（4）含钙、含镁化合物 含钙、含镁化合物主要包括以下几类物质。

1）硫酸镁。常用的是七水硫酸镁，分子式为 $MgSO_4 \cdot 7H_2O$，分子量为 246.48，含镁（Mg）10%、含硫（S）13%；白色结晶，呈粉状或颗粒状，易溶于水，稍有吸湿性，水溶液为中性，为生理酸性肥料，是蔬菜无土栽培中最常用的良好镁源。

2）硫酸钙。常用的是二水硫酸钙，分子式为 $CaSO_4 \cdot 2H_2O$，分子量为 172.17，含钙（Ca）23%、含硫（S）19%；白色粉末状，溶解度低，水溶液为中性，为生理酸性肥料，在营养液中很少使用，一般在蔬菜无土栽培中主要用于预先混入基质中。

3）氯化钙。分子式为 $CaCl_2$，分子量为 110.98，含钙（Ca）36%、含氯（Cl）64%；白色粉末或结晶，吸湿性强，易溶于水，水溶液为中性，为生理酸性肥料，在营养液中很少使用。

4）硝酸钙。参见含氮化合物。

（5）微量元素化合物 微量元素化合物主要是指含铁、硼、锰、锌、铜、钼等化合物。

1）硫酸亚铁。常用的是七水硫酸亚铁，分子式为 $FeSO_4 \cdot 7H_2O$，分子量为 278.02，含铁（Fe）20%、含硫（S）12%，浅绿色或蓝色结晶，易溶于水，有一定吸湿性，性质不稳定，需将其放置于不透光的密闭容器中，并置于阴凉处存放。现在大多数营养液配方中都不直接使用硫酸亚铁作为铁源，而是采用螯合铁或硫酸亚铁与螯合剂先行螯合之后才使用，但可在基质栽培中混入基质中。

2）螯合铁。螯合铁是铁离子与螯合剂螯合而成的螯合物。一般为浅棕色粉末状，易溶于水，常用的有乙二胺四乙酸钠铁（EDTA-NaFe）和乙二胺四乙酸二钠铁（EDTA-Na_2Fe）等。由于螯合铁性状稳定，是蔬菜无土栽培营养液中常用的铁源。

3）硼酸。分子式为 H_3BO_3，分子量为 61.83，硼（B）含量为 18%。白色结晶，易溶于水，水溶液呈微酸性，是蔬菜无土栽培营养液中良好的硼源。

4）硼砂。分子式为 $Na_2B_4O_7 \cdot 10H_2O$，分子量为 381.37，硼（B）含量为 11%；白色或无色粒状结晶，易溶于水，是蔬菜无土栽培营养液中良好的硼源。

5）硫酸锰。常用的有四水硫酸锰或一水硫酸锰，分子式为 $MnSO_4 \cdot 4H_2O$ 或 $MnSO_4 \cdot H_2O$，$MnSO_4 \cdot 4H_2O$ 的分子量为 223.06，锰（Mn）含量为 25%；$MnSO_4 \cdot H_2O$ 的分子量为 169.01，锰（Mn）含量为 33%。硫酸锰为粉红色结晶，易溶于水，是蔬菜无土栽培营养液中良好的锰源。

6）硫酸锌。常用的是七水硫酸锌，分子式为 $ZnSO_4 \cdot 7H_2O$，分子量为 287.55，锌（Zn）含量为 23%；无色斜方晶体，易溶于水，是蔬菜无土栽培营养液中良好的锌源。

7）硫酸铜。常用的是五水硫酸铜，分子式为 $CuSO_4 \cdot 5H_2O$，分子量为 249.6，铜（Cu）含量为 25%；蓝色或浅蓝色结晶，易溶于水，是蔬菜无土栽培营养液中良好的铜源。

8）钼酸铵。常用的是四水钼酸铵，分子式为 $(NH_4)_6Mo_7O_{24} \cdot 4H_2O$，分子量为 1235.85，钼（Mo）含量为 54%；白色或浅黄色结晶体，易溶于水，是蔬菜无土栽培营养液中良好的钼源。

3. 辅助物质

营养液配制中常用的辅助物质是螯合剂。螯合剂与某些金属离子结合可形成螯合物，从而能长期保持金属离子的有效性。

1）乙二胺四乙酸（EDTA）。分子式为 $(CH_2N)_2(CH_2COOH)_4$，分子量为 292.25，白色粉末，在水中溶解度很小。常用的乙二胺四乙酸二钠盐（EDTA-Na_2），分子量为 372.42，白色粉末，是目前蔬菜无土栽培中最常用的螯合剂。

2）二乙酸三胺五乙酸（DTPA）。分子式为 $HOOCCH_2N[CH_2CH_2N(CH_2COOH)_2]_2$，分子量为 393.20；白色结晶，微溶于冷水，易溶于热水和碱性溶液。

3）1，2-环己二胺四乙酸（CDTA）。分子式为 $(HOOCCH_2)_2NCH(CH_2)_4HCN(CH_2COOH)_2$，分子量为 346.34；白色粉末，难溶于水，易溶于碱性溶液。

4）乙二胺-N，N-双邻羟苯基乙酸（EDDHA）。分子式为 $(CH_2N)_2(OHC_6H_4CH_2COOH)_2$，分子量为 360；白色粉末，溶解度小。

5）N-羟乙基乙二胺三乙酸（HEDTA）。分子式为 $(HOOCCH_2)_2NCH_2CH_2N(CH_2CH_2OH)CH_2COOH$，分子量为 278.26；白色粉末，冷水中溶解度小，易溶于热水和碱性溶液。

在蔬菜无土栽培营养液的配制过程中，最常用的是铁与螯合剂所形成的螯合物，而其他金属离子在营养液中有效性一般较高，很少使用这些金属离子与螯合剂形成的螯合物。在蔬菜无土栽培中，最常用的是乙二胺四乙酸二钠铁（EDTA-Na_2Fe）。

二、营养液配制

1. 营养液的组成

（1）营养液的浓度表示方法　营养液的浓度是指一定量（质量或体积）的营养液中所

含营养元素（或肥料）的量。其浓度表示方法可分为直接表示法和间接表示法。

1）直接表示法。①化合物质量/体积，用单位体积营养液中含有某种化合物（或肥料）的质量表示，单位有 g/L、mg/L。例如，某个营养液配方中显示含硝酸钾 0.86g/L，是指每升营养液中含有 0.86g 硝酸钾。配制营养液时可采用这种表示方法提供的数据直接称取相应肥料量。②元素质量/体积，用单位体积营养液中含有某种营养元素的质量表示，单位有 g/L、mg/L。例如，某个营养液配方中显示含氮 160mg/L，是指每升营养液中含有氮元素 160mg。这种表示方法多用于直观比较不同配方元素的用量，配制时不能按此表示方法直接称量，需要先将元素质量转换为化合物质量后再称取相应肥料量。③摩尔浓度，是指每升营养液中含有某物质的摩尔数或毫摩尔数，单位为 mol/L、mmol/L。1mol 的数值等于某物质的原子量或分子量或离子量，其质量单位为克（g）。由于营养液的浓度均很低，常用 mmol/L 来表示浓度（1mol/L=1000mmol/L）。以摩尔或毫摩尔表述的物质量，配制时不能直接称量肥料，必须进行换算后才能称取相应肥料量。换算时将每升营养液中某种物质的摩尔数与该物质的分子量或离子量或原子量相乘，即可得知该物质的用量。例如，3mol/L 的硝酸钾相当于硝酸钾的重量为：3mol/L×101.1g/mol=303.3g/L。

2）间接表示法。该法一般用电导率和渗透压来表示浓度。①电导率，是指单位距离的溶液的导电能力，单位为 S/cm。由于营养液浓度很低，一般用 mS/cm 表示。配制营养液时，常用的水溶性无机盐通常为强电解质，在水中电离为带有正、负电荷的离子，具有导电能力。导电能力用电导率来表示。在一定范围内，溶液的含盐量与电导率成正比，含盐量越高电导率越大。电导率能间接反映营养液的含盐量，可用电导率的值（EC 值）表示营养液的总盐浓度，并以此调控营养液的浓度。②渗透压，是表示细胞半透膜两侧浓度不同的两种溶液所产生的水压，水从离子浓度低的溶液通过半透膜进入离子浓度高的溶液即可产生压力，这种压力就是渗透压。浓度越高，渗透压越大，故渗透压可间接反映溶液浓度的高低。

（2）营养液组成原则

1）齐全。在蔬菜无土栽培中，除了一些固体基质能提供部分必需营养元素外（具体含量需要进行测定），绝大多数矿质营养元素来自于营养液，营养液中必须包括除碳、氢、氧以外的蔬菜生长发育必需的所有矿质营养元素。

2）可用。在蔬菜无土栽培中，营养液中的各种化合物必须以蔬菜生长发育可吸收利用的状态存在，一般呈离子状态。选用的化合物多为水溶性无机盐类，只有少数为增加某些元素的有效性而加入适量的螯合剂形成的有机物。

3）合理。在蔬菜无土栽培中，营养液中各种营养元素的数量和比例必须符合蔬菜正常生长发育要求，且生理均衡。在营养液配制中，一般在保证蔬菜必需营养元素齐全的前提下，所用化合物种类应尽可能地少，以防止化合物被带入蔬菜对蔬菜生长起到反作用。

4）有效。在蔬菜无土栽培中，营养液中各种化合物必须保证在营养液中较长时间地保持有效性，而不至于因营养液的温度变化、根系的吸收及离子间的相互作用等使其有效性在短时间内降低。

5）适合。应根据蔬菜作物的类型和品种差异而调整配方，营养液中的各种化合物组成的总盐分浓度及其 pH 必须适宜相应蔬菜的生长。不能因总盐分浓度过低造成脱肥影响蔬菜生长发育，也不能由于总盐分浓度过高而对蔬菜生长产生盐害。

6）稳定。在蔬菜生长过程中，因根系的选择性吸收而表现出来的营养液总体生理酸碱必须是平稳的。在一种营养液配方中，可能有某些化合物表现为生理酸性或碱性，有时甚至是较强的生理酸性或碱性，但一个营养液配方中所有化合物总体表现出来的生理酸性或碱性必须是比较平稳的。

（3）营养液配方　在一定体积的营养液中，规定含有各种必需营养元素盐类的数量称为营养液配方。在100多年无土栽培的发展过程中，根据蔬菜作物的种类、生育阶段、栽培方式、水质和气候条件，以及营养元素化合物来源等不同，研制出许多营养液配方。表4-3至表4-6选列的多为国内外经实践证明为均衡良好的营养液配方，而营养液中微量元素用量可参考表4-7。在使用过程中要明确，均衡良好的营养液配方既具有专一性，同时又具有一定程度上的通用性。在具体使用过程中，需结合无土栽培的蔬菜种类、当地的具体条件和生产情况灵活运用。

表4-3　无土栽培常用营养液配方（一）

			营养液配方来源						
			Knop古典水培配方（1865）	Hoagland和Snyde（1938）	Hoagland和Arnon（1938）	Arnon和Hoagland（1940）	Rothamsted配方A（pH4.5）	Rothamsted配方B（pH5.5）	Rothamsted配方C（pH6.2）
盐类化合物/（mg/L）	四水硝酸钙		1150.0	1180.0	945.0	708.0			
	硝酸钾		200.0	506.0	607.0	1011.0	1000.0	1000.0	1000.0
	磷酸二氢钾		200.0	136.0			450.0	400.0	300.0
	磷酸氢二钾						67.5	135.0	270.0
	磷酸二氢铵				115.0	230.0			
	硫酸铵								
	硫酸钾								
	七水硫酸镁		200.0	693.0	493.0	493.0	500.0	500.0	500.0
	二水硫酸钙						500.0	500.0	500.0
	盐类总计		1750.0	2515.0	2160.0	2442.0	2517.5	2535.0	2570.0
元素含量/（mmol/L）	氮	铵态氮			1.0	2.0			
		硝态氮	11.7	15.0	14.0	16.0	9.9	9.9	9.9
	磷		1.5	1.0	1.0	2.0	3.7	3.7	3.8
	钾		3.4	6.0	6.0	10.0	14.0	14.4	15.2
	钙		4.9	5.0	4.0	3.0	2.9	2.9	2.9
	镁		0.8	2.0	2.0	2.0	2.0	2.0	2.0
	硫		0.8	2.0	2.0	2.0	2.0	2.0	2.0
适用对象			通用	酌情减半，通用					

表 4-4 无土栽培常用营养液配方（二）

		营养液配方来源						
		Hewitt（1952）	Cooper（1975）	法国国家农业研究所（1977）通用于好酸性作物	法国国家农业研究所（1977）通用于好中性作物	荷兰温室作物研究所，岩棉培滴灌	日本园试配方（1966）	日本山崎配方（1978）
盐类化合物/（mg/L）	四水硝酸钙	1181. 0	1062. 0	614. 0	732. 0	886. 0	945. 0	826. 0
	硝酸钾	505. 0	505. 0	283. 0	384. 0	303. 0	809. 0	607. 0
	硝酸铵			240. 0	160. 0			
	磷酸二氢钾		140. 0	136. 0	109. 0	204. 0		
	磷酸氢二钾			17. 0	52. 0			
	磷酸二氢铵						153. 0	153. 0
	硫酸铵					33. 0		
	硫酸钾			22. 0		218. 0		
	七水硫酸镁	369. 0	738. 0	154. 0	185. 0	247. 0	493. 0	370. 0
	磷酸二氢钠	160. 0						
	氯化钠			12. 0	12. 0			
	盐类总计	2215. 0	2445. 0	1478. 0	1634. 0	1891. 0	2400. 0	1956. 0
元素含量/（mmol/L）	氮 铵态氮			3. 0	2. 0	0. 5	1. 3	1. 3
	氮 硝态氮	15. 0	14. 0	11. 0	12. 0	10. 5	16. 0	13. 0
	磷	1. 3	1. 0	1. 1	1. 1	1. 5	1. 3	1. 3
	钾	5. 0	6. 03	4. 25	5. 2	7. 0	8. 0	6. 0
	钙	5. 0	4. 5	2. 6	3. 1	3. 75	4. 0	3. 5
	镁	1. 5	3. 0	0. 6	0. 8	1. 0	2. 0	1. 5
	硫	1. 5	3. 0	0. 8	0. 8	2. 5	2. 0	1. 5
适用对象		酌情减半，通用		NFT 通用		以番茄为主或通用	酌情减半，通用	甜瓜

表 4-5　无土栽培常用营养液配方（三）

			营养液配方来源								
			日本山崎配方（1978）								
盐类化合物/(mg/L)	四水硝酸钙		826.0	354.0	354.0	236.0	472.0	236.0	354.0	236.0	236.0
	硝酸钾		607.0	404.0	607.0	404.0	809.0	303.0	708.0	506.0	708.0
	磷酸二氢铵		115.0	77.0	96.0	57.0	153.0	57.0	115.0	57.0	192.0
	七水硫酸镁		246.0	246.0	185.0	123.0	493.0	123.0	246.0	123.0	246.0
	盐类总计		1794.0	1081.0	1242.0	820.0	1927.0	719.0	1423.0	922.0	1382.0
元素含量/(mmol/L)	氮	铵态氮	1.0	0.7	0.8	0.5	1.3	0.5	1.0	0.5	1.7
		硝态氮	13.0	7.0	9.0	6.0	12.0	7.0	10.0	7.0	9.0
	磷		1.0	0.7	0.8	0.5	1.3	0.5	1.0	0.5	1.7
	钾		6.0	4.0	6.0	4.0	8.0	3.0	7.0	5.0	7.0
	钙		3.5	1.5	1.5	1.0	2.0	1.0	1.5	1.0	1.0
	镁		2.0	1.0	0.8	0.5	2.0	0.5	1.0	0.5	1.0
	硫		2.0	1.0	0.8	0.5	2.0	0.5	1.0	0.5	1.0
适用对象			黄瓜	番茄	甜椒	叶用莴苣	茼蒿	草莓	茄子	小芜菁	鸭儿芹

表 4-6　无土栽培常用营养液配方（四）

			营养液配方来源						
			山东农业大学（1978）	山东农业大学（1986）	华南农业大学（1990）	华南农业大学（1990）	华南农业大学（1990）	华南农业大学（1990）	华南农业大学（1990）
盐类化合物/(mg/L)	四水硝酸钙		1000.0	910.0	590.0	472.0	472.0	472.0	
	硝酸钾		300.0	238.0	404.0	404.0	267.0	202.0	322.0
	硝酸铵						53.0	80.0	
	磷酸二氢钾		250.0	185.0	136.0	100.0	100.0	100.0	150.0
	硫酸钾		120.0				116.0	174.0	
	七水硫酸镁		250.0	500.0	246.0	246.0	264.0	246.0	150.0
	二水硫酸钙								750.0
	盐类总计		1920.0	1833.0	1376.0	1222.0	1272.0	1274.0	1372.0
元素含量/(mmol/L)	氮	铵态氮					0.7	1.0	3.2
		硝态氮	11.5	10.1	9.0	8.0	7.3	7.0	1.1
	磷		1.8	1.8	1.0	0.7	0.7	0.7	4.3
	钾		6.2	4.1	5.0	4.7	4.7	4.7	4.3
	钙		4.2	3.8	2.5	2.0	2.0	2.0	0.6
	镁		1.0	2.0	1.0	1.0	1.0	1.0	5.0
	硫		1.7	2.0	1.0	1.0	1.7	2.0	
适用对象			西瓜	番茄、辣椒	番茄，pH 为 6.2~7.8	果菜，pH 为 6.4~7.2	叶菜 A，pH 为 6.2~7.8	叶菜 B，pH 为 6.1~6.3；易缺铁叶菜	豆科，非豆科不宜

表 4-7　营养液中微量元素用量（各配方通用）　（单位：mg/L）

化合物	营养液中的化合物用量	营养液中的元素用量
乙二胺四乙酸钠铁（EDTA-NaFe）	20.00~40.00	2.80~5.60
硼酸（H_3BO_3）	2.86	0.50
硫酸锰（$MnSO_4 \cdot 4H_2O$）	2.13	0.52
硫酸锌（$ZnSO_4 \cdot 7H_2O$）	0.22	0.05
硫酸铜（$CuSO_4 \cdot 5H_2O$）	0.08	0.02
钼酸铵［$(NH_4)_6Mo_7O_{24} \cdot 4H_2O$］	0.02	0.01

2. 营养液配方调整

一般来说，需要对现成的蔬菜无土栽培的营养液配方做适当调整才能运用于蔬菜生产实际。一是要根据不同地区的水质和化合物纯度等存在的差异，确定营养液组成；二是要根据栽培蔬菜的品种和生育阶段，确定营养元素比例，尤其是氮、磷、钾三要素的比例；三是要根据不同栽培方式，特别是在基质栽培时要根据基质的吸附性和其本身的营养成分，确定营养液的组成。在营养液配制前，需要正确和灵活地调整营养液的配方，这样配制的营养液才能真正满足不同蔬菜生长发育的需要。

（1）根据水和肥料的纯度调整　不同地区水的硬度不同，含有的各种营养元素的数量也不相同。在具体配制营养液时，需要根据实际的测定结果来进行营养液配方的调整。在水源符合蔬菜无土栽培要求的前提下，需要测定其中钙、镁、钾、硝态氮及各种微量营养元素的含量，以便按营养液配方计算用量来扣除这部分养分含量。例如，北方硬水地区的地下水含钙量很高，在配制营养液前应对营养液配方加以调整，适当减少钙肥的用量。至于微量营养元素，只要测出水中存在且不过量，配制营养液时不再添加也是可取的。配制营养液的大量元素化合物多采用工业原料或农用肥料，但因其含有杂质等，纯度较低，称量前有必要按实际纯度对用量进行修正。例如，配方要求称量四水硝酸钙 400g，而农用四水硝酸钙的纯度只有 90%，则实际称取量应为：400/0.9=444.44（g）。微量营养元素肥料多为分析纯或化学纯试剂而且实际用量少，可以直接称量使用。

（2）根据蔬菜的种类和生育阶段调整　不同种类的蔬菜对营养元素的种类及其比例的要求不同，同一品种蔬菜在不同生育阶段对各种营养元素及其比例的要求也各异，并通过营养液电导率反映出来（表 4-8）。在蔬菜无土栽培的生产实践中，应根据蔬菜各个生育阶段的相应需求，适当调整营养液的配方和使用浓度。

表 4-8　蔬菜不同生育阶段对营养液电导率的要求　（单位：mS/cm）

蔬菜种类	育苗期	定植前后	营养生长期	开花后	坐果后
黄瓜	0.8~1.0	1.5	2.0~2.2	2.5~3.0	2.2~2.8
番茄	0.8~1.0	2.0	2.0~2.5	2.5~2.8	2.5~3.5
甜椒	0.8~1.0	2.0	2.2	2.2~2.4	2.4~2.8
茄子	0.8~1.0	2.0	2.2	2.2~2.4	2.4~2.8

（3）根据栽培方式调整　蔬菜无土栽培主要分为基质培和水培，对营养液组成稳定性影响较大的是基质培。因为基质种类较多，其理化性质差异也较大。在使用时，应根据不同的基质类型，按其理化性质不同对营养液配方予以相应调节。

3. 营养液配制技术

（1）营养液配制原则　蔬菜无土栽培的关键一步就是配制营养液。生产中配制营养液一般配制成使用时需要稀释的浓缩液（母液）和直接用于蔬菜无土栽培的栽培营养液（工作营养液）。营养液配制的最基本原则是不允许产生沉淀。在配制浓缩液时，需要先将容易产生沉淀的肥料分类别进行溶解。易产生沉淀的离子如 Ca^{2+}、SO_4^{2-}、PO_4^{3-} 必须分开，如硝酸钙不能和硫酸盐、磷酸盐混在一起，否则容易产生硫酸钙或磷酸钙沉淀。

（2）浓缩液稀释法　营养液配制时先将肥料分组，配制浓缩液，用时再稀释成栽培营养液。

1）计量。根据营养液配方中各种化合物的用量及其溶解度来确定其浓缩倍数。一般来说，大量元素化合物可配制成 100 倍液、200 倍液、250 倍液或 500 倍液，而微量元素化合物可配成 500 或 1000 倍液。为了操作方便，常配制成整数倍液。

2）分罐。通常把相互之间不会产生沉淀的化合物放在一起进行溶解。一般用 3 个贮液罐，分别盛放 A 母液、B 母液、C 母液。A 母液以钙盐为中心，可以将不与钙盐产生沉淀的化合物放置在一起溶解；B 母液以磷酸盐为中心，可以将不与磷酸盐产生沉淀的化合物放置在一起溶解；C 母液是将微量元素放在一起溶解；如果使用螯合剂，要先将螯合剂与金属离子配制成螯合物后，再用于配制浓缩液。

3）称量。如果营养液配方浓度的表示方法不是“肥料质量/体积”，则需要先进行转换，以便直接称量。

4）溶解。一是小型化无土栽培肥料溶解。可用 1~10L 塑料瓶、塑料方桶作为容器。准备多个干净的烧杯，烧杯中加入少量水，将制作 A、B 母液的肥料每一种放入一个烧杯中，用玻璃棒搅拌，分别溶解。A 母液中只有硝酸钙，溶解后直接用容量瓶定容至预定体积。B 母液通常需要 3~5 种肥料配制，可以将已经溶解的各种肥料溶液汇集到大烧杯中，搅拌均匀，然后用容量瓶定容至预定体积，因此烧杯中加水要适量，以防止 B 母液的多种肥料溶液混合后超出预定体积。配制 C 母液的过程要烦琐一些，取两个烧杯，加清水，分别放入硫酸亚铁和螯合剂（$EDTA\text{-}Na_2$），不断搅拌使其溶解。$EDTA\text{-}Na_2$ 较难溶解，搅拌时仍呈不透明的乳白色，操作者必须耐心搅拌，使其溶解成透明溶液方可用于螯合。溶解后，将硫酸亚铁溶液慢慢倒入 $EDTA\text{-}Na_2$ 溶液中，边加边搅拌，配制成浅黄色的螯合铁溶液。然后将螯合铁与配制 C 母液的其他各种微量元素肥料溶液混合，边加边搅拌，在加入硫酸铜溶液前，溶液呈无色或微黄，最后加入硫酸铜溶液，颜色立即变为蓝绿色，略显黄色，表明配制成功，最后加清水至预定体积，搅拌均匀即可。为防止长时间贮存浓缩液产生沉淀，可加入 1mol/L 硫酸和硝酸，将溶液 pH 调整至 3~4，而后应将配制好的浓缩液置于阴凉避光处存放。尤其是 C 母液最好用深色容器贮存。

二是大型化无土栽培肥料溶解。大面积蔬菜无土栽培需要浓缩液数量较多，可用 50L 塑料桶作为盛放浓缩液的容器，向容器中加入最终浓缩液体积 80%的水，将 A 母液的各种肥料倒入标号为“A”的容器中；将 B 母液的各种肥料依次倒入标号为“B”的容器中。溶解后，加水定容至预定体积，搅拌均匀即可。在配制 C 母液时，先取所需配制体积 80%的水，分为两份，分别放入两个塑料容器中，称取硫酸亚铁和螯合剂（EDTA-Na_2）分别加入这两个容器中，溶解后，将硫酸亚铁溶液慢慢倒入 EDTA-Na_2 溶液中，边加边搅拌，配制成螯合铁溶液。将配制 C 液的其他各种微量元素肥料分别在小塑料容器中溶解，依次缓慢倒入螯合铁溶液中，搅拌均匀。

5）稀释。稀释时先向贮液池中加入至少为最终体积 50%的水，然后加入 A 母液，并循环或搅拌；再将 B 母液略稀释后缓慢加入，同时循环或搅拌。具体操作：用同杯或其他量器量取 A 母液并倒入其中，搅拌均匀。然后量取 B 母液，边倒入边搅拌，以免局部浓度过高。也可先用较大量的清水将 B 母液稀释后再缓慢倒入，边倒入边搅拌。最后量取 C 母液，按照 B 母液的加入方法加入容器中，加水并搅拌均匀后，即可用同样的方法加入 C 母液，最后加水至预定体积。

（3）直接称量配制 在蔬菜无土栽培大规模生产中，为减少工作步骤，常常称取各种肥料直接配制栽培营养液，见图 4-1。配制时，首先在包括贮液池、种植槽的整个栽培系统中注入占营养液总体积 60%～70%的清水，然后称取钙盐及不与其产生沉淀的各种化合物，放入另一容器中溶解并稍稀释，然后缓慢地加入水源入口处，同时启动水泵注水，边稀释边搅拌混匀。磷酸盐及不与其产生沉淀的各种化合物以同样的方式加入。

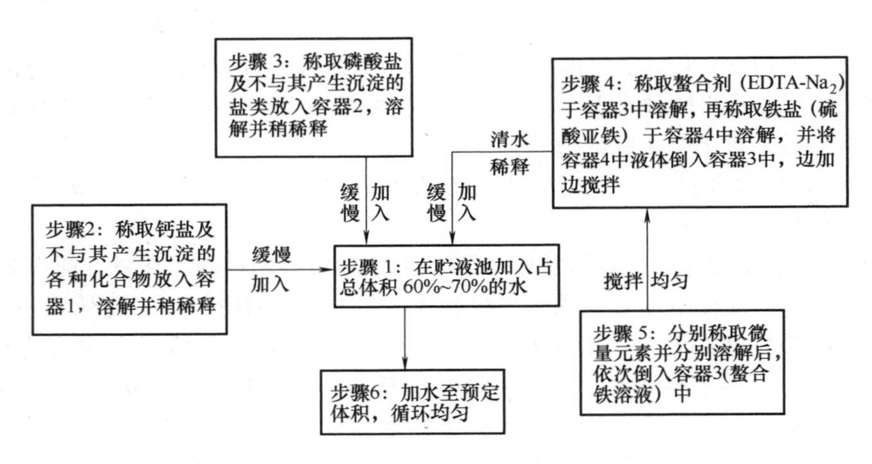

图 4-1 直接称量法操作示例

称取硫酸亚铁和螯合剂（EDTA-Na_2）分别放入两个容器中，倒入清水溶解，此时铁盐和螯合剂的浓度要比栽培营养液中浓度高 1000～2000 倍，然后将硫酸亚铁溶液倒入 EDTA-Na_2溶液中，边加边搅拌。最后另取一些小容器，分别称取其他各种微量元素肥料加入清水溶解，依次缓慢倒入螯合铁溶液中，搅拌均匀。加入大量营养元素一段时间后，将已溶解所有微量元素化合物的溶液用大量清水稀释后倒入或从水源入口处缓慢倒入贮液池，总的营养液达到预计体积时停止注水。而营养液循环泵则需要运转 2～3h 才能保证营养液混合均匀。

在配制栽培营养液时，如果发现由于配制过程加入营养化合物的速度过快，导致局部浓度过高而出现大量沉淀，并且通过较长时间开启水泵循环之后仍不能使这些沉淀再溶解时，应重新配制营养液。

三、营养液调节

营养液的调节主要是指在循环供液过程中对营养液的浓度、pH、溶解氧量和液温等指标的调节。

1. 营养液浓度的调节

在全封闭式的蔬菜无土栽培系统中，由于蔬菜生长过程对营养液中养分和水分的不均衡吸收及营养液中水分的蒸发，常引起营养液浓度发生变化，需要及时调节。

（1）浓度的调整原则　一般用测量营养液电导率的方法来检测营养液总盐浓度。绝大多数蔬菜生长要求营养液电导率不低于 2mS/cm。最适电导率又因蔬菜种类、发育阶段和环境的不同而有差异（表 4-9）。当光照充足、蒸腾作用旺盛时，应不高于 3mS/cm。

表 4-9　几种蔬菜营养液浓度管理指标　（单位：mS/cm）

蔬菜	前期电导率	后期电导率
生菜	2.0	2.0~2.5
油菜	2.0	2.0
菜薹	2.0	2.0
芥蓝	2.0~2.5	2.5~3.0
番茄	2.0	2.5
甜瓜	2.0	2.5~3.0

（2）浓度的调整方法　如果缺少自动监测和调控装置时，可定期进行人工检测，通过补充养分和水分的方法调整，一般不进行单一元素含量的检测和补充。

1）补充养分。对于少数的高浓度营养液配方，一般每隔 1~2d 测定一次营养液电导率，当总盐浓度降低到配方浓度的 1/3~1/2 时就要及时补充养分，使其恢复到初始浓度。对于绝大多数的低浓度营养液配方，则应该每天测定营养液电导率，当营养液浓度降低到配方浓度 1/3 时就补充养分至原来水平。

2）补充水分。一般来说，营养液浓度偏高时就需要补水。方法为：水泵启动前在贮液池侧壁上标记刻度，水泵启动一段时间后再停机，种植槽中过多的营养液全部流回贮液池后，如果发现液位降低较多，就必须及时补充水分到原来的液位。

2. 营养液 pH 的调节

不同蔬菜的适宜 pH 不同，多数蔬菜以 pH 为 5.5~6.8 的弱酸性环境最为理想。pH 会影响根系生长，如有的适宜于微酸或酸性环境，有的适宜于微碱或碱性环境，有的则限于中性环境；pH 还会影响营养元素的有效性，如 pH 过高，影响根系 Fe^{2+}、Fe^{3+}、Al^{3+} 等的吸收利用；pH 过低，则影响根系对 K^+、$P_2O_5^{2-}$ 的吸收利用。

（1）pH 的检测　对于循环供液系统，最好每天测定和调整一次 pH；营养液非循环利用时只是在配制时调整一次 pH。目前，检测方法有 2 种：①比色法，用 pH 试纸比色，操作简单但准确性差；也可用溴甲酚紫、溴甲基红、溴甲基酚绿、氢氧化钠、酚酞等药品配制指示剂，根据指示剂与营养液反应后的不同颜色判断营养液的 pH，但其操作复杂。②电位法，根据电极浸入营养液后，其内外溶液氢离子活性不同而产生电位差的原理测定营养液的 pH，使用仪器为 pH 测定仪（pH 计），用此法检测 pH 简单、快速、准确。

（2）pH 的调整方法 进行粗放管理时，可逐渐、少量地加入稀酸或稀碱，边加入边搅拌，并测定其 pH，直到达到预定值为止。精细管理时，应先进行小量的滴定试验，而后计算出用酸或用碱量。其方法为：取一定体积（如 1L）的营养液，用已知浓度的稀酸或稀碱滴定，用酸度计检测营养液 pH 变化，当营养液的 pH 达到预定的值时，记录稀酸或稀碱的用量，而后算出中和总营养液量所需用的稀酸或稀碱的量。计算公式为：$V_B = V_A \cdot V_b / V_a$。式中：$V_A$ 为整个种植系统中所有营养液的体积（L）；V_B 为中和整个种植系统中所有营养液所消耗的稀酸或稀碱的用量（mL）；V_a 为滴定所用的营养液体积（L）；V_b 为滴定所消耗的稀酸或稀碱的量（mL）。步骤为：将稀酸或稀碱缓慢倒入贮液池，同时搅拌或开启水泵进行循环，避免加入速度过快或溶液过浓，从而防止由于局部营养液过酸或过碱而产生沉淀。

3. 营养液溶解氧量的调节

溶解氧是指营养液中存在的氧气。溶解氧量是指在一定的温度和大气压下单位体积营养液中氧气的含量，单位为 mg/L。在一定温度和压力下，单位体积营养液中溶解氧达到饱和时的量称为饱和溶解氧量。溶解氧量可用测氧仪测定。如果营养液中溶解氧量达不到一定水平，就会阻碍蔬菜根系吸收养分，导致蔬菜生长异常甚至死亡。营养液中氧气含量和温度关系最为密切，温度越高，饱和溶解氧量越低；反之，温度越低，饱和溶解氧量越高。

（1）溶解氧量的要求 不同蔬菜种类、不同生长时期、不同气候条件对营养液中溶解氧量要求不同。水培中，营养液中溶解氧量应维持在 4～5mg/L，相当于在 15～27℃时饱和溶解氧量的 50%左右。

（2）溶解氧量的提高方法 基本原则是增加营养液和空气的接触面积，可采用空气自然扩散和人工增氧两种方法。对水培及多数基质培人工增氧时，可以采用压缩空气泵将空气直接以小气泡的形式打入营养液，这种方法适合小型栽培。大型栽培中多通过营养液循环增氧；还可通过在循环管道中加上空气混入器、增大落差、使溅泼面分散、适当增大水泵压力以形成射流等方法提高增氧效果；也可通过降温的方法间接增氧；还可以向营养液中加化学增氧剂，增氧效果好但费用高。

4. 营养液温度的调节

营养液的温度直接影响根系对水分、养分的吸收和蔬菜生长。与地上部分相比，蔬菜根系对温度变化更敏感，适宜温度范围更窄。一般黄瓜、番茄、辣椒、菜豆等喜温性蔬菜的适宜温度为 15～25℃；芹菜、韭菜、萝卜和白菜等的适宜温度为 15～22℃。在营养液管理中，夏季液温应不超过 28℃，冬季液温应不低于 15℃。

加温方法是在贮液池中安装不锈钢螺纹管，通过循环热水或电热管来加温，并加装温度自控仪实现自动控制。降温则是用制冷机组产生的冷气进行强制降温，或抽取深层井水或冷泉水通过设在贮液池中的螺纹管进行循环降温。除大规模的现代化无土栽培基地外，一般无土栽培设施中没有专门的营养液温度调控设备，多通过建造地下贮液池、采用泡沫塑料等隔热材料建造种植槽、加大供液量提高营养液对温度的缓冲能力等间接方法保持温度稳定。

营养液调节除前述内容外，还包括营养液供液时间和次数的设定和营养液的更换等，需要根据具体的蔬菜无土栽培方式进行。

第二节　设施环境调控技术

蔬菜无土栽培的设施环境调控技术主要包括设施的光照环境、温度环境、空气湿度环境和气体环境的相关调控技术等内容。

一、光照环境调控技术

光照对设施蔬菜的生长发育产生光效应、热效应和形态效应，是蔬菜生长的基本条件。

1. 设施内的光照变化特征

设施内的光照条件主要包括光强、光质、光照的时空分布等，对设施蔬菜生长发育影响不同。设施内光环境与露地光环境相比具有不同的特征。

（1）光强变化　设施内的光合有效辐射能量、光量和太阳辐射量，受透明覆盖材料的种类、老化程度和洁净度等的影响。

（2）光质变化　透明覆盖材料对不同波长的光的透过率不同，一般波长短的紫外光的透过率低，但当太阳短波辐射进入设施内并被蔬菜和基质吸收后，又以长波的形式（红外光）向外辐射时，多被覆盖的玻璃或薄膜所阻隔，很少透过覆盖物外逸，从而使整个设施内的长波辐射增多。

（3）光照的时空分布　设施内的太阳辐射量，特别是直射光日总辐射量，在设施的不同部位、不同方位、不同时间和不同季节，分布都极不均匀，尤其是高纬度地区冬季设施内的光照度弱、光照时间短，严重影响设施蔬菜的生长发育。

2. 设施内光照环境的调控

设施内光照环境调控主要采用增加光照和减少光照的各种技术措施。

（1）增加光照　通过以下措施增加设施内的光照。

1）选择材料，减少遮挡。尽量采用强度大、横断面积小的骨架材料，建成无柱或少柱设施（图 4-2），以减少骨架遮阳面积；优先选用透光率高、无滴和抗老化的塑料薄膜作为覆盖材料。采用阶梯式栽培，保持前低后高；采用南北行栽植，加大行距，缩小株距或采用宽窄行栽培，以减少株间遮阳。果实型蔬菜采果后去冠更新，及时进行修剪，使植株受光良好。调节好屋面的角度，尽量缩小太阳光的入射角。

图 4-2　无柱蔬菜温室大棚

2）调节温度。保温覆盖设备早揭晚放，可以延长光照时间。揭开时间以揭开后棚室内不降温为原则，通常在日出后 1h 左右、早晨阳光洒满整个屋前面时揭开；覆盖时间要求设施内有较高的温度，以保证设施内夜间最低温度不低于植物同时期所需要的温度为准，一般太阳落山前半小时加盖，不宜过晚，否则会使室温下降。

3）适时清扫。每天早晨，用笤帚或用布条、旧衣物等捆绑在木杆上，自上而下地把玻璃或塑料薄膜上的尘土和杂物清扫干净。

4）减少膜上水滴。选用无滴、多功能或三层复合塑料薄膜。使用 PVC 和 PE 塑料薄膜的设施应及时清除膜上的露滴，可用 70g 明矾加 40g 敌克松，再加 15kg 水喷洒塑料薄膜表面。

5）设置反光物。在建材和墙上涂白，或挂铝板、铝箔或聚酯镀铝膜作为反光幕，可增加光照度，又能改善光照分布，还可提高气温。反光幕能使“正墙”贮热能力下降，加大温差，有利于蔬菜生长发育和增产增收。张挂反光幕时先在“正墙”“山墙”的最高点横拉细铁丝，把幅宽为 2m 的聚酯镀铝膜上端搭在铁丝上再折过来，用透明胶黏住，下端卷入竹竿或细绳中（图 4-3）。

图 4-3　设置反光物

6）铺设反光膜。在地面铺设聚酯镀铝膜，可将太阳直射到地面的光反射到植株下部、中部的叶片和果实上。增加光照度，提高植株下层叶片的光合作用，使光合产物增加。铺设反光膜在蔬菜果实成熟前 30~40d 进行。

7）人工补光。当设施内光照弱时，需强光或加长光照时间，连续阴天等情况下也要进行人工补光。人工补光一般用电灯模拟自然光源，具有太阳光的连续光谱。需将白炽灯（或弧光灯）与日光灯（或气体发光灯）配合使用。补光时，可按每 3.3m^2 用 120W 灯泡的规格设置。

（2）减少光照　通过以下措施减少设施内的光照。

1）覆盖遮阳物。夏季中午前后光照过强、温度过高，超过蔬菜的光饱和点，为防止对蔬菜生育造成不利影响，应进行遮光处理。遮光材料要求有一定的透光率、较高的反射率和较低的吸收率。大型设施一般在设施内外设置自动遮光装置，遮光材料有遮阳网、铝箔复合材料等。

2）玻璃面涂白。将玻璃面涂成白色可遮光 50%~55%，可降低室温 3.5~5.0℃。

3）屋面置流水。使屋面安装的管道保持有水流动，可遮光 25%。

二、温度环境调控技术

设施具有明显的温室效应，设施内的温度随外界的太阳光辐射和温度变化而变化，主要表现为有季节性变化和日变化；昼夜温差大，局部温差明显。

1. 设施内的温度变化特征

（1）温度的季节变化　北方地区保护地设施内存在明显的四季变化。日光温室内的冬季时间可比露地缩短3~5个月，夏季可延长2~3个月，春季、秋季可延长20~30d；而一般塑料大棚内冬季比露地缩短50d左右，春季、秋季比露地增加20d左右，夏季很少增加。

（2）温度的日变化　设施内气温的最高温度与最低温度出现的时间略迟于露地，但室内日温差要显著大于露地。日辐射量大的3月要比日辐射量小的12月气温上升幅度大，即日温差大。

（3）设施内逆温现象　通常设施内温度都高于外界，但在无多重覆盖的塑料大棚或玻璃温室中，日落后的降温速度往往比露地快，若遇冷空气入侵，特别是有较大北风影响后的第一个晴朗微风夜晚，温室、大棚通过覆盖物向外辐射放热更剧烈，室内因覆盖物阻挡得不到热量补充，常常出现室内气温反而低于室外气温1~2℃的逆温现象。这种现象一般出现在凌晨，10月~第二年3月都有可能出现，尤其是春季逆温的危害更大。

此外，设施内的气温分布存在不均匀状况，一般室温上部高于下部，中部高于四周，北方日光温室夜间北侧高于南侧。设施面积越小，低温区比例越大，设施内温度分布也越不均匀。而不论季节变化和日变化，地温变化均比气温变化小。

2. 设施内温度的调控

设施内温度调控一般通过保温、加温和降温等途径进行。

（1）保温技术　温室的热损失主要是通过辐射、对流和传导3种方式进行，保温就是针对热损失提出相应对策。

1）减少贯流放热和通风换气量。主要采用外盖膜、内铺膜、建挡风墙，以及起垄种植再加盖草席、草毡子、纸被或棉被等方法来保温。在选用覆盖物时，要注意尽量选用导热率低的材料。采用这些措施，可有效减少向设施内表面的对流传热和辐射传热，减少覆盖材料自身的传导散热，减少设施外表面向大气的对流传热和辐射传热，减少覆盖面露风而引起的对流传热。

2）缩小散热面积。适当降低设施的高度，缩小夜间设施的散热面积，有利于提高设施内昼夜的气温和地温。

3）增大地表热流量。通过增大设施的透光率、减少土壤蒸发及设置防寒沟等，增加地表热流量。

（2）加温技术

1）空气加温。空气加温的主要方式有热水加温、蒸汽加温、火道加温和热风炉加温等。其中，热水加温是常用的加温方式。

2）地面加温。地面加温的主要方式有水管道加温和酿热加温等。

3）栽培床加温。常采取加热混凝土地面的方法，要将管道埋于混凝土中；高架床栽培系统中，在加热种植床时，常将加热管道铺设于床下部近床处；在营养液膜技术栽培中，冬季通常在贮液池内加温，需要对供液管道进行隔热处理。

除上述加温方法外，也可以利用工厂余热、地下潜热、城市垃圾酿热、太阳能贮存系统加温等。

（3）降温技术

1）换气降温。当设施内气温过高时，可打开通风换气口或开启换气扇进行排气降温。

2）遮光降温。夏季光照太强时，可以用旧塑料薄膜或旧塑料薄膜加草帘、遮阳网等遮盖降温。

3）屋面洒水降温。在设备顶部设有有孔管道，通过管道小孔向屋面喷水，使得室内降温。

4）屋内喷雾降温。一种是由设施侧底部向上喷雾，另一种是由大棚上部向下喷雾，应根据蔬菜作物的种类来选用（图 4-4）。

图 4-4　屋内喷雾降温

三、空气湿度环境调控技术

由于设施是一种密闭或半密闭的系统，空间相对较小，气流相对稳定，使得设施内空气湿度有着与露地不同的特性。

1. 设施内的空气湿度变化特征

设施环境的密闭性较好，空气中的水分不易排出，内部空气湿度相对较高。设施内空气湿度与露地相比具有以下特征。

（1）湿度大　一般来说，设施内的相对湿度和绝对湿度均高于露地，平均相对湿度一般在 90%左右，尤其夜间经常出现 100%的饱和湿度状态。特别是日光温室和中、小塑料大棚，由于设施内空间相对较小，冬春季节为保温又很少通风换气，空气湿度经常达到 100%。

（2）季节变化和日变化明显　设施内空气湿度具有明显的季节变化和日变化。季节变化主要表现为低温季节相对湿度高，高温季节相对湿度低；日变化主要表现为夜晚湿度高，白天湿度低，中午前后湿度最低。设施空间越小，这种变化越明显。

（3）湿度分布不均匀　由于设施内温度分布存在差异，导致设施内相对湿度分布也存在差异。主要表现为：温度较低的部位相对湿度高，常导致局部低温部位产生结露现象，对设施环境及蔬菜生长造成不利影响。

2. 设施内空气湿度的调控

设施内主要通过灌水与排水等措施调控水分来源，满足蔬菜生长需要。同时，还要根据设施内湿度变化，采取适当措施降低或提高空气湿度。

（1）调控水分来源　目前主要推广的是以管道灌溉为基础的多种灌溉方式，包括直接利用管道进行的输水灌溉，以及滴灌、微喷灌和渗灌等节水灌溉技术（图4-5）。随着大型智能化设施的普及，还可以应用灌溉自动控制设备，根据设施内的温度、湿度和光照等因素及蔬菜生长不同阶段对水分的要求，采用计算机综合控制技术，进行及时灌溉。此外，如果设施内出现积水现象，则应开沟排水。

图4-5　温室滴灌

（2）降低空气湿度　采用寒冷季节控制灌水量、通风调节改善设施内空气湿度、加温除湿、使用除湿机和热泵除湿等措施降低设施内的空气湿度，满足蔬菜的生长发育需要。

（3）提高空气湿度　采用间歇喷灌或微喷灌技术、喷雾加湿和湿帘加湿等措施提高设施内的空气湿度，适应蔬菜的生长发育需求。

四、气体环境调控技术

设施内的气体环境主要受二氧化碳影响。蔬菜正常生长进行光合作用时周围环境中二氧化碳浓度为300mg/L。设施内日出前二氧化碳浓度可达到1200mg/L；日出后蔬菜开始进行光合作用，二氧化碳浓度迅速下降，2h后降至250mg/L；当降至100mg/L以下时，蔬菜光合作用减弱，生长发育受到严重影响。二氧化碳施肥是蔬菜无土栽培的重要增产措施之一。

1. 设施二氧化碳施用时期和时间

（1）二氧化碳施用的时期　对塑料大棚种植的蔬菜，定植后7~10d（缓苗期）开始施用二氧化碳；对温室蔬菜，定植后15~20d（幼苗期）开始施用二氧化碳，连续进行30~35d。对果菜类蔬菜，开花坐果前不宜施用二氧化碳，以免营养生长过旺造成徒长而落花落果；在开花坐果期施用二氧化碳，对减少落花落果、提高坐果率、促进果实生长具有明显作用。

（2）二氧化碳施用的时间要求　一般每年的11月~第二年2月，于日出后1.5h施用；3~4月中旬，于日出后1h施用；4月下旬~6月上旬，于日出后0.5h施用：施用后，将温室或大棚封闭1.5~2.0h再放风，一般每天1次，雨天停止。

2. 设施二氧化碳施用浓度和方法

（1）二氧化碳施用浓度　一般来说，塑料大棚二氧化碳施用浓度为1000mg/L、温室为

800~1000mg/L，阴天适当降低施用浓度。具体浓度根据光照、温度、水肥管理水平和蔬菜生长情况等适当调整。

（2）二氧化碳施用方法 二氧化碳施用方法主要有开窗通风和施用二氧化碳肥料等。

1）开窗通风。通过棚内外空气交换使二氧化碳浓度达到内外平衡，并可排出氨气、二氧化氮、二氧化硫等有害气体，但冬季易造成低温冷害。必须控制好开窗通风时间和时长。

2）施用颗粒有机生物气肥。将颗粒有机生物气肥按一定间距均匀施入植株行间，施入深度为3cm，保持穴位固体基质含有一定水分，将其相对湿度控制在80%左右，利用基质中微生物发酵产生二氧化碳。该法经济有效，但二氧化碳释放量有限。

3）液态二氧化碳。把酒精厂、酿造厂发酵过程中产生的液态二氧化碳装在高压瓶内，在棚内直接施放，用量可根据二氧化碳钢瓶的流量表和大棚体积进行计算，该法清洁卫生，便于控制用量，只是高压瓶造价高，应用受限。同时，在使用过程中，要严格操作规程，防止安全事故发生。

4）干冰气化。干冰即固体二氧化碳。使用时将干冰放入水中，使其慢慢气化。该法使用简单，便于控制用量，但若在冬季施用，因二氧化碳气化时吸收热量会降低棚内温度，应待白天棚内温度开始回升后再施用。

5）有机物燃烧。用专制容器在大棚内燃烧甲烷、丙烷、白煤油、天然气等，生成二氧化碳，这种方法的材料来源容易，但燃料价格较贵，若燃烧时氧气不足，则会生成一氧化碳，易造成对蔬菜和人体的毒害，燃烧用的空气应由棚外引进，且燃料内不应含有硫化物，否则燃烧时产生亚硫酸也会造成危害。

6）二氧化碳发生剂。目前，被大量推广的是利用稀硫酸加碳酸氢铵产生二氧化碳。可利用塑料桶、盆等耐酸容器盛清水，按酸水比为1∶3的比例把工业用浓硫酸倒入水中稀释（不能把水倒入酸中）得到稀硫酸，再按1∶1.66的比例把稀硫酸倒入碳酸氢铵中。为使二氧化碳缓慢释放，可用塑料薄膜把碳酸氢铵包好，扎几个小孔，再放入酸中，无气泡放出时，加适量的碳酸氢铵兑水50倍，即为硫酸铵和碳酸氢铵的混合液，可作为追肥施用。也可用成套设备让反应在棚外发生，再将二氧化碳输入棚内。

7）施用双微二氧化碳颗粒气肥。在大棚中穴施双微二氧化碳颗粒气肥，深度3cm左右，每次每公顷施用150kg，一次有效期长达1个月，一茬蔬菜一般使用2~3次，省工省力，效果较好，是一种较有推广价值的二氧化碳施肥新技术。

3. 设施二氧化碳施肥应注意的问题

（1）严格控制二氧化碳施用浓度 补充二氧化碳的浓度应根据品种特性、生育时期、天气状况和蔬菜栽培技术等综合考虑，不要过高或过低，大棚也需要密闭，以减少二氧化碳外溢，提高肥效。

（2）合理安排施用时间 蔬菜在不同生育阶段施用二氧化碳，其效果不是完全一样的，如毛豆在开花结荚期施用二氧化碳的增产效果比在营养生长阶段施用明显；番茄、黄瓜等果菜类蔬菜从定植至开花，植株生长慢，二氧化碳需求量少，一般不施用二氧化碳，以防植株徒长。

（3）加强配套栽培管理 施用二氧化碳后，蔬菜根系的吸收能力提高，生理机能改善，施肥量应适当增加，以防植株早衰，但应避免水肥过量，否则极易造成植株徒长。注意增施磷、钾肥，适当控制氮肥用量，还应注意用激素保花保果，促进坐果，加强整枝打叶，改善通风透光，以减少病害发生，平衡植株的营养生长和生殖生长。

（4）注意事项 注意二氧化碳补充需根据天气情况和蔬菜的生育时期而定。一般在晴天清晨施用，阴天不宜补充；苗期补充量最少，定植至坐果补充量最多，坐果至收获补充量其次。在蔬菜生产期内长期施用，才能收到较好效果。还要防止二氧化碳气体中混有的有害气体对蔬菜作物的毒害。

五、综合调控技术应用实例

蔬菜无土栽培设施的综合环境调控不仅是环境调控，还要对设施内环境状况、各种装置的运行状况进行实时监测，并要配置各种数据资料的记录分析，存储、输出和异常情况的报警等。在生产中，还要综合考虑各种生产资料投入成本、运营成本、产品市场价格变化等蔬菜产品的价格要素，以及劳力、资金、技术和信息等资源因素，实现提高质量、效率和效益的目的。现以蔬菜作物工厂为例说明相关技术现状和未来发展情况。

随着人工智能的发展，工厂化种植蔬菜已成为现实。蔬菜作物工厂是通过设施内高精度环境控制实现蔬菜周年连续生产的高效蔬菜生产系统，是利用计算机、电子传感系统、蔬菜生产设施设备对蔬菜生长发育的温度、湿度、光照、二氧化碳浓度及营养液等环境条件进行自动控制，使设施内蔬菜生长发育不受或很少受自然条件制约的简化省力型生产模式。

1. 模式特征

蔬菜作物工厂的共同特征是：有固定的设施，利用计算机和多种传感装置半自动化和自动化调控蔬菜生长发育所需的温度、湿度、光照强度、光照时间和二氧化碳浓度，采用营养液栽培技术，产品的数量和质量大幅度提高。

2. 模式环境

蔬菜作物工厂一般要求有一个等级不同的洁净栽培空间，室内外空气交换要通过带有空气过滤装置的空调来实现，温度、湿度、二氧化碳浓度数据都可通过内外的监视设备获得。

蔬菜作物工厂一般分为蔬菜育苗和栽培两部分，以节能 LED 植物生长灯为光源，采用制冷—加热双向调温控湿、光照—二氧化碳耦联光合与气肥调控、营养液在线检测与控制等相互关联的控制子系统，可实时对温度、湿度、光照、气流、二氧化碳浓度及营养液等环境要素进行自动监控，实现智能化管理。

通常情况下，叶用莴苣类蔬菜作物工厂内的昼夜温度控制在 18~23℃、湿度控制在 65%~75%。二氧化碳浓度根据不同蔬菜的相应需求，通常在 400~1200mg/L。

3. 营养供给

蔬菜作物工厂采用循环流动的营养液来满足蔬菜生长所需，基本原理都是将蔬菜所需养分配制成科学合理的离子态营养液并进行输送，满足栽培蔬菜作物的需求。

营养液提供了蔬菜生长所需的各种元素，包括氮、磷、钾等大量元素及铁、锰、锌等微量元素，因此多采用水培或基质栽培方式，使得栽培蔬菜的生长比土培快很多，对安全性的管控也更加有效。蔬菜作物工厂的营养液配制、灭菌、输送、回收都有专门的设施装置、电子仪器来完成，可实现营养液定量、自动供应，可实时监控营养液浓度、成分及 pH 变化，通过自动补液，始终为蔬菜创造最优的营养液环境；营养液的流动速度和温度都保持在蔬菜需要的适宜水平，以保证蔬菜的生长优势。

4. 光照管理

光照管理是植物工厂高效生产和降低成本的重要因素之一。在高精度环境控制的蔬菜作物工厂中，LED 照明作为新一代光源，具有光量可调整、光质可调控、冷却负荷低、允许提高单位面积栽培量等特点。在蔬菜作物工厂中，LED 照明已成为蔬菜生产过程中光环境调控的主要工具（图 4-6）。

图 4-6　蔬菜作物工厂照明系统

光环境的精准调控的要点是制定好“光配方”，主要包含光谱、光照强度和光周期三个方面。在太阳光中，只有 5%左右的不同波长的光对光合作用产生影响。红光、蓝光是蔬菜正常生长发育、完成生活周期的必需光质，在红、蓝光基础上添加一些特殊光质成分可有效促进蔬菜的增产。在一定的光照强度范围内，蔬菜作物的光合速率随光照强度的增加而加速。但过高的光照一方面导致光抑制现象，影响产量和品质，另一方面也造成大量的能源损耗，增加成本。在平衡产量、品质与能耗等方面，需综合考虑光照强度和光照时间，针对每一种蔬菜及其生长发育阶段，满足必需的光量。满足蔬菜在生长过程中适宜的光照强度和光照时间，对于确保蔬菜产量、质量及节约成本等方面能起到事半功倍的作用。

为了更好地促进蔬菜的生长发育，以及提高产量品质和效益，应通过定制的光配方来实现蔬菜作物工厂内的光环境精准调控，即根据蔬菜的生长环境区别设计，选取对光合作用贡献最大的光谱，在提高光能利用效率和提质增产的同时，更加节能增效。

第五章　蔬菜无土栽培激素调控技术

蔬菜无土栽培的整个生命周期不仅受营养及环境因素的影响，在其胚胎发生、种子萌发、营养生长、果实成熟、叶片衰老等生长发育的各个阶段，都受到多种激素信号的调控。植物激素是植物自身合成的痕量生长调节分子，其化学结构虽然比较简单，但却具有十分复杂的生理效应。目前，已知的植物激素除生长素类、赤霉素类、细胞分裂素类、乙烯类、脱落酸类五大类外，还包括近年来确定的油菜素甾醇类、茉莉酸类、水杨酸类、多胺类及一些其他的具有促进或延缓、抑制植物生长作用的物质。大多数植物激素在调控植物生长发育过程中的作用比较复杂，同一种激素可以调控多个发育过程，而同一个特定的发育过程需要多种不同激素的协同作用。

本章从激素调控的基础知识及激素类型、激素调控技术策略等方面进行探讨，旨在科学运用植物激素，为蔬菜无土栽培的丰产优质和绿色健康提供技术参考。充分了解植物激素类型及其作用，科学使用激素调控技术，从而达到科学调控蔬菜的生长发育，大幅度增产提质；提高蔬菜的抗逆性，缓解逆境对蔬菜生产的负面影响；诱导产生抗生物胁迫机制，增强蔬菜的抗病性和免疫力。实施逆向调控，有利于蔬菜生产过程中的机械化作业，促进智慧农业发展和生态农业建设。

第一节　基础知识

蔬菜种子的发芽，根、茎、叶的伸长，以及开花、结果、种子的成熟与休眠等不同生长阶段的延续与交替，是一个相当复杂但却有一定规律的生命循环过程，这种循环受遗传信息调控。同时，内源激素在整个生命循环中发挥着不可忽视的作用。外界环境也对此循环的各个环节进行巧妙的调节，如光照、温度、水分等的变化会引起蔬菜内部生长调节物质发生质和量的变化，调节细胞分化、物质代谢、物质积累、组织生长等环节。一些化学物质也可调节蔬菜的生长过程，其中蔬菜自身产生的内源性化学物质被称为植物内源激素，外源性化学物质即为植物生长调节剂。

一、相关定义和发现历程

1. 内源性化学物质——植物内源激素

植物内源激素是植物体内合成的、对生长发育有显著调节作用的微量小分子有机物，在植株的部分组织产生，既可以在其产生的组织中发挥作用，也可运输到其他组织中发挥作用。它具有内生性（植物生命过程中的正常代谢产物）、低浓度起作用（通常浓度小于1μmol/L就能起作用）、转运性（由产生组织转移到其他组织发挥作用）、作用效果与浓度相关的特点。

2. 外源性化学物质——植物生长调节剂

植物生长调节剂是仿照植物激素的化学结构，进行人工修饰后合成的植物激素类似物或衍生物，具有与植物激素相似的活性，在植物体内不存在，植物体自身不能合成。其化学结构和性质可能与植物激素不完全相同，但作用与植物激素相似，能调节植物的生长发育过程。植物生长调节剂的合理使用，可以使植物生长发育朝着健康的方向发展（如生长素类），也可以向人为预定的方向发展（如乙烯类）；同时，可以增强植物的抗虫性、抗病性，起到防治病虫害的目的；另外，一些生长调节剂还可以选择性地杀死一些植物，被用于田间除草（如脱落酸类）。

3. 植物生长调节物质的发现历程

生长素首次被发现于1928年，从此开始了植树物生长调节物质的研究。第一个天然激素吲哚乙酸于1934年被荷兰科学家郭葛（F·Kogl）等检出，后来日本科学家研究了赤霉素的植物生理作用。20世纪中期，乙烯（1962年）、细胞分裂素（1964年）、脱落酸（1965年）等物质的植物生长调节作用相继被发现。与此同时，一些化合物也被发现具有明显的植物生理调节作用，或者与内源植物激素有相似的作用，或者具有拮抗作用。如人工合成的吲哚乙酸和萘乙酸等，这些生长调节剂具有很高的生物活性，被广泛用于扦插，可促进生根。植物生长调节剂已经发展成为一类农药，广泛用于调节植物的生长。在蔬菜的生产过程，利用植物生长调节剂控制蔬菜向着有利于人类的方向生长，对于蔬菜的增产增收、改良品质均具有十分重要的作用。近年来，以植物生长调节剂的应用为中心发展起来的蔬菜化控，已成为提高蔬菜生产的重要技术资源。有资料表明，在目前的世界农药市场中，植物生长调节剂的销售额约为9亿美元，占世界农药销售额的6.5%。

二、主要类型

按照生理效应，植物激素可分为生长素类、赤霉素类、细胞分裂素类、乙烯类、脱落酸类五大类，以及其他植物生长调节剂。

1. 生长素类

生长素类（Auxin）具有促进植物细胞分裂、伸长和分化，延迟器官脱落，形成无籽果实，促进发根，延迟或抑制离层的形成，促进未受精子房膨胀，形成单性结实，促进形成愈伤组织等作用。其主要代表有萘乙酸（NAA）、吲哚乙酸（IAA）、吲哚丁酸（IBA）、对氯苯氧乙酸（PCPA）、2-甲基4-氯苯氧乙酸（MCPA）、2,4-二氯苯氧乙酸（2,4-D）、2,4,5-三氯苯氧乙酸（2,4,5-T）、防落素（4-氯苯氧乙酸）、复硝酚钾、复硝酚钠和复硝酚胺等。

（1）生长素的合成和运输

1）生长素的合成。植物体内的内源生长素生物合成的重要前体物质是色氨酸，中间产物是吲哚乙醛，最终产物是吲哚乙酸。通过色氨酸合成生长素有两条途径：一是色氨酸首先氧化脱氨形成吲哚丙酮，再脱羧形成吲哚乙醛，吲哚乙醛在相应酶的催化下最终氧化为吲哚乙酸。二是色氨酸先脱羧形成色胺，然后再由色胺氧化脱氨形成吲哚乙醛，吲哚乙醛在相应酶的催化下最终氧化为吲哚乙酸。

2）生长素的运输。生长素在生长旺盛的幼嫩叶片和顶端分生组织中合成，有三种运输方式：

① 极性运输，也称主动运输，是从植物体形态学上端向形态学下端运输。地上部分，层次高的枝条相对下面的枝条为形态学上端；以树干中轴为基准，同一枝条上离中轴越远则为形态学上端。地下部分，以地面为基准，离地面越深的根为形态学的上端；以主根中轴为基准，同一侧根离中轴越远则为形态学上端（图 5-1）。②非极性运输，指在叶片中合成的生长素在韧皮部中的长距离运输。③横向运输，是在有单一方向的刺激（单侧光照）时生长素向背光一侧运输，其运输方式为主动运输，需要载体和 ATP（腺苷三磷酸）。

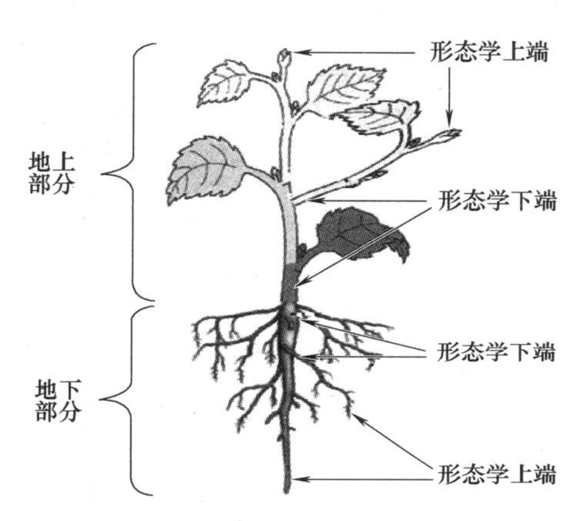

图 5-1　植物形态学上端和形态学下端示意图

（2）生长素的生理效应

1）促进蔬菜生长。生长素在较低的浓度下可促进蔬菜生长；而高浓度时则抑制生长，甚至使蔬菜死亡，这种抑制作用与其能否诱导乙烯的形成有关。

2）促进蔬菜插穗形成不定根。用生长素类物质促进蔬菜插穗形成不定根的方法已在一些木本蔬菜的无性繁殖上广泛应用。

3）调运蔬菜养分。利用生长素的吸引与调运蔬菜养分的效应，用生长素处理蔬菜，使其子房及其周围组织膨大，从而获得无籽果实。

4）生长素的其他效应。如促进菠萝开花、引起顶端优势（顶芽对侧芽生长的抑制）、诱导雌花分化（但效果不如乙烯）等。此外，生长素还可抑制花朵脱落、叶片老化和块根形成。

（3）生长素在蔬菜生产中的应用

1）顶端优势。生长素可用于辣椒、番茄等修枝整形，莴笋、芹菜等茎秆的高生长。

2）生产无籽果实。生长素用于番茄生产，可有效促进无籽番茄的形成。

3）促进生根。在蔬菜苗移栽时，用生长素处理根系可有效提高菜苗移栽成活率。

4）调节性别分化。生长素可以调控植物雌、雄花比例。

5）促进种子萌发，增加产量。用吲哚乙酸溶液浸泡植物种子，可以提高种子发芽率，增强幼苗抗性。同时，可以增加果实数量和种子重量，提高品质和产量。

2. 赤霉素类

赤霉素类（Gibberellin，GA）具有打破植物体某些器官的休眠、促进开花（长日植物）、促进伸长、改变某些植物雌花和雄花比例、诱导单性结实和提高植物体内酶的活性等作用。赤霉素有很多种，已经发现的有 121 种，均是以赤霉烷（Gibberellane）为骨架的衍生物。商品赤霉素主要是通过大规模培养遗传上不同的赤霉菌的无性世代而获得的，其产品有赤霉酸（GA_3）、赤霉素 A_4（GA_4）和赤霉素 A_7（GA_7）的混合物等。还有一些化合物不具有赤霉素的基本结构，但也具有赤霉素的生理活性（长蠕孢醇和贝壳杉烯等）。目前，市场供应的多为赤霉酸（九二〇），难溶于水，易溶于醇类、丙酮、冰醋酸等有机溶剂，在低温和酸性条件下较稳定，遇碱中和则失效，配制使用时应加以注意。

（1）赤霉素的分布与运输

1）分布。赤霉素广泛分布于植物、藻类、真菌和细菌中。高等植物的赤霉素含量一般是 1~1000μg/g 鲜重，果实和种子（尤其是未成熟种子）的赤霉素含量比营养器官的多 2 个数量级。每个器官或组织都含有 2 种以上的赤霉素，而且赤霉素的种类、数量和状态（自由态或结合态）都因植物发育时期而异。

2）运输。赤霉素在植物体内的运输没有极性。根尖合成的赤霉素沿导管向上运输，而嫩叶产生的赤霉素则沿筛管向下运输。至于运输速度，不同植物差异很大。

（2）赤霉素的生理效应

1）促进茎的伸长。主要促进细胞的伸长。用赤霉素处理，能显著促进蔬菜茎的伸长生长，特别是对矮生突变品种的效果特别明显；还能促进节间伸长。

2）诱导开花。对植物施用赤霉素，能诱导开花，且效果很明显；赤霉素能代替长日照诱导蔬菜开花；赤霉素对花芽已经分化的花的开放促进效应显著。

3）打破休眠。赤霉素可代替光照和低温，打破休眠。

4）促进雄花分化。用赤霉素处理单性花植物或雌雄异株植物后，雄花的比例增加。

5）其他生理效应。赤霉素还可以促进某些植物坐果和单性结实、延缓叶片衰老等。

（3）赤霉素在蔬菜生产中的应用

赤霉素在蔬菜生产中具有相对良好的应用效果。根据赤霉素的生理效应，在蔬菜生产上的应用如下。

1）打破植株休眠。利用赤霉素浸泡蔬菜（辣椒、番茄、白菜等）种子，可以打破种子的休眠，使种子提前发芽。

2）促进营养生长。喷施一定浓度的赤霉素，可使叶菜类蔬菜（芹菜、莴苣、韭菜、豌豆尖等）快速生长，从而达到增产增收的目的，并且使其提早上市。

3）延缓衰老及保鲜。用赤霉素喷洒黄瓜、丝瓜等，可以延长贮藏期。

4）促花保果。在茄科作物开花期喷洒一次赤霉素，可以促进坐果，增产增收。

5）促进抽薹开花。对于胡萝卜、甘蓝、芹菜、大白菜等，用赤霉素喷洒全株或滴生长点，可以使其在越冬前的短日照条件下抽薹并繁育种子。

6）诱导雄花分化。在黄瓜制种过程中，在黄瓜幼苗展开 2~6 片真叶时喷施赤霉素，可增加雄花比例，使雌株黄瓜变为雌雄同株，增加制种产量。

3. 细胞分裂素类

细胞分裂素类（Cytokinin，CTK）是以促进细胞分裂为主的一类植物激素，均为腺嘌呤的衍生物。人工合成的细胞分裂素有激动素（KT）、6-苄基腺嘌呤（6-BA）和四氢吡喃苄基腺嘌呤（PBA）等。在蔬菜生产上应用最广的是激动素和6-苄基腺嘌呤。

（1）细胞分裂素的分布和运输　根部分生组织（根尖）合成细胞分裂素最活跃，通过木质部的长距离运输从根输送到茎。幼叶、芽、幼果和正在发育的种子中也能形成细胞分裂素，玉米素最早就是从未成熟的玉米籽粒中获得的细胞分裂素。细胞分裂素可通过转移RNA（tRNA）的裂解产生，也可以甲羟戊酸盐和腺嘌呤为前体物质合成。

（2）细胞分裂素的生理效应

1）促进细胞分裂。细胞分裂素主要是对细胞质的分裂起作用。

2）促进芽的分化。促进芽的分化是细胞分裂素重要的生理效应之一。

3）促进细胞扩大。细胞分裂素可促进细胞的横向增粗，从而增大植物叶片。

4）促进侧芽发育。细胞分裂素能促进侧芽发育，消除顶端优势。

5）延缓叶片衰老。由于细胞分裂素有保绿及延缓衰老等作用，故可用来处理水果和鲜花等以保鲜、保绿，防止落果。

6）打破种子休眠。细胞分裂素可代替光照打破需光种子的休眠，促进其萌发。

（3）细胞分裂素在蔬菜上的应用　细胞分裂素可用于蔬菜保鲜，常将细胞分裂素用于番茄、辣椒、白菜、西蓝花等蔬菜的采后保鲜。在蔬菜生产过程中，还可以将其用于促进细胞扩大，提高坐果率，延缓叶片衰老。具体应用案例较多，比如在芹菜、甘蓝采收前期，用一定浓度的6-苄基腺嘌呤喷洒全株，可以达到延缓衰老和保鲜的目的；在黄瓜幼苗的2叶期，喷洒一定浓度的6-苄基腺嘌呤，可以促生雌花，提高产量；黄瓜雌花开后2~3d，喷洒一定浓度的6-苄基腺嘌呤，可以促进其伸长生长；对茄子、辣椒等萌芽困难的种子，用10mg/kg的细胞分裂素浸泡24h，可激发种子酶的活性，促进种子快速发芽，提高种子活力；夏秋高温季节，用100mg/kg的6-苄基腺嘌呤浸泡莴笋种子3min，可以提高种子发芽率。

4. 乙烯类

高等植物的根、茎、叶、花、果实等在一定条件下都会产生乙烯类（Ethyne，ETH），调节植物的生命循环过程。乙烯作为一种气体很难在田间使用，而乙烯类的主要代表乙烯利（2-氯乙基膦酸）则避免了这一问题。乙烯利在生产上的主要作用是促进果实成熟衰老、抑制细胞的伸长生长、促进横向生长、促进器官脱落、诱导花芽分化和促进发生不定根的作用，被广泛应用于水果催熟等农业措施。

（1）乙烯的分布和运输　几乎所有高等植物的组织都能产生微量乙烯。干旱、水涝、极端温度、化学伤害和机械损伤都能刺激植物体内乙烯含量增加，即“逆境乙烯”，会加速器官衰老、脱落。萌发的种子、果实等器官成熟、衰老和脱落时组织中乙烯含量很高。高浓度生长素促进乙烯生成，乙烯又可抑制生长素的合成与运输。

（2）乙烯的生理效应

1）改变生长习性。乙烯对植株生长的典型效应是抑制茎的伸长生长、促进茎或根的横向增粗及茎的横向生长（即使茎失去负向重力性）。

2）促进成熟。乙烯对果实成熟、棉铃开裂、水稻的灌浆与成熟都有显著的效果。

3）促进脱落。乙烯是调控叶片脱落的主要激素。

4）促进开花和雌花分化。乙烯可促进蔬菜开花，还可改变花的性别，促进黄瓜雌花分化。

5）乙烯的其他效应。乙烯还可诱导插穗形成不定根，促进根的生长和分化，打破种子和芽的休眠，诱导次生物质（如橡胶树的乳胶）分泌等。

（3）乙烯在蔬菜生产上的应用 乙烯调控着植物生长发育的多个方面，包括种子萌发、根的形成、花的发育、果实成熟、植物衰老和性别分化等，在蔬菜应对生物胁迫及非生物胁迫中也扮演着重要角色。由于乙烯是气体，不便于保存及运输，几乎不能在室外应用，为便于保存、运输和使用，常用乙烯利代替乙烯用于蔬菜生产。

乙烯在蔬菜生产上的应用主要表现在：用于蔬菜果实催熟和改善品质、改变蔬菜生长习性、调控蔬菜叶片衰老脱落、促进蔬菜开花。乙烯在蔬菜生产中的其他用途还包括诱导植株不定根和根毛的发生、打破种子休眠、参与逆境反应等。

5. 脱落酸类

脱落酸类（Abscisic Acid，ABA）的主要代表为脱落酸，也称休眠素或脱落素，是一种抑制植物生长发育和引起器官脱落的物质。脱落酸在植物各器官中都存在，特别是进入休眠和将要脱落的器官中含量最多。脱落酸具有促进休眠、抑制萌发、阻滞植物生长，以及促进器官衰老、脱落和气孔关闭等生理作用。其显著特点是促进离层的形成，导致器官脱落，增强植物抗逆性。此类化合物结构比较复杂，虽已可人工合成，但价格昂贵，尚未大量用于蔬菜生产，其近似物质“赛苯隆”已被工业化生产，能促使植物叶与茎之间离层的形成而脱落。

（1）脱落酸的分布与运输 脱落酸存在于高等植物的各器官和组织中，其中以将要脱落或进入休眠的器官和组织中较多，在逆境条件下含量会迅速增多。脱落酸的含量一般是10~50mg/g鲜重，其量很小。脱落酸主要以游离型的形式运输，也有部分以脱落酸糖苷形式运输，不存在极性运输。叶中合成的脱落酸主要沿韧皮部向下运输，根中合成的脱落酸可随导管汁液迅速运至叶。

（2）脱落酸的生物合成 脱落酸生物合成的主要途径有C15途径和C40途径。

1）C15途径。C15途径也叫直接途径或类萜途径，即异戊烯焦磷酸（IPP）→法尼基焦磷酸（FPP）→脱落酸。

2）C40途径。C40途径也叫间接途径。即异戊烯焦磷酸→法尼基焦磷酸→类胡萝卜素（玉米黄素、紫黄质、新黄质）→黄质醛→脱落酸醛→脱落酸。

（3）脱落酸的生理效应

1）促进休眠。使用外源性脱落酸时，可使旺盛生长的枝条停止生长并进入休眠。

2）促进气孔关闭。脱落酸可引起气孔关闭，降低蒸腾。

3）抑制生长。脱落酸能抑制整株或离体器官的生长，也能抑制种子的萌发。

4）促进脱落。脱落酸促进器官脱落的原因主要是促进离层的形成。

5）增加抗逆性。脱落酸可诱导某些酶的重新合成而增加植物的抗冷性、抗涝性和抗盐性。所以，脱落酸又被称为应激激素或胁迫激素。

（4）脱落酸在蔬菜生产上的应用 在蔬菜生产上重点利用脱落酸控制植物生长、提高抗逆性和促进休眠的作用。采用浸种、拌种、包衣等方法，用脱落酸处理蔬菜种子，能提高发芽率，促进菜苗根系生长；在菜苗移栽时，施用一定浓度的脱落酸，可以使菜苗提前返青、根系增多、提高抗病性、改善品质、提高结实率，特别是在秋冬季油菜苗移栽时施用，可以增强越冬期的抗寒能力，使其根茎粗壮、抗倒伏、结荚饱满、产量提高10%~20%。另外，外源应用高浓度脱落酸喷施马铃薯、芋头、甘薯等蔬菜的茎叶，可抑制地上部分茎叶的生长，提高地下块根部分的产量和品质。人工喷施脱落酸，还可显著抑制马铃薯在贮存期发芽，抑制茎端新芽的生长等。由于脱落酸价格昂贵，目前很少将其大规模应用于生产。不过，也有类似脱落酸生理功能而价格便宜的替代品，或用发酵法获得便宜的脱落酸。

6. 其他植物生长调节剂

在植物体内，除了以上五大类植物激素外，还含有自身合成的多种微量有机物，以极低的浓度调节植物的生长发育过程。

（1）油菜素甾醇类　油菜素甾醇类（BRs）的生理效应和在蔬菜生产上的应用为：促进植物生长和细胞分裂、促进光合作用、提高抗逆性。

（2）茉莉酸类　茉莉酸类（JAs）的生理效应和在蔬菜生产上的应用为：抑制生长和萌发、促进生根、促进衰老、提高抗逆性。

（3）水杨酸　水杨酸（SA）的生理效应和在蔬菜生产上的应用为：生热效应、诱导开花、增强抗性。

（4）多胺类　多胺类（PA）的生理效应和在蔬菜生产上的应用为：促进生长、延缓衰老、提高抗性。

（5）独脚金内酯　独脚金内酯（SL）的生理效应和在蔬菜生产上的应用为：促进菌根生长并从土壤中吸收营养物质，调控侧根的形成，抑制植物分枝与侧芽生长。

此外，还有促进蔬菜生长的调节剂，如三十烷醇、核苷酸等；延缓蔬菜生长的调节剂，如矮壮素（氯化氯胆碱，CCC）、丁酰肼（B_9）、甲哌嗡、吡啶醇、多效唑等；抑制蔬菜生长的调节剂，如三碘苯甲酸、整形素、马来酰肼、氟节胺、疏果安等。

三、调控方式及作用机理

植物激素对蔬菜的调控方式主要是通过促进蔬菜生根，促进蔬菜茎、叶、芽生长和促进蔬菜花芽形成予以实现的。植物激素对无土栽培蔬菜的调控方式及作用机理详见表5-1。

表5-1　植物激素对无土栽培蔬菜的调控方式及作用机理

调控方式	激素类型	作用机理
促进蔬菜生根	生长素类	在蔬菜体内根尖形成，维持根系的顶端优势，促进蔬菜侧根的形成和生长，以及促进主根的伸长生长
	赤霉素类	促进根细胞的伸长，从而促进根的伸长生长
	独脚金内酯	负调控不定根的形成，促进初生根分生组织细胞数目的增加，调控侧根的形成，促进根毛的伸长
	激素互作促进根系生长	生长素促进侧根的形成，但是细胞分裂素和脱落酸抑制侧根的形成；油菜素甾醇类通过促进生长素在根系向顶运输而促进侧根的发育，但乙烯通过促进生长素流出，降低原生木质部中柱鞘中生长素的浓度，从而导致侧根原基的起始受阻

（续）

调控方式	激素类型	作用机理
促进蔬菜叶、芽生长	生长素类	通过调节细胞分裂伸长，实现植株顶端优势
	赤霉素类	赤霉素大多存在植株生长旺盛的部分，如茎端、嫩叶等，并通过促进细胞伸长而促进叶芽的生长
	细胞分裂素类	促进叶芽细胞分化增多，促进叶芽细胞横向增粗，消除顶端优势，促进侧芽形成
	油菜素甾醇类	增强 RNA 聚合酶活性，促进核酸和蛋白质合成，使叶芽细胞分化伸长
	激素互作而促进叶芽生长	生长素能够促进赤霉素的合成，抑制赤霉素的降解，从而调节茎的伸长；细胞分裂素/吲哚乙酸的比值高时，促进叶芽分化
促进蔬菜花芽形成	生长素类	诱导雌花分化
	赤霉素类	诱导雄花分化
	乙烯类	促进开花和雌花分化
	水杨酸	抑制雌花分化，促进较低节位上分化雄花
	激素互作而调控花芽形成	较高的细胞分裂素/赤霉素、细胞分裂素/吲哚乙酸、脱落酸/赤霉素、脱落酸/吲哚乙酸比值有利于花芽分化

第二节　激素调控技术策略

植物激素的使用必须注重精准策略，把握好“适用有益”“泛用无益”“滥用有害”的尺度。在蔬菜无土栽培的实际生产过程中，需要严格按照植物激素的使用标准进行施用，严禁超标施用和滥用，始终坚持科学合理、恰到好处，确保蔬菜产品绿色、安全和健康。

一、使用方法

为了提高植物激素的使用效率，在具体使用时，应严格按照说明书的要求进行。

1. 浸泡法

该方法指用植物生长调节剂对种子、块根、块茎或叶的基部进行浸渍处理的一种施药法。比如采用 50mg/L 赤霉酸浸种 24h，能有效促进豌豆种子提前发芽。

2. 速蘸法

该方法指用种子、小苗、扦插插穗等迅速蘸染植物生长调节剂的一种处理方法。该方法用于促进植物生根时，比如将需要移栽的蔬菜苗根部在 50～200mg/L 生根粉中蘸 3～5s，可以使移栽后的小苗根系更发达。

3. 喷施法

该方法指用植物生长调节剂对植物叶面、茎秆、花果进行喷雾，以达到促进植物生长、开花和结果等目的。

4. 浇施法

该方法指将植物生长调节剂按一定的浓度及用量浇到栽培介质中，以便抑制或促进根系生长的一种施用方法。

5. 涂布法

该方法指用毛笔或其他用具把植物生长调节剂涂在待处理的植物的某一器官或特定部位。这种方法可以避免药害，并可显著降低用药量。如用2,4-D防止番茄落花时，把2,4-D涂在花上，可以避免对嫩叶的药害。

二、壮苗培育

植物激素调控对无土栽培蔬菜的种子萌发起到了积极的作用，大部分蔬菜种子在播种之前可以采用一定的外源激素处理，可以有效地破除新鲜种子的“浅休眠”，促进种子萌动，缩短蔬菜种子的萌发时间，提高种子萌发的一致性，并促进幼苗主根生长和侧根发生。

根系生长发育良好，对于无土栽培的蔬菜意义重大，既有利于吸收蔬菜所需养分，也可以起到支撑固定蔬菜的作用，而强壮的蔬菜根系离不开植物激素的调控作用。蔬菜长至2~4片真叶时，在灌溉水中加入一定浓度的激素，可以促进根系生长、侧根增多。各种激素的使用浓度有所差异，如生长素的使用浓度为1~9mol/L。若用不同激素进行配比，既可以促使根系伸长，也可以促进侧根分化，当吲哚乙酸与激动素的比值为2∶0.02时，可以促进根系生长和分化。

采用一定的激素对苗期无土栽培的蔬菜进行调控，可以提高蔬菜产量。在番茄子叶期用200~500mg/L矮壮素对番茄幼苗进行喷雾，或者在番茄长出3~4片真叶时采用1000~2000mg/L丁酰肼进行喷雾，或者在番茄幼苗期采用100~200mg/L多效唑进行喷雾，不仅可以防止番茄幼苗徒长，培育出茎秆粗壮、节间短的壮苗，而且可以增加每个花序的花数，提高蔬菜的产量。本部分列举一些常见蔬菜种子的激素处理技术，以供蔬菜种植者参考。

1. 番茄

分别采用90mg/L赤霉酸、2mg/L萘乙酸、12mg/L 6-苄基腺嘌呤在常温下浸种4h，都可促进番茄种子萌发和幼苗生长。在150mmol/L氯化钠胁迫下，用100mg/L吲哚乙酸连续处理（使种子保持湿润）可以提高番茄种子的萌发率；在100mmol/L氯化钠胁迫下，用100mg/L赤霉酸连续处理（使种子保持湿润）可以提高番茄种子的萌发率。

2. 茄子

分别采用4mmol/L水杨酸、50~100mg/L赤霉酸、8mg/L 6-苄基腺嘌呤对茄子种子浸种15min，可以提高种子的发芽率，并增强发芽势，同时可以增加茄子幼苗的伸长生长和幼苗鲜重。

3. 辣椒

采用300mg/L赤霉酸浸泡辣椒种子6h，可以促进种子提前发芽（图5-2）。采用50mg/L乙烯利处理（保持滤纸湿润）对辣椒种子的发芽率、发芽势和发芽指数影响不显著，但可以提高种子对干旱、高盐的抗性，为培育辣椒壮苗奠定基础。

4. 莴苣

采用20mg/L赤霉酸浸泡莴苣种子6h，可以促进种子提前萌发，提高发芽率和出苗一致性。

5. 甘蓝

采用100~400mg/L 6-苄基腺嘌呤处理（保持种子湿润）氯化钠（100mmoL/L）胁迫下的甘蓝种子，可以提高其发芽势、发芽率、发芽指数、株高、茎粗、最大根长等农艺性状指

图 5-2　经赤霉酸催芽处理的辣椒种子提前发芽

A 经赤霉酸处理的辣椒种子出苗情况　B 未做处理的辣椒种子出苗情况

标，同时提高甘蓝幼苗叶片中的过氧化氢酶（CAT）、过氧化物酶（POD）、超氧化物歧化酶（SOD）等抗逆性指标，促进幼苗健壮生长。

6. 苋菜

分别采用 0.5mg/L 吲哚乙酸、0.5mg/L 6-苄基腺嘌呤、0.1mg/L 萘乙酸、0.1mg/L 2,4-D 处理（保持种子湿润）苋菜种子，可以促进种子提前萌发。

7. 芹菜

分别采用 250mg/L 赤霉酸、50mg/L 萘乙酸浸泡芹菜种子 12h，可以显著提高种子的发芽率和发芽势。

8. 韭菜

分别采用 20mg/L 吲哚乙酸和 150mg/L 赤霉酸以 1∶4 或 3∶2 的比例混合的混合液浸泡韭菜种子 8h，可以提高种子的发芽率。

9. 黄瓜

分别采用 100~200mg/L 赤霉酸、5mg/L 吲哚乙酸、0.5mg/L 萘乙酸浸泡黄瓜种子 5~8h，可以提高种子的发芽率、发芽势、发芽指数和活力指数。

10. 苦瓜

采用 50mg/L 的赤霉酸每隔 1d 浇灌苦瓜幼苗（50mL/株），可以缓解氯化钠胁迫对苦瓜幼苗生长的抑制，增加苦瓜幼苗中可溶性蛋白质、可溶性糖及叶绿素的含量，使幼苗恢复健康生长。

11. 丝瓜

采用 200mg/L 赤霉酸浸种丝瓜种子 12h，可以提高发芽势、发芽率、壮苗指数、酶活性、内源激素含量等。

12. 马铃薯

用 0.5~1.0mg/L 赤霉酸浸泡马铃薯块茎种芋，可以打破其休眠，促进其发芽。

三、营养生长

蔬菜壮苗培育完成后进行移栽，蔬菜进入营养生长期，茎的伸长、根和花芽的分化均需

要激素进行调控。

营养器官的生长可以用吲哚乙酸、赤霉酸、细胞分裂素等激素进行调节。内源吲哚乙酸一般在茎尖和根尖产生并向形态学下端进行运输，促进营养器官的伸长，而赤霉酸通过调节内源吲哚乙酸的水平来调控营养器官的伸长。抑制赤霉酸合成的植物激素可以调节蔬菜营养器官的伸长生长，使用矮壮素、多效唑、甲哌嗡防止蔬菜徒长、倒伏和减产（图5-3）。

根据生长素的产生和作用机理，蔬菜无土栽培过程中可以根据生产需要对蔬菜进行顶芽摘除，去除顶端优势，促进侧芽萌发。同时，可以根据细胞分裂素的作用机理，将其用于多侧芽或侧枝的蔬菜，以提高蔬菜产量。

图5-3 使用多效唑处理后的辣椒壮苗

1. 菠菜和茼蒿

在采摘前14d，采用10~20mg/L赤霉酸，按照每亩50~60kg的用量进行喷雾，可以促使菠菜快速生长，提前1周采收。

2. 芹菜

采收前25~30d，用50mg/L赤霉素喷洒芹菜新叶的部位，按照每亩50~60kg的用量进行喷雾，可以促进新叶生长，增加可食用部分，提高芹菜的品质和商品性。采用100mg/L邻氯苯氧丙酸喷洒芹菜植株，能显著抑制芹菜抽薹，促进产品器官的形成。

3. 不结球白菜

在不结球白菜植株长到4片真叶时，喷施30mg/L赤霉素，可使叶片的长和宽均较对照增加，可增产约40%。

4. 萝卜及白菜

萝卜及白菜等易抽薹开花，在生长期间抽薹开花会影响其产量和质量。遇到这种情况，可及时喷洒4000~6000mg/L矮壮素或丁酰肼，抑制其抽薹开花，延长采收期。

四、保花保果

温度过高、植株旺长、缺素和空气湿度不当等因素容易导致蔬菜大量的落花落果，因此在蔬菜花果期采取保花保果调控措施很有必要。在实际生产中，可通过在外部使用植物生长调节剂，调节蔬菜植物体内激素水平，使其处于平衡状态，以达到保花保果的目的。

采用激素调控技术对无土栽培蔬菜进行保花保果时，应特别注意以下几个方面。

1. 两个关键点

（1）掌握准确的使用浓度 使用的激素浓度有一定的范围，不同的激素对不同的蔬菜有一定的有效范围。不同的植物激素在蔬菜保花保果时的使用浓度不同，如2,4-D的使用浓度为15~25mg/L、防落素的使用浓度为25~50mg/L、赤霉素的使用浓度为25~50mg/L。在有效范围内，实际使用浓度的高低可以根据实际情况进行调节，比如温度较低时浓度可高一些，反之则要将浓度稍微下调。例如：采用2,4-D涂抹花和幼果以提高坐果率、降低畸形果数量时，番茄和黄瓜的使用浓度为10~15mg/L，而茄子的使用浓度为20~50mg/L。采用防落素喷雾时，番茄和黄瓜的使用浓度为20~40mg/L，而辣椒和茄子的使用浓度为30~50mg/L。喷施前在药液中加入少量的锌、硼、钼等微量元素肥料，对提高坐果率和促进果实膨大有明显效果。

（2）掌握正确的使用方法

1）点蘸激素调控法。在晴天上午的8:00~10:00，用毛笔蘸取少量药液，在刚刚开放的雌花花蒂处点一下或轻轻涂抹于花梗上。例如：在黄瓜采收前4~5d，用毛笔尖蘸取50mg/L赤霉素涂抹黄瓜的弯曲内侧，每隔1d处理1次，可以使50%~70%的弯曲黄瓜得到矫正，提高商品黄瓜品质，增产增收。

2）喷雾激素调控法。如果棚内温度较低，开放的雌花较少，可以每隔2~3d喷雾1次；如果温度较高，雌花开花较多，可每隔1d或每天喷雾。在黄瓜开花期，用喷雾器向黄瓜花喷洒50mg/L赤霉素，每亩用量为40~60kg药液，可以减少弯瓜（畸形瓜）的数量，提高品质，而且可以促进黄瓜果实生长，提早上市。在马铃薯初花期采用1000~2500mg/L矮壮素喷雾，能促使植株矮化、健壮，防止徒长和倒伏，并促进早熟增产。

2. 两个注意事项

（1）操作适时 在第一穗花开出2~3朵花时可开始操作。当雌花的花瓣完全展开且伸长呈喇叭口状时为宜。过早则易形成僵果，过晚易造成裂果。

（2）使用谨慎 若重复使用，容易出现畸形果，还易造成激素中毒，从而造成生长点生长不良。如果药液滴落到嫩枝、嫩叶和生长点上，则易发生药害，导致蔬菜受害部位出现萎缩或坏死。

3. 调管结合

（1）保花保果与疏花疏果相结合 每个花序的第一朵花容易产生畸形果，应在蘸花之前疏掉。若每穗花的数量太多，应将畸形花和特小的花疏掉，一般只保留5~6朵花。坐果后选留3~4个果形端正、大小均匀、无病虫害的果实。如坐果太多，往往会造成果实大小不一，单果重量减少，果实品质降低。

（2）保花保果与其他栽培管理相结合 坐果后，果实生长速度加快，除了使用植物生长调节剂进行调节外，还需要调节好种植环境的温度和湿度，加强水肥管理，搞好病虫害的防治，促进果实成熟，提高果实的产量和品质。

五、果实催熟

1. 栽培过程中蔬菜催熟的激素调控技术

（1）喷雾调控 在最后一次采收前10d，用浓度为800~1000mg/L的乙烯利对蔬菜进行2次全株喷雾（相隔5~7d），可以增加最后一次红熟果的产量。此法一般用于早期采果，否则易引起黄叶落叶。例如：在番茄果实由绿变红时，可用500~1000mg/L乙烯利喷洒植株，每隔7d喷一次，能将成熟期提前6~10d；在黄瓜苗1叶1心或2叶1心时，喷洒200~300mg/L乙烯利，能有效地缩短黄瓜地上节位，促其早结瓜；在辣椒植株1/3的果实由绿变红时，用200~1000mg/L乙烯利溶液喷洒，4~6d即可使整株的椒果全部变红。

（2）涂果调控 将浓度为4000mg/L以上的乙烯利涂抹到蔬菜果实上，数天后即可使蔬菜果实（比如番茄、辣椒、茄子等）成熟（图5-4）。也可以只涂抹果柄周围的萼片及其附近表面，同样可以达到催熟的效果。

图 5-4　乙烯利处理后提前成熟的番茄

2. 采后蔬菜催熟的激素调控技术

把尚未成熟的果实（如番茄、辣椒、甜瓜等）采下后浸到浓度为 2000～4000mg/L 的乙烯利中，1min 后取出，放在室温或者恒温环境中，保持温度为 20～25℃，2～3d 后即可成熟。

六、采后保鲜

大部分蔬菜以茎叶为主要食材，而茎叶含水率高，采后需进行保鲜处理。采用相应激素进行调控，可以避免色素氧化、脱水等现象，以达到保鲜的目的。蔬菜生产时用 20mg/L 激动素喷洒芹菜、菠菜、莴苣叶片，或 40mg/L 激动素喷洒白菜、结球甘蓝叶片，可保绿并延长贮藏期。同时，苄氨基嘌呤也可以延长蔬菜的贮藏期，蔬菜生产时用 10～20mg/L 苄氨基嘌呤喷洒菠菜、芹菜、莴苣等叶菜类，可延长其贮藏期和货架期。马铃薯、大蒜采收前 2～3 周，采用 2000～3000mg/L 马来酰肼喷洒叶面，可延缓贮藏期间发芽和生根。大白菜收获前 7d 用 25～50mg/L 2,4-D、甘蓝收获前 5d 用 100～250mg/L 2,4-D 喷洒，能减轻贮藏期脱水。花椰菜收获后，与用萘乙酸甲酯浸过的纸屑混堆，每 1000 个花球用药 50～200g，能减少贮藏期落叶，并延长贮藏期 60～90d。另外，花椰菜、芹菜、莴苣分别用 10～50mg/L、10mg/L、5mg/L 的 6-苄基腺嘌呤喷洒，然后采收，能在一定时间内保鲜保色。

第六章　蔬菜无土栽培育苗技术

蔬菜无土育苗是利用非土壤物质或营养液，不用土壤作为基质，在一定容器内或苗床上进行蔬菜育苗的一种方式。与土壤育苗相比，蔬菜的无土育苗技术具有根系发育好、易培育壮苗、移植还苗快、成活率高、成熟期提前、生产周期短、产量增加、蔬菜商品品质提高等突出优点。同时，蔬菜无土育苗可有效实现机械化、工厂化和集约化，减少劳动用工和劳动强度、提高土地及劳动效率、节约劳动力成本，不受季节限制，实现周年育苗，能集中防治蔬菜育苗期病虫草害的发生和流行。蔬菜无土育苗已成为蔬菜育苗的主要发展趋势。

第一节　设施与方式

根据目前的发展状况，蔬菜无土栽培育苗有水培育苗和固体基质育苗两种方式，育苗方式的不同，使得育苗的设施设备有所差异。育苗场所可根据实际情况选用温室或塑料大棚等予以开展。

一、育苗设施

1. 固体基质育苗设施

固体基质育苗设施主要包括育苗温室、育苗床架及育苗盘、育苗基质、播种机械和调控系统。

（1）育苗温室　育苗温室分为塑料温室和玻璃温室两大类。在实际生产运用中，塑料温室在全世界的使用率远远超过玻璃温室，与玻璃温室相比具有重量轻、骨架用料少和造价低等优点。下面主要介绍塑料温室。

塑料温室的大小可根据场地或需要建造。温室的长度一般没有严格限制，为便于操作和管理，温室宽度不宜太大。一般以自然通风为主的温室，宽度以30m左右为宜，最大不超过50m；以机械通风为主的温室，宽度以50m左右为宜，最大不超过60m。

根据经济条件和使用时间的长短，可以将塑料温室做成不同的规模。如果在长期育苗且经济条件好的地方，可以做成使用年限较长、抗风能力达10级以上的永久性塑料温室（图6-1），这种塑料温室的主体结构一般用热浸镀锌钢管作为主体承力结构，用较厚的白色塑料薄膜封顶，并在温室的外围结构及屋顶设置必要的空间支撑，形成空间受力体系。如果经济条件不允许，可以做成临时塑料拱棚（图6-2），用竹片的两端插于地上形成拱形，再用较厚的白色透明塑料薄膜封顶，这种小拱棚虽然经济，但抗风力弱、使用时间短，寿命一般为 3~5 年。

图 6-1　永久性塑料温室

图 6-2　临时塑料拱棚

（2）育苗床架及育苗盘　育苗床架具有方便育苗人员操作和提高育苗盘温度的作用。在塑料温室内，南北方向设置苗床，如果需多层摆放，需根据穴盘的长、宽在南北方向设置育苗床架，必要时可铺设电热线，架设小拱棚，能达到四季育苗常年供应（图 6-3）。

因材质不同，育苗盘可分为纸格穴盘、聚乙烯穴盘和聚苯乙烯穴盘 3 种；根据制作工艺不同，可分为美式和欧式两种，美式盘大多为塑料片材吸塑而成，欧式盘选用发泡塑料注塑而成；根据盘上的孔穴数目，分为 50 孔、72 孔、98 孔、128 孔、200 孔和 228 孔等。根据实际育苗需要，工厂化育苗时可选用不同厂家不同规格的穴盘作为育苗盘，通常可选用 72 孔、98 孔、128 孔和 228 孔穴盘（图 6-4）。

图 6-3　育苗床架

图 6-4　穴盘

在选择育苗盘时，主要根据蔬菜品种进行选择，如果是培育叶片较大的瓜类品种，最好选择 72 孔的穴盘育苗，如黄瓜、西瓜、甜瓜、茭瓜和茄子等；如果是培育叶片较小的蔬菜品种，则宜选择 128 孔的穴盘育苗，如番茄、辣椒等。研究表明，在生产上育黄瓜、番茄苗用直径为 8~10cm 的容器，用于育辣椒、茄子苗的容器以直径为 7~8cm、高10~13cm 为宜；用高质量的基质或营养液育苗时可以适当缩小容器直径，使用 72 穴的方形穴盘较好，更有利于菜苗根系向深处发展并得以充分发育，根系发生缠绕的情况也较少。总之，育苗盘的大小应根据作物种类、基质配比、营养液质量和苗龄等来进行调整。

（3）育苗基质 蔬菜无土栽培固体育苗基质，目前主要有岩棉、泥炭、蛭石和珍珠岩等。基质是无土育苗的重要材料，起着固定、保护、促进根系生长的作用，对无土育苗的成败起决定性作用。基质总的要求是通透性好、保水性强，有一定的凝聚性；清洁干净、无病无毒，未受污染，pH 适宜蔬菜品种要求，能均衡持久地满足菜苗营养要求。

（4）播种机械 蔬菜穴盘育苗播种机械是实现蔬菜育苗机械化生产的关键设备，能较好实现蔬菜育苗的自动化生产，大幅度降低劳动强度和提高生产效率。根据排种器的工作原理可分为机械式、磁吸式和气吸式 3 种。其中，机械式穴盘育苗播种机对种子损伤较大，目前应用很少；磁吸式穴盘育苗播种机能够播种多种类型的种子，但是在播种前需要对种子进行质量较高的磁粉包衣处理，生产成本较高；气吸式穴盘育苗播种机的伤种率很低（趋于 0），且不需要对种子进行特殊处理即可播种，可以通过更换不同的吸嘴播种不同种类的种子，生产上应用较广。

气吸式穴盘育苗播种机又可分为板式播种机、针式播种机和滚筒式播种机。板式播种机针对规格化的穴盘，配备相应的播种模板，由于排种器为板式结构，播种模板面积较大，内部气压分布不均匀，导致各个穴孔气压不稳定，播种均匀性和精确性较差。针式播种机配备有多种不同规格的针头，在播种时，根据种子的形状、尺寸来选择合适的针头进行播种，其主要优点是操作简单、适用面广；缺点是针管又细又长，吸嘴容易被种子中的杂质堵塞，而且堵塞后很难清除杂质。育苗工厂常采用带吸嘴的滚筒式播种机进行播种，滚筒的线速度与穴盘传送带的速度相同，可以实现连续运动，工作效率较高。

（5）调控系统 为保证菜苗能够健康生长，塑料温室内需要配备调控系统设施，主要包括供水系统、温湿控制系统及辅助照明系统等。

2. 水培育苗设施

蔬菜水培育苗所需设施与固体基质育苗大体相同，除了温室和育苗盘等外，还需设置营养液槽（相当于育苗床）、培育池、营养液循环系统等。

（1）营养液槽 营养液槽的主要作用是贮存营养液，常采用砖块和水泥在地面呈南北方向砌成，槽底用水泥混凝土浇筑，以防基质直接与土壤接触，感染病虫害。为使液槽不漏水，建造时需加入防渗材料，并在槽底和槽内壁涂防水材料。其规格为深 30cm、宽 1.2~1.5m，长度根据温室大棚的实际情况而定。

（2）培育池 培育池是水培育苗设施的主体部分，也是蔬菜生长的主要场地。常按所需大小用砖块和水泥砌成一个长方形槽，槽底铺设一层砖或者用铺设其他材料，确保槽底和槽的四周平整，并用厚塑料薄膜将其完全包裹构建一个能储水的培育池，防止池内的水渗漏，其大小则根据蔬菜的种类和温室的面积而定。若培育叶菜类蔬菜，则需要较大的培育池；若培育果菜类蔬菜，则可酌情缩小培育池。

（3）营养液循环系统 水培育苗设施中，营养液循环系统是最关键的设施。该系统由水泵、加液主管和加液支管组成。水泵从营养液槽中抽出营养液，经加液主管、加液支管进入培育池，以供菜苗根部吸收，向培育池加液的支管由镀锌或塑料制成。培育池内保持 5~8cm 高的水位，若营养液高出排液口，便会顺着排液口通过排液沟回流至营养液槽，便完成循环。在小型蔬菜育苗场所，可采用简易办法，不需要上述系统设备，采用人工加液和人工排液即可。

二、育苗方式

在蔬菜无土育苗中，根据不同的分类方法，则有不同的育苗方式。按育苗的繁殖体分为播种育苗、扦插育苗和组培育苗；按苗期不同分为综合育苗法和全程无土育苗法；按育苗基质分水培育苗法（非固体基质育苗）和固体基质育苗法。虽然育苗方式不同，但育苗的机理是一致的，即任何一种育苗方法都必须处理好内因（种子）及外因（环境）的关系。在蔬菜育苗的实际生产过程中，常采用水培育苗法和固体基质育苗法。因其育苗材料不同，实际育苗则出现了多种育苗方式。

1. 按育苗的繁殖体分类

（1）播种育苗　播种育苗即采用蔬菜种子作为繁殖菜苗（秧）的育苗方式，通常蔬菜种子的单株生产量较大，一般蔬菜无土育苗多采用此种育苗方式。

（2）扦插育苗　扦插育苗是指取蔬菜部分营养器官插入基质中，在适宜蔬菜生长环境下培育成苗的方法，多用于藤本蔬菜和木本蔬菜。

（3）组培育苗　组培育苗是利用植物组织培养的繁殖方式，在无菌条件下将植物的细胞、组织或器官等置于培养基上培养使其成苗的方式。因这种育苗方法对无菌条件要求较严格，在高价值蔬菜生产中采用这种方式育苗效益更佳。

2. 按苗期分类

按苗期分类，即按无土育苗时间的长短，可分为综合育苗法和全程无土育苗法。

（1）综合育苗法　在蔬菜育苗前期（从播种至移苗前）采用营养液或者固体基质育苗，育苗后期（移苗时）移到土壤中继续培育，即前期用营养液或固体基质进行无土育苗，后期用土壤进行传统有土育苗。

（2）全程无土育苗法　全程无土育苗法是从播种至成苗的整个育苗期，全部采用无土育苗的方法。在实际生产中常需借助固体基质或海绵块来固定植株，主要做法是：在育苗盘孔穴中填入基质，用压孔板压出播种孔，把蔬菜种子播入孔中，再覆一层薄的基质盖住种子；也可以把蔬菜种子放到带有播种孔的海绵块上，再把海绵块放入育苗盘中。与综合育苗法相比，全程无土育苗法苗成活率高、不伤菜苗根系、清洁等，但对基质、营养液及育苗技术要求比较严格，采用全程无土育苗法育出的菜苗整齐，综合效果好于传统床土育苗法和综合育苗法。其缺点是若消毒不严格，容易使菜苗整体感染病虫害。

可见，综合育苗法与全程无土育苗法相比具有下列优点：一是育苗架可以多层摆放，提高温室的利用率；二是可以节省加温消耗的大量能源，还能避免早期低温的影响，可以在一定程度上减轻病虫危害；三是由于幼苗生长量小，对营养液的管理要求不高，比较容易掌握，一般情况下不至于出现营养生理障碍。但其明显缺点是容易感染土传病害和虫害。

3. 按育苗基质分类

根据蔬菜育苗时选用的基质不同，可分为水培育苗法和固体基质育苗法。在实际生产中，也常把水培育苗法和固体基质育苗法综合起来应用。

（1）水培育苗法　水培育苗法是在蔬菜育苗的整个过程只用营养液，而不用任何固体基质育苗的方法，其优点为：蔬菜大部分根系直接生长在营养液中，直接与营养液接触，营养元素供给快速、均衡，易于调控，避免了土传病害。但利用此育苗方法，必须解决幼苗直立、通气和换液等一系列问题，技术要求较严格。为解决幼苗直立问题，通常会选择一些材料作为固定支撑物。根据蔬菜育苗固定支撑物所选材料的不同，常有以下几种方法。

1）泡沫小方块育苗。适用于深液流水培或营养液膜水培育苗。为便于定植时分苗，可选用聚氨酯泡沫小方块进行育苗，首先把育苗块切分为仅底部相连的小方块，每小块上部中间均划“×”形缝隙，用水浸润育苗块使其潮湿，然后平铺于不漏水的苗床（穴盘）上，把催好芽的蔬菜种子逐粒嵌入缝隙中，夹在浸湿泡沫的上端，再往苗床内加入清水，清水深度至泡沫的1/3处，等种子出苗后，把清水更换成营养液。成苗后，掰下育苗块即可定植。

2）岩棉块育苗。利用一块较大岩棉块和若干小岩棉块，在较大岩棉块上面中央开一个与小岩棉块同等大小的小洞。育苗时先在小岩棉块上面割一条小缝，并将已催芽的种子嵌入，再把小岩棉块密集置于苗床（盛装有营养液的箱子或水泥槽）中，播种前期先用稀薄营养液浇湿，并一直保持湿润，不能过干或过湿。出苗开始，苗床（穴盘）中的营养液维持在0.5cm深左右，以供幼菜苗生长。在育苗过程中根据菜苗生长情况随时调节岩棉块之间的距离以保证幼苗获得足够的生长空间，为防止水分蒸发和四周积累盐分及滋生藻类，除了岩棉块的上下两个面外，四周用乳白色的不透光塑料薄膜包住。为使菜苗健康生长，所选用的岩棉块要具有较强的吸水性和保水性、无毒无菌、化学性质不活泼。岩棉块规格有3cm×3cm×3cm、4cm×4cm×4cm、5cm×5cm×5cm、7.5cm×7.5cm×7.5cm、10cm×10cm×5cm等。

3）尿烷块育苗。在进行蔬菜育苗前，先用水冲洗尿烷块并吸满水，播种后将尿烷块浸在浅的营养液层中育苗。尿烷块具有气体供应和固定植株的双重作用，菜苗根容易穿入，常用于番茄、黄瓜、芹菜和菠菜等的育苗。

（2）固体基质育苗法 固体基质育苗法是在育苗过程中使用固体基质代替土壤进行育苗的方法，需要定期浇灌营养液。育苗用固体基质可分为泥炭、锯末、砻糠灰等有机基质和砂粒、砾石、蛭石、珍珠岩、炉渣、岩棉等无机基质两大类。

有机基质和无机基质各有优缺点，有机基质自身含有一定营养成分，缓冲能力较强，所需管理技术相对较低，但其物理和化学性质不稳定，易于分解，不适合长期使用；无机基质自身不含营养物质，缓冲能力较弱，因此对设施设备和操作技术要求高，使用时主要靠营养液提供养分。在育苗时一般选用复合基质，复合基质结合两者的优点，既保持无机基质的稳定性，又具备一定的营养和缓冲性，能较好地平衡蔬菜生长所需水、肥和气三者的关系，近年来得到广泛地推广应用。

固体基质育苗有三大优点：一是可以有效协调植物根系的水气矛盾；二是相对于水培、雾培，具有投资少、设备简单、易于操作的特点；三是可以有效克服传统种植土壤盐渍化、土传病害、营养元素及微生物失衡等连作障碍等问题。

采用固体基质育苗，可以因地制宜选用价格便宜且适用于本地的基质，育苗技术也容易掌握；可以减少床土消毒供需和成本费用，无土传病害和杂草种子问题；基质质量一般都轻于土壤，容易搬运，适用于立体设施，对于实现蔬菜立体化、机械化和工厂化育苗具有重要现实意义。根据育苗设施的不同，固体基质育苗又可分为以下几种育苗方法。

1）苗床育苗。用砖、木板等材料做成育苗畦框，即苗床，在苗床底部垫上厚塑料薄膜，放入厚10~15cm已混有肥料的育苗基质，按一定的株行距播种，也可直接在基质上撒播育苗，覆盖1~2cm厚的基质，浇清水或营养液即可。如果在秋末春初或冬季气温较低时期育苗和经济条件好的情况下，可在苗床内安装导热装置后放入基质，以保证苗床的温度，防止幼苗受到冷害或冻害。

2）营养钵育苗。营养钵育苗是指在塑料钵、纸钵或草钵等营养钵内盛满基质，将已催芽种子播于营养钵进行育苗。生产上多采用塑料钵育苗，塑料钵有用软质塑料制成的和用硬质塑料制成的两种类型，体积有200~800mL多种规格。育苗时根据蔬菜的种类，选用适合的营养钵。用营养钵育苗时，其具体操作如下：将配制好的育苗基质装入选用的育苗钵中，一般先把基质装至营养钵约2/3的高度，再将1~2粒经浸种、催芽的种子播入营养钵内，用蛭石或消毒过的细砂覆盖0.5~1cm厚后浇透水，放在适当的环境条件下进行育苗。钵与钵之间排紧，之间的空隙用基质填满。

3）穴盘育苗。穴盘育苗是把种子播入装有营养基质的穴盘内，将穴盘置于育苗畦上进行育苗的方法（图6-5）。穴盘底部有上大下小的倒金字塔形的小孔便于透水透气。穴盘有多种规格，常用的有32穴、50穴、72穴、128穴、200穴和288穴等几种，育苗时不同蔬菜采用不同规格的穴盘。穴盘育苗按照养分补给途径不同又可分为传统穴盘育苗、漂浮育苗和雾培育苗。

① 传统穴盘育苗。

a. 做畦。播种前将苗床平整好做畦，畦宽根据穴盘宽度来定，一般能摆下4个穴盘即可，畦长根据温室或大棚的宽度确定，畦与畦之间留出20~25cm宽的畦背。为防止穴盘苗的根扎入土壤，感染土传病害，畦底面覆盖一层较厚的塑料薄膜。

b. 装盘。把混配好的基质装满穴盘，然后浇水，待水浸入基质中后即可播种。

c. 播种。在装好基质的穴盘上，每个孔穴播1粒经浸种催芽的种子，若种芽较长，可用小玻璃棒在孔的中央扎深1cm左右的穴眼后再播种并覆平穴盘，将穴盘摆放于育苗畦上，按常规方法进行育苗管理即可。

② 漂浮育苗。漂浮育苗是在温室、塑料大棚和小拱棚内，将填充基质放在聚苯乙烯穴盘上，播种后将穴盘置于有完全营养液的水槽中，使种子萌发、生长、成苗的方法（图6-6）。该方法能有效地防治病虫害，培育无病、无虫壮苗；减少劳动力投入，避免浇水造成土壤板结；促进早出苗、早成苗，实现农产品提早上市。

图6-5 穴盘育苗

图6-6 漂浮育苗

③ 雾培育苗。雾培育苗是指将营养液压缩成气雾状并直接喷到菜苗的根系上，根系悬挂于容器的空间内部。通常是用聚丙烯泡沫塑料板，其上按一定距离钻孔，于孔中栽培菜苗。一般每隔2~3min喷雾几秒钟，营养液可以循环利用，同时保证菜苗根系有充足的氧

气。雾培对菜苗生长发育和品质具有一定的影响，其通过科学调控营养液浓度、喷雾次数、喷雾时间和间隔时间使菜苗根系处于最佳生长状态，对提高菜苗生长速度和增加收获茬数等具有较大优势。国内外均有研究表明，雾培对提高蔬菜的营养品质作用明显，但此方法使用的设备费用太高，耗电量大，缓冲性较差，需要持续供电。

第二节　育苗技术及管理措施

“苗好一半收”。育苗是蔬菜无土栽培过程中的重要环节，对蔬菜无土栽培的成败起着决定性作用，因此一定要注意把握好各育苗技术环节。

一、育苗准备

在正式播种育苗前，除了建设好温室和苗床等育苗设施外，还必须准备好相关育苗材料，并对材料做相应的技术处理。

1. 育苗基质处理

（1）基质选择　筛选育苗基质是工厂化育苗的关键技术之一，不仅直接影响持水孔隙度、幼苗的生长速度和质量，而且影响菜苗定植后的缓苗时间、生长量及产值，选用基质时应考虑以下内容。

1）物理性状。基质的物理性状决定其功能发挥的好坏。作为基质，除应具有固定幼苗根系的功能外，更重要的是要为根系创造良好的水、肥、气、热等环境条件。在选择基质时，为使基质能够很好发挥其功能，需要考虑以下物理性状。

① 粒径。基质粒径的大小是直接影响空气和水的含量、容重及孔隙度等的重要因素。如其粒径过大，孔隙度增加；粒径过小，则透气不良，基质有各自适宜的大小粒径。

② 容重。容重大的基质比重大，操作不便，透气差；反之，容重小的基质比重小，基质过轻，不利于根系生长。为便于管理，基质容重为0.1~0.8g/cm^3最好。

③ 总孔隙度。基质的总孔隙度反映基质中孔隙的状况，其公式为孔隙度=(1-容重/比重)×100。如果孔隙度大，容纳空气与水的量大，基质轻，有利于根系的生长；反之，如果孔隙度小，容纳空气与水的量小，则必须频繁供液，一般基质总孔隙度为54%~96%较适合。

④ 气水比。气水比指在一定时间范围内，基质中容纳气、水的相对比值，通常以大孔隙度与小孔隙度之比表示。大孔隙的孔隙直径为1mm以上，主要作用是贮气；小孔隙指直径为0.001~0.100mm的孔隙，主要作用是贮水，两者分别代表基质中的气、水贮存状况。一般来说气水比越大，说明大孔隙度的值大，基质持贮气能力强。反之，气水比越小，说明小孔隙度的值大，基质持水力强。贮气量越大，贮水力越弱。通常气水比保持（1~2）：4较为适宜蔬菜生长，也便于管理。

2）化学性状。基质的化学性状指基质本身含有的可供蔬菜吸收利用的矿质营养物质，通过分析后可作为配制营养液的成分。基质种类不同，化学成分相差较大，甚至是产地不同的同类基质，其成分也有很大差异，所以在使用之前，应分析化验其营养成分含量。如果是含有较多的营养物质的基质（如煤渣和蛭石都含有较多的钾，速效钾含量分别为203mg/kg和501mg/kg；棉籽壳等含氮较多），基质本身的营养物质不仅可以保证营养液浓度的稳定，

还可节省配制营养液时肥料用量。选用基质时，含有有害成分或受污染的材料不宜选用，此外还应考虑基质的 pH 及其是否呈稳定状态。

3）资源价格。育苗基质的种类较多，价格不一，有高品质进口泥炭，也有国产优质泥炭。在选用无土育苗时，不仅需考虑基质对幼苗发育的影响，还需考虑基质的资源及其价格，应选用当地来源广泛、取材容易和价格便宜的材料。

无土栽培育苗基质种类较多，常将两种或多种有机、无机基质按一定比例混合使用，其效果好于单用一种基质。如煤渣与茹渣按 1：1 的比例混合使用效果较好。

（2）基质消毒　准备好基质后，在经过筛选、水洗、碱洗或堆沤腐熟的基础上，使用前还必须进行消毒，一般有蒸汽消毒、太阳能（紫外线）消毒和药剂消毒等多种方法。

甲醛消毒。在播种前，用 40%左右的甲醛溶液稀释 50~100 倍进行消毒。进行基质消毒时，在地面垫上干净的塑料薄膜，把需消毒的基质平铺在塑料薄膜上，厚约 10cm，用喷雾器将已稀释的甲醛溶液将基质喷潮，铺上第二层基质后，继续用甲醛溶液喷湿，直到所有需消毒的基质都喷湿为止，用塑料薄膜覆盖封闭 1~2d 后，把消毒的基质全部摊开摊薄，在太阳下暴晒，直到基质中没有刺鼻气味方可使用。甲醛有挥发性，利用甲醛消毒时，操作者必须戴好口罩防护。

代森锌混合制剂消毒。播种前，根据基质体积，直接按每立方米基质加入 65%代森锌 20~25g、70%五氯硝基苯 20~25g，充分混匀后即可使用。此消毒方法虽然简单易行，但要注意用药量不宜过多，否则易发生药害。

百菌清药剂消毒。播种前，根据基质体积，按每立方米基质加入 50%百菌清 100~200g，充分混匀后即可使用。

2. 苗床及苗床营养液准备

（1）苗床准备　在平整的地面上，先用砖、木板等材料做成苗床，长度根据育苗场地而定，高 10~12cm、宽 1~1.5m，里边铺放厚塑料薄膜，然后放入厚 5~8cm 已混有肥料的育苗基质。如果有条件，可以先在苗床内安装电热线后再放入基质，以保证苗床的温度，防止幼苗受到冷害或冻害。

（2）苗床营养液准备　营养液由含营养元素的化合物配制而成。蔬菜幼苗正常生长发育需要的营养元素，包括常量营养元素氮、磷、钾、钙、镁、硫和微量营养元素铁、锰、硼、锌、铜、钼等。营养液配方有上百种，其一般配比是：在每 1000L 水中，加入尿素 400g、磷酸二氢钾 450~500g、硼酸 3g、硫酸锌 0.22g、硫酸锰 2g、硫酸钠 3g 和硫酸铜 0.05g，充分溶化后即成，但在实际栽培过程中要酌情进行调节（图 6-7）。

图 6-7　苗床营养液准备

一般来说，观赏类蔬菜的营养液配比标准中微量元素的添加量为每 1000L 水中加入硼酸 3g、硫酸锰 2g、硫酸锌 0.4g、硫酸铜 0.05g、钼酸钠 3g、铁元素适量（15g 乙二胺四乙酸二钠与 12g 七水硫酸亚铁熬制）。而且营养液要求营养成分全面，浓度适宜，pH 用磷酸调节至5.5~6.5为宜。用于番茄育苗的营养液配比为1000L水中加入硝酸钾750g、磷酸二氢钾120g、四水硝酸钙850g、七水硫酸镁400g；用于黄瓜育苗的营养液配比为1000L水中加入四水硝酸钙850g、硝酸钾580g、磷酸二氢钾370g、七水硫酸镁480g。而且营养液的pH应控制在6.0~6.5，用磷酸调节，微量元素按常规用量每1000L水中加入硼酸3g、硫酸锰2g、硫酸锌0.5g、硫酸铜0.5g、钼酸钠3g和铁元素适量。在实际运用中，可根据实际环境和经验相应调整上述营养液的配比。

3. 精量用种

育苗时，需根据所需蔬菜用苗量、栽培面积和种子千粒重计算用种量，为保证蔬菜苗量充足，还要计入一定的预备苗量，其用苗量的计算方法为：蔬菜用苗量=栽培面积×栽培密度，再根据蔬菜用苗量和种子的千粒种大约计算出育苗所需用种量：育苗用种量=种子千粒重×蔬菜用苗量÷1000。在此基础上，留足5%左右的预备苗量以满足实际需要。

4. 种子处理及催芽

（1）种子选择 蔬菜种子的新陈情况会严重影响蔬菜的产量和质量。在种子选择时应特别注意蔬菜种子的新陈状况，生产上使用的蔬菜种子有时限要求，有的蔬菜种子必须用新种子，有的则以陈种子为好，这主要受蔬菜种子的后熟作用影响，不同蔬菜品种的种子后熟差异显著。若为白菜种子和辣椒种子，应当用当年的新种子，可以保证出苗率；用2年或2年以上的种子，不但出苗率和产量下降，而且抗病率低。若为茄子种子，新陈种子都可以用，但超过6年的种子出苗率低，一般使用当年的新种子为好；而后熟作用时间较长的芹菜和香菜种子不能使用当年的新种子，必须1年以后的陈种子才能使用；番茄种子4年之内可以使用，如果超过4年出苗率会降低。

（2）种子处理 在蔬菜种子播种前，必须对种子进行处理，以利于提高出苗率和预防病虫害，处理方法主要有物理方法（晒种、浸种、搓种等）和化学方法（药剂）。

用药剂处理蔬菜种子的方法简便易行，常用来处理的药剂有高锰酸钾、硫酸铜和福尔马林等，根据不同的种子和使用目的，采用不同的处理方法，如杀灭茄子黄萎病菌，可用福尔马林100倍液浸种15min；防治黄瓜枯萎病，可用福尔马林100倍液或50%多菌灵可湿性粉剂800倍液浸种25min。同一种子也可用不同的处理方法预防不同的病害，如用1%高锰酸钾浸种25min可钝化番茄和辣椒种子所带病毒；用1%硫酸铜浸种5min可防治辣椒炭疽病和细菌性角斑病等。药剂处理之后还需进行温水浸种，将选好的蔬菜种子放入适宜的恒温水中并迅速搅动（依据不同的蔬菜种子确定水的温度），不同的蔬菜种类浸种时间不同。例如，黄瓜、茭瓜、西甜瓜、番茄浸种3~4h，辣椒、茄子、芹菜浸种9~12h，浸泡期间揉搓冲洗1~2次，种子浸泡洗净后，根据生产的需要，可先进行催芽，也可直接点播。为提高出芽率，降低种子成本，像黄瓜、西甜瓜和茭瓜就会采用催芽后再点播的方法播种。

（3）种子催芽 蔬菜种子催芽时，首先在盘中平放上干净的湿润纱布，把浸泡洗好的种子种皮上的水分晾干后摊在准备好的纱布上，厚约1cm，用地膜包严并置于28~30℃恒温箱里催芽，前边2d需每天用清水冲洗1~2次，以清除发芽中产生的有害物质。蔬菜品种不同，种子所需的催芽时间也不同，如茄子需5~7d出芽，辣椒需4~5d出芽，番茄需3~4d出芽。所有蔬菜种子待胚芽长至0.5cm时即可点播。

研究表明，采用机械化育苗时不同蔬菜种子适宜萌发的温度分别为：番茄25℃恒温或20~30℃变温催芽均可；茄子30℃恒温或20~30℃变温催芽；青椒30℃恒温催芽；芹菜若

侧重于最终出苗率，则宜于 15~25℃变温催芽，若侧重于出苗速率，则宜于 20~30℃变温催芽。常见蔬菜种子催芽温度和时间见表 6-1。

表 6-1　常见蔬菜种子催芽温度和时间

蔬菜种类	最适温度/℃	前期温度/℃	后期温度/℃	需要天数/d	控芽温度/℃
番茄	24~25	25~30	22~24	2~3	5
辣椒	25~28	30~35	25~30	3~5	5
茄子	25~30	30~32	25~28	4~6	5
西葫芦	25~36	26~27	20~25	2~3	5
黄瓜	25~28	27~28	20~25	2~3	8
甘蓝	20~22	20~22	15~20	2~3	3
芹菜	18~20	15~20	13~18	5~8	3
莴笋	20	20~25	18~20	2~3	3
花椰菜	20	20~25	18~20	2~3	3
韭菜	20	20~25	18~20	3~4	4
洋葱	20	20~25	18~20	3~4	4

注：本表引自徐丽萍《基质穴盘无土育苗技术》。

5. 播种

（1）育苗设施消毒　播种前，应将育苗场地和所有器具进行彻底消毒。消毒方法不限，可用 1%福尔马林、0.3%~1%次氯酸钙或次氯酸钠等进行消毒，24h 后用清水清洗 3~4 次。也可用溴甲烷加盖塑料薄膜密闭消毒，7h 后可揭膜。在日照条件好的地方，对育苗盘的消毒方法多为太阳暴晒法。

（2）盛装基质　在蔬菜播种前对准备好的基质洒水，使其充分湿润，以手捏成团、落下后自然散开为宜，再把基质装入育苗盘内，注意填充量要充足均匀，即用手指在刚填好的基质面上轻轻按，若手指陷进很深，则说明基质填充不足，经过淋水、搬运后基质会下沉板结，以利于种子发芽和幼苗生长，为保证基质填充均匀充足，可振动育苗盘使基质落实填满。如果是用穴盘育苗，填装基质时，用一块小长木块在穴盘上将基质刮平之后再使其自然落地振动一下，然后用与穴盘孔穴大小一致的压板盖在穴盘上，均匀用力压下，使基质被压实而且每个穴室中央有一个较深的孔穴，用于播种（图 6-8）。

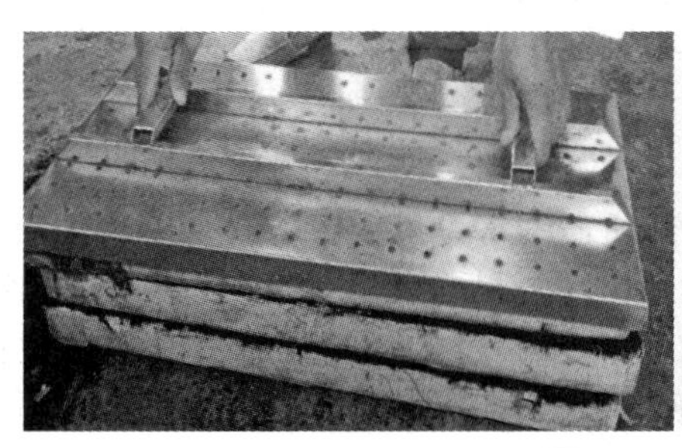

图 6-8　盛装基质

（3）播种方法 将种子播于准备好的育苗基质内的过程就是播种，可以根据种子大小进行撒播或点播。

1）撒播法。撒播适用于小粒种子，一定要注意播种均匀，播种密度可为熟土苗的3~4倍，催芽的种子表面潮湿，不易撒开，可用细砂或草木灰拌匀后再播，播后在种子上覆盖0.5~1cm厚的基质，以不见菜种为宜，均匀洒水后在上面覆盖地膜。一般来说，每平方米的播种量为：茄子4~5g、辣椒5~7g、番茄6~10g；如果用育苗盘育苗，每盘的播种量为番茄3g、茄子4g、辣椒5g、黄瓜5g，基质厚度为4cm。

2）点播法。点播适用于大粒种子，播种前进行打孔，深1~1.5cm，人工播种时，每穴播1粒种子，播后覆盖1~2cm厚的基质，覆盖报纸或无纺布或遮阳网等材料以减少水分的蒸发，覆盖后均匀洒水即可。目前，生产上为提高效率一般用播种机播种代替人工播种。方法为：将种子放在播种盒内，将育苗穴盘放置于播种盒下，启动电源，种子会随着风力的作用附着在播种盒的底盘穴孔内，切断电源，振动播种盒底盘，附着的种子便会掉入下面育苗穴盘对应的穴孔内，然后覆盖基质1~2cm厚，覆盖报纸或无纺布或遮阳网等材料以减少蒸发，覆盖后均匀洒水即可。为减少苗床占用空间，可分层放置穴盘，用三角铁或粗钢筋焊成架，每层间距为40cm（图6-9）。待苗露出基质后，要注意及时揭除覆盖物以防幼苗徒长，并及时间苗、定苗和移苗，以确定合理苗距，培育壮苗。

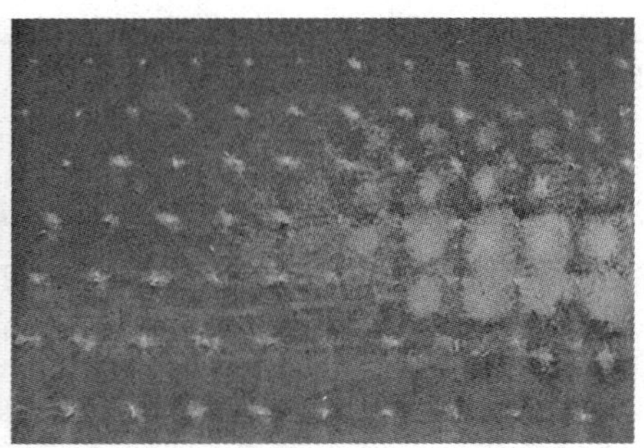

图6-9 播种机播种

二、生长环境条件管理

“三分种七分管”。蔬菜播种后便进入管理阶段，促进菜苗生长得更好更快更壮。管理的总原则是为苗的生长提供有利环境条件。蔬菜出苗期的早迟与温度有关，出苗的整齐度与水分有关，能否出苗与氧气有关，苗的壮弱与营养、光照有关。水分、营养、温度、光照、湿度和气体情况等环境条件对蔬菜幼苗生长有很大的影响，必须合理调控，确保培育出优质壮苗。

1. 苗期水分

水分在很大程度上影响幼苗的生长，而幼苗所需的水分绝大多数是从基质中吸收的，管理过程中要控制好基质的含水量。如果基质含水量小，幼苗吸水不足，导致光合作用下降，阻碍幼苗生长发育；如果基质含水量过高，又会抑制根系的呼吸作用，发生沤根死苗的情况。研究认为，基质含水量为60%~80%的条件下幼苗生育速度最快，成苗生长量最大，生理素质最高；播种后至出苗前应保持较高的基质湿度，以80%~90%为宜；定植前7~10d，适当控制水分。苗期适宜的空气湿度一般为白天60%~80%、夜间90%左右。出苗前和分苗初期的空气湿度应适当提高。基质含水量可用保水剂调节控制。保水剂的应用，为穴盘育苗产业化增加了可控的技术含量，为提高菜苗质量提供了良好的条件，开辟了广阔的应用前景。蔬菜不同生育阶段基质含水量见表6-2。

表6-2　蔬菜不同生育阶段基质含水量（最大持水量，%）

蔬菜种类	播种至出苗	子叶展开至2叶1心	3叶1心至成苗
茄子	85~90	70~75	65~70
甜椒	85~90	70~75	65~70
番茄	75~85	65~70	60~65
黄瓜	85~90	75~80	70~75
芹菜	85~90	75~80	70~75
生菜	85~90	75~80	70~75
甘蓝	75~85	70~75	55~60

注：本表数据来源于司亚平、何伟明《穴盘育苗技术要点（二）——简要栽培技术》。

2. 苗期营养

营养管理是蔬菜无土育苗过程中一个必不可少的环节，蔬菜生长是需要养分的，无土育苗的养分供应，一是可以先将肥料直接配入基质中，以后只需浇灌清水，省时省力，但不利于营养的保存，并产生一定的营养消耗。二是可以通过定期追施营养液的方式解决，防止营养液消耗造成的养分缺乏。育苗营养液可根据具体作物种类确定，对常用配方如日本园试配方和山崎配方，使用标准浓度的1/3~1/2，也可使用育苗专用配方肥料。

蔬菜无土育苗的追肥常采用水溶性肥料按比例要求稀释，然后在浇水的过程中施入。幼苗出土前只浇水不浇肥，待幼苗出土后，应逐渐补充养分，施肥的次数通常为每10d 1次。随着幼苗的生长，肥料的浓度从50mg/kg逐渐增加到150mg/kg，在阴天弱光时尽量不施或少施。所用肥料最好选用可完全溶于水的含有微量元素的优质高效肥，如用0.5%磷酸二氢钾加1%尿素补施，防止幼苗脱肥。在实际生产中，一般的成品基质富含能够满足苗期菜苗对各种营养元素的需求，不需要追肥，确需追肥时可随浇水补充肥料1~2次。

3. 苗期温度

温度管理是培育高素质菜苗的重要环节。温度过低，菜苗生长缓慢或停止，容易形成僵苗，抗性差；温度过高，菜苗生长过快，容易造成徒长苗，细弱且抗性差；温度还影响幼苗花芽分化的早晚和速度。在苗期的不同阶段，应注意对温度的调控，从播种到出苗保持30℃的温度环境，以利于快速出苗；出苗率达80%以上时，昼温控制在25℃左右，夜温在12~15℃。以后根据苗情长势长相调节温度，一般昼温在20℃、夜温在12~15℃有利于培育出高素质菜苗。切忌因高温导致高脚苗的发生，影响菜苗商品价值。在苗床管理过程中，温度管理要掌握好出苗前高、分苗后高、出苗后低、分苗前低和定植前低的“两高三低”原则。常见蔬菜育苗适宜温度见表6-3。

表 6-3 常见蔬菜育苗适宜温度

蔬菜种类	适宜气温/℃		适宜地温/℃
	昼温	夜温	
番茄	20~25	12~16	20~23
茄子	23~28	16~20	23~25
辣椒	23~28	17~20	23~25
黄瓜	22~28	15~18	20~25
南瓜	23~30	18~20	20~25
西瓜	25~30	20~25	23~25
甜瓜	25~30	20~25	23~25
菜豆	18~26	13~18	18~23
白菜	15~22	8~15	15~18
甘蓝	15~22	8~15	15~18
草莓	15~22	8~15	15~18
莴苣	15~22	8~15	15~18
芹菜	15~22	8~15	15~18

注：本表数据来源于徐丽萍《基质穴盘无土育苗技术》。

4. 苗期光照

光照是影响菜苗光合作用的最重要的因素，在管理过程中，一定要注意采取措施满足蔬菜对光照的生长需求。苗期时，光照不足不利于培育壮苗，容易形成下胚轴细长的“高脚苗”及叶色偏黄的“黄化苗”等。光照过强，造成幼苗叶温过高、代谢过于旺盛，幼苗僵直、叶片变硬、老化早衰，有时甚至出现日灼的现象。

在低温季节育苗，为保持棚内温度，一般要在温棚顶加覆盖物，导致棚内蔬菜光照不足，需要采取措施增加光照。常采取的措施主要有：及时间苗或分苗、用日光灯延长光照时间或增加光照强度、阴天进行人工补光等。延长光照时间可以增加菜苗光合作用时间，从而增加菜苗的生长量，加速菜苗的生长发育，在实际管理过程中，可以根据需要进行补光。研究表明，12h 光照处理适合于大多数果菜类，强光下增施二氧化碳气肥作用显著，弱光下增施二氧化碳气肥能起到一定的补偿作用，光照过弱条件下施用二氧化碳气肥反而有害。提倡在冬季弱光季节的晴天增施二氧化碳气肥，补偿弱光对菜苗的不良影响。

5. 空气湿度

空气湿度对蔬菜育苗有一定的影响。空气湿度过大，幼苗的蒸腾作用减少，当空气湿度达到饱和时，蒸腾作用趋向停止，减少根系对养分的吸收，同时也易发生病虫害；空气湿度过低，幼苗的蒸腾强度过大，植株失水较多，易造成叶片萎蔫，从而影响光合作用及其他代谢过程。若棚内空气湿度较大，特别是夏季多雨季节，应及时通风降低空气湿度；反之，若棚内空气湿度较小，可在棚内喷雾提高空气湿度，让空气温度保持在 85%~90%。

6. 气体情况

对幼苗生长发育影响较大的气体主要是二氧化碳和氧气，保持相应通风即可满足育苗需要。

（1）二氧化碳　二氧化碳是蔬菜光合作用的原料，外界大气中的二氧化碳浓度日变化幅度较小；但在相对密闭的温室、大棚等育苗设施内，二氧化碳浓度变化远高于室外。一般日出前室内二氧化碳浓度最高，日出后随着植物光合作用的不断增强二氧化碳浓度迅速降低，甚至低于外界水平，呈现亏缺。冬春季节育苗，外界气温低，通风少或不通风，内部二氧化碳含量低，会限制幼苗光合作用和正常生育，可在苗期使用二氧化碳气肥来改善。有试验表明：冬季每天上午施用二氧化碳气肥 3h 可显著促进蔬菜幼苗的生长，降低植株体内水分含量，增加株高、茎粗、叶面积、鲜重和干重，有利于壮苗形成；且苗期施用二氧化碳气肥可提高前期产量和总产量。

（2）氧气　采用蔬菜无土基质育苗，基质中氧气含量对幼苗生长尤为重要。蔬菜幼苗吸收养分主要靠根系和叶片，其中大部分的养分靠根系吸收，氧气充足，幼苗根系才能生长良好，形成强大的根系；氧气不足会抑制根系的呼吸作用，易引起根系缺氧窒息，且影响根系对养分的吸收，影响幼苗生长。

三、苗期管理

1. 出苗期的管理

从播种到出苗期，基质内含有出苗所需的养分，只需提供适量的水即可。出苗期温度稍低，可减少呼吸作用对养分的消耗。为防止幼苗徒长，出苗质量差，出苗期适合采用变温管理，对喜温蔬菜一般将温度保持在 25~30℃，空气湿度保持在 85%以上。待 50%种子出苗后，应及时去掉苗床上的覆盖物，并根据基质干湿情况喷 1~2 次清水，以利于其余种子顺利出苗。如果外界气温高，出苗后为防止菜苗徒长，应及时降低温度。夜间根据情况，可打开温室门通风降温，也可开启喷灌系统喷水降温，将夜间温度控制在 20℃以下。

2. 幼苗期的管理

全部出苗后，让菜苗充分接受光照，但要控制温度，整个育苗期的温度要比熟土育苗的温度低 2~3℃。子叶展平后开始供营养液，供液时以保持基质湿润为宜，一般每周供液 2 次。另外，在移植前要先喷洒营养液，使育苗畦或盘中的基质充分湿润，并稳定 pH。

出苗后 7d 开始适当降温，并揭去不透明覆盖物，使菜苗充分见光，防止菜苗徒长。苗床不宜过湿，以防猝倒病发生。从真叶露心至定植前，白天给予充足的光照，白天温度保持在 22~28℃，夜间温度控制在 14~18℃，以促进菜苗生长。当菜苗出现第 2 片真叶时，适当降低夜间温度至 12~14℃，以促进花芽分化，防止菜苗徒长，用 30mg/kg 矮壮素处理喷施，以利于壮苗。

若用穴盘育苗且每穴播多粒种子的，在出苗后心叶全部展开时，根据不同品种，每穴留 1~2 株，多余的菜苗应及时间除，去弱留强，以利于菜苗个体生长发育。

3. 分苗管理

分苗是将菜苗从播种设施内移栽到分苗床中，即菜苗移植。分苗可以改善菜苗光照条件，加强光合作用，增加营养面积，促进根系生长发育，但要掌握好分苗的正确时期。分苗的适宜时期一般是在 1~4 叶期，如果分苗过早，菜苗的茎细嫩，不易移植且容易受到伤害，影响分苗后的成活率；如果分苗过晚，菜苗偏大，起苗时根系受伤严重，移栽后缓苗慢且枯叶多，也会影响分苗后的成活率。蔬菜分苗的次数也不宜过多，一般只分苗 1 次，最多分 2 次。由于分苗时会伤害菜苗根系，分苗后需一定的还苗时间，分苗次数越多，需要的还苗时间就越长，不仅会延长育苗期，还会因根系发育不良，影响菜苗的生长势。此外，若蔬菜分苗次数过多，还会降低花芽的分化质量，降低早期产量。不同蔬菜品种的生育特点不同，具体的分苗时间存在差异。一般果菜类的分苗要求比较严格，必须在花芽开始分化前进行分苗，避免影响花芽分化。叶菜类蔬菜因为苗期大多不进行花芽分化，对分苗时期的适宜时间要求相对宽一些。当菜苗达到移栽标准时即可进行移栽，并浇透水促进还苗。

分苗前要进行炼苗，加大通风量，白天温度保持在 20℃左右，夜间温度保持在10~12℃。分苗宜在晴天的上午或傍晚进行，以利于还苗和促根生长。用小竹签在预先装好基质的育苗钵中间扎一个小孔，然后选一株健壮菜苗移入，盖上基质再浇营养液。分苗后适当提高床温并注意夜间保温，保持湿度，白天温度保持在 25℃左右，夜间温度保持在 15℃以上，经过 5~6d 即可还苗。

4. 成苗期的管理

从菜苗出现第 3 片真叶至定植前为成苗期。在保持营养液供给的基础上，此间应让菜苗充分接受光照并严格保持温度。喜温蔬菜白天温度要保持在 22~28℃，夜间温度保持在 14~16℃。同时，还要注意调节温度和湿度，以加强炼苗。果菜类蔬菜如果床温达 20~30℃时，可加大通风排湿并进行炼苗。

四、常见问题及措施

蔬菜种子能否出苗取决于种子的质量和氧气，出苗时间的早晚取决于温度，出苗的整齐度取决于水分，菜苗壮弱取决于营养。蔬菜无土栽培育苗中，常常出现一些问题，给生产带来损失。常见的问题有出苗迟滞、出苗不齐、戴帽出土、徒长苗、老化苗、烧根苗和猝倒苗，其表现症状、产生原因和预防措施各有不同，均需依据具体情况对症解决。

1. 出苗迟滞

【表现症状】蔬菜播种后出苗期延长、出苗受阻或长期不出苗。

【产生原因】水、温、气、氧“四素”失调。一是种子发芽率低或种子带有病菌；二是苗床温度长期过低、湿度大造成种子腐烂不出苗；三是苗床水分过低或过高；四是使用了陈年基质，浇水后基质成团，使种子在萌发过程中缺氧。

【预防措施】选择发芽率高的种子，并注意种子的有效期；播种前对种子进行发芽试验，并对种子进行消毒；保持合适的温度和湿度，基质含水量不能太高也不能太低；杜绝使用陈年基质育苗。

2. 出苗不齐

【表现症状】出苗时间早晚不一，多寡各异，烂种烂芽。

【产生原因】一是所选种子的成熟度不一致；二是播种不均匀和管理不善，如苗床湿度不一致、表层覆土厚度不一致等。

【预防措施】选择发芽率高的种子，新陈种子不混播，不同批次的种子也尽量不混播；播种均匀，覆土一致；播种后加强管理，使苗床基质含水量一致。

3. 戴帽出土

【表现症状】幼苗出土后，种皮不脱落，子叶被种皮包裹着，不能自由展开，影响子叶的生长及心叶的抽出，幼苗光合作用受阻，致使幼苗营养不良，生长缓慢，即“戴帽”。

【产生原因】一是基质覆盖过浅，种子出苗时压力不足，种皮不能脱落；二是种子成熟

不够；三是穴盘中水分不足，没有足够的水分供给种皮吸收，导致种皮干硬，包裹着种子子叶出土。

【预防措施】 精选成熟良种；播前注意基质含水量，播后穴盘中的种子必须覆盖1cm厚的基质，并用平板轻压穴盘表面，从播种到出苗注意苗床的保温保湿；出现“戴帽”苗必须及时覆盖基质并在早晨或下午用喷壶补水，使种皮湿润后自行脱落。

4. 徒长苗

【表现症状】 蔬菜幼苗叶片薄且颜色较浅，茎细而株高，节间长。有的子叶以下纤细瘦弱，子叶以上粗壮正常，称为高脚苗；有的子叶以下发育正常，而子叶到真叶间细长纤弱，称为高脖苗。组织柔嫩，根系不发达，定植后缓苗慢，花芽分化晚且不正常，花芽数量少，成活率低，花瓣为深黄色，花大且不正常，以后产生畸形果，同一花序内的各朵花的开花时间较长，不能形成早熟高产。

【产生原因】 一是播种密度大，出苗后没有及时间苗或分苗，出现一穴多苗；二是光照不足、夜间温度过高及氮肥和水分过多；三是长期高温高湿的环境造成幼苗相对生长速率较大。发生徒长的另一个原因是定植前15~20d，外界气温转暖，幼苗生长速度快，叶片互相遮阴，如果温度控制不好，很容易使幼苗徒长。

【预防措施】 控制幼苗在子叶期不能长时间处在高温高湿环境中，出苗后及时降低夜间温度；要精量播种，穴盘每穴点播1粒种子，出苗后及时间苗并分苗，确保每穴留1棵幼苗；幼苗出齐后控制温度，喜温果菜类的夜间气温控制在10~15℃，白天气温维持在5~26℃；可在营养液或基质中添加低浓度的矮壮素。

5. 老化苗

【表现症状】 幼苗出土后，茎叶生长缓慢，茎细而硬，株矮节断；叶片肥厚、颜色暗绿；根系呈黄褐色且衰弱，不易发新根；花芽分化不正常，容易落花落果；幼苗定植后还苗慢。

【产生原因】 基质温度达不到幼苗生长的适温标准，根系发育迟缓，吸收养分能力弱，导致地上部茎叶生长缓慢；施药防病时剂量过大，造成幼苗出现生理性病害而停止生长；蹲苗时间过长或施用矮壮素的浓度过大；基质中水分过多，根系通气不畅，根系吸收能力下降，烂根。

【预防措施】 改“控”苗为“促”苗，给幼苗适宜的温度和水分条件，促进幼苗迅速生长；适当蹲苗，严格控制农药使用浓度；基质中的水分要干湿适中，防止水分过多而导致缺氧烂根，提高根系活力，保持幼苗植株健壮；及时喷洒10~30mg/kg赤霉素，1周后能长出新枝，在喷药的同时改善幼苗的生长条件，使其恢复正常生长。

6. 烧根苗

【表现症状】 幼苗根尖发黄，不发或很少发出侧根，侧根少而短，幼苗拔出后根系不见腐烂。茎叶生长缓慢，矮小脆硬，容易形成小老苗，叶色暗绿，无光泽，顶叶皱缩。

【产生原因】 产生烧根的主要原因是基质中盐基离子浓度过高致使菜苗根系生理失水。营养液的浓度过高，或者配制的营养液浓度并不高，但在连续喷浇过程中盐分在基质中逐渐积累而产生危害；配制营养液时铵态氮的比例较大（超过营养液总氮量的30%）也易引起烧根现象。采用未腐熟的有机肥配制基质也容易出现这种生理障碍。

【预防措施】 用规范的营养液配方，不随便改变营养液的组成与浓度，不能随意更换配制营养液所用的化肥种类，更不可用铵态氮肥代替硝态氮或尿素态氮肥；在育苗过程中，应浇 2~3 次营养液后浇 1 次清水，避免基质内盐分浓度过高。

7. 猝倒苗

【表现症状】 蔬菜无土栽培育苗中发生的猝倒是由病原真菌侵染后引起的一种病状表现。多发生在早春苗床或育苗盘上，常见的症状有烂种、猝倒死苗。烂种是蔬菜种子播种后，在尚未萌发或刚发芽时就遭受病菌侵染而死亡。猝倒是幼苗出土后，真叶尚未展开前，遭受病原真菌侵染，致使幼茎基部发生水渍状暗斑，继而绕茎扩展，逐渐缢缩呈细线状，子叶未及凋萎幼苗即倒伏。

【产生原因】 当苗床温度低，幼苗生长缓慢，再遇高湿，有致病病原真菌侵染，特别是在局部有滴水时，很易发生猝倒。尤其是苗期遇有连续阴雨雾天，光照不足，幼苗生长衰弱时发病重。光照不足，播种过密，幼苗徒长往往也发病较重。浇水后积水处或薄膜滴水处，最易发病并成为发病中心。

【预防措施】 用 2.5%咯菌腈悬浮种衣剂拌种；播种后及时喷洒 72.2%霜霉威水剂 800 倍液；出苗后若有零星发病应及时喷药防治。防治立枯病和猝倒病可选用 50%多菌灵可湿性粉剂、30%多菌灵 · 福美双可湿性粉剂等药剂，于床面洒施或进行喷雾防治，每隔 7~10d 用药防治 1 次。

五、蔬菜育苗实例

1. 设施准备

采用热浸镀锌钢管作为主体承力结构，用较厚的白色透明塑料布封顶做成塑料温室，并在温室外的围护结构及屋顶空间设置必要的支撑。在塑料温室内，南北方向上用砖和水泥砌成深约 50cm 育苗畦，长度根据塑料温室而定，宽 1~1.5m、高 10~12cm，内衬塑料薄膜。塑料温室内配备调控系统设施，包括供水系统、温度控制系统、辅助照明系统及湿度控制系统，调控系统应能够控制苗床的每个角落。

2. 基质准备

用煤渣和茹渣按 1∶1 的比例混匀后，再每立方米基质中加入 65%代森锌 20~25g、70%五氯硝基苯 20~25g，充分混匀，以待播种。

3. 苗床消毒

播种育苗前，用 1%福尔马林和 0.3~1%次氯酸钙或次氯酸钠等进行消毒，消毒后让药剂停留 24h，然后用清水清洗 3~4 次。

4. 盛装基质

对准备好的基质洒水，使其充分湿润，以手捏为团、放手即松为宜。再把基质装入育苗设施内，要求填充量足且均匀，以利于种子发芽和幼苗生长。若用穴盘育苗，填装基质时，用一块小木块将基质刮平再振动一下，上用一个空穴盘向下对齐，均匀用力压下，使得穴盘中的基质被压实而且每个穴室中央有一个深孔，用作播种的位置。

5. 种子处理及催芽

（1）种子处理 若采用包衣种子，可进行直播育苗。若种子没有包衣，则将选好的蔬菜种子放入 55℃的恒温水中（或依据种子调节适温）并迅速搅动，浸种 3~4h，浸泡期间揉搓冲洗 1~2 次，将种子浸泡洗净后，进入下一流程，催芽待播。

（2）种子催芽　把浸泡洗好的种子上的水分晾干后摊在准备好的湿润纱布上，厚约1cm，然后用地膜包严并置于28~30℃恒温箱里，前边2d每天用清水冲洗1~2次，彻底清除种子在发芽过程中产生的有害物质。待胚芽长0.5cm时即可点播。

6. 播种

根据种子的大小分别采取撒播和点播。小粒种子用撒播法，大粒种子用点播法。在此选用穴盘点播法，并在点播后酌情覆盖基质，以不见种子为宜，并覆盖无纺布或遮阳网等材料以减少蒸发。覆盖后浇水，浇匀浇透，以基质表面不积水为宜。

7. 苗床管理

（1）出苗期

1）时期划分。从播种到50%种子的子叶伸出基质并展开的这段时间为蔬菜出苗期。

2）生育特点。此期以蔬菜种子的胚根、胚轴生长和子叶伸展为主，蔬菜种子的生理生化反应剧烈，营养代谢为自养型，对温度、水分和氧气的依赖性较大。

3）主攻目标。此期以“促”为主，确保出苗。应创造适宜种子发芽和出苗的环境条件，创造适宜的温度、湿度和疏松度以满足蔬菜种子出苗的环境条件。促使蔬菜种子早出苗、多出苗和齐出苗。

4）技术措施。育苗设施内温度保持在25~30℃，空气湿度保持在85%以上。待50%种子出苗后，逐渐揭减覆盖物，适时浇水，以利于种子顺利出苗。如果外界气温高，需及时通风、降温、增氧。

（2）幼苗期

1）时期划分。种子全部出苗至第一片真叶完全形成的这段时间为蔬菜幼苗期。

2）生育特点。此期以菜苗根系的分生伸长和真叶发育形成为主，根系对水分吸收逐渐增加，营养生长从自养型向异养型逐步转化并两种方式共存，易形成弱苗。

3）主攻目标。此期以“促”为主，确保生根和长真叶，增加光合产物，适时炼苗，防止高脚苗和弱苗发生。

4）技术措施。使菜苗充分接受光照，控制温度，在子叶展平后开始供营养液，供液时以保持基质湿润为宜，每周供液2次。出苗后7d适时降温，揭去覆盖物，保证菜苗充分获得光照，但要防止日灼。从真叶露心至定植前，白天给予充足的光照，温度保持在22~28℃，夜间温度降低至14~18℃。当菜苗出现第1片真叶时，把配制好的基质堆于菜苗根茎处，然后用20mg/kg矮壮素及时喷施，之后开始用0.3%磷酸二氢钾进行叶面喷施，各次间隔3~4d。当菜苗出现第2片真叶时，适当降低夜间温度至12~14℃。

（3）小苗期

1）时期划分。从菜苗第1片真叶完全形成至第2~3片真叶展开这段时间为蔬菜小苗期。

2）生育特点。此期根系和叶的生长加速，叶面扩展增大，光合作用增强，营养代谢为自养，易形成徒长苗。

3）主攻目标。此期以“促”为主，培育健壮菜苗，形成良好的根系，提高抗病抗虫能力。

4）技术措施。保持营养液合理供给，让菜苗充分接受光照，严格控制温度。白天温度要保持在22~28℃，夜间温度保持在14~16℃。如果苗床温度达到20~30℃时，可加大通风量，继续炼苗。

（4）成苗期

1）时期划分。从菜苗第3片真叶完全展开至定植前的这段时间为成苗期。

2）生育特点。此期菜苗具备完整的根系，叶片抽出数目较多并快速扩展，根与茎的木质化明显，营养代谢旺盛，对营养和水分的消耗量较大，易形成老苗。

3）主攻目标。此期以“控”为主，防治蔬菜苗徒长或老化，保持根系活力，控制叶的生长，确保形成健壮成苗。

4）技术措施。适时分苗与炼苗，调控温度及水分，控制养分供给并掐叶露秆，及时移栽和防治病虫危害。

第七章　蔬菜无土栽培专项技术

本章重点阐述叶菜类、果菜类、根茎类、药食同源类、食用菌类蔬菜等不同蔬菜类型的无土栽培技术及生产技术方案示例。

第一节　叶菜类水培技术

叶菜类的叶绿素、纤维素、维生素和矿质等营养元素含量丰富，能量物质含量较少，是优质食物来源。叶菜类多为速生型蔬菜，生产周期短“常种常收”，能较好地实现“短、平、快”的生产目的，但有的品种不耐长距离运输，贮藏期和货架期较短。

一、小白菜深液流栽培

小白菜是十字花科芸薹属一年生草本植物。小白菜的根系为浅根系，侧根发达；植株较矮小，叶片基生，叶呈浅绿至墨绿色，叶片光滑或褶皱，少数有茸毛；叶柄肥厚，呈白色或绿色。小白菜不结球。

1. 对环境条件的要求

（1）温度　小白菜喜欢冷凉环境条件，又有一定的耐寒和耐热能力。发芽适宜温度为20~25℃，生长适宜温度为18~20℃，气温超过25℃，小白菜的品质和口感变差。在2~10℃，经过15~30d完成春化阶段。小白菜通过春化后就会抽薹开花，开花后叶片失去可食性。

（2）光照　小白菜喜欢阳光充足的环境。长期处于光照不足环境中，会引起徒长，降低产量和品质。

（3）水分　小白菜根系分布较浅，所以需要较高的基质湿度和空气湿度。

（4）pH　小白菜喜欢微酸性环境，适宜的pH为5.6~6.2。

（5）养分　小白菜主要采收茎叶，生长期需求氮肥较多，需求磷肥较少。

2. 品种选择

小白菜的品种比较多，大部分品种均可以水培，比如普通白菜品种、乌塌菜及国外引进的京水菜均适宜水培。若冬春季节生产，如果设施保温性能不好，小白菜容易经过春化发生抽薹现象，因此要选择冬性强、抽薹迟、耐寒的品种。常用的栽培品种有京绿7号、春油一号、春油二号、京冠、沈农青梗菜1号等。

3. 栽培技术

（1）育苗 种子在20~30℃的温水中浸泡2~3h，捞出冲洗后将种子放在20~25℃的环境中催芽。出芽后将其播种在岩棉育苗盘或岩棉育苗块上，前者撒播，后者在每一个育苗块（2.5cm×2.5cm）上播2~3粒种子。播种后保持基质湿润，温度控制在20~25℃。如果采用育苗盘播种，需要进行一次移栽。移栽时间在幼苗子叶展开后，移栽时将幼苗连同根部基质一起移至育苗块上。小白菜幼苗长出第一片真叶后，开始施肥，施肥时浇施1/2标准液浓度的营养液。

（2）定植 小白菜在定植前按深液流无土栽培技术要求安装水培设备。设备使用前需要全面消毒。待幼苗长至2~3片真叶时，将其定植到栽培床的定植穴内，用岩棉或软泡沫块固定。

（3）定植后管理

1）营养液管理。①营养液配方。小白菜水培时的营养液配方可以使用日本园试配方、马太和绿叶菜通用配方。其中以马太和绿叶菜通用配方（包含的微量元素配方为通用配方）效果最好（表7-1）。②营养液管理。定植后每天循环供液6次。营养液的电导率控制在1.4~2.2mS/cm，pH控制在5.6~6.2。供应的营养液浓度要随着植株的生长逐渐增高，由最初1/2标准浓度营养液到2/3标准浓度营养液再逐步达到标准浓度营养液。

表7-1 马太和绿叶菜通用配方

营养成分		用量/(mg/L)
大量元素	硝酸钙［$Ca(NO_3)_2 \cdot 4H_2O$］	1260
	硫酸铵［$(NH_4)_2SO_4$］	237
	硫酸镁（$MgSO_4 \cdot 7H_2O$）	537
	磷酸二氢钾（KH_2PO_4）	350
	硫酸钾（K_2SO_4）	259
微量元素	乙二胺四乙酸钠铁（EDTA-NaFe）	25
	硫酸锰（$MnSO_4 \cdot 4H_2O$）	2.13
	硼酸（H_3BO_3）	2.86
	硫酸锌（$ZnSO_4 \cdot 7H_2O$）	0.22
	硫酸铜（$CuSO_4 \cdot 5H_2O$）	0.08
	钼酸铵［$(NH_4)_6Mo_7O_{24} \cdot 4H_2O$］	0.02

2）环境管理。小白菜栽培期间，温室内白天气温控制在20~25℃，夜间气温控制在10~15℃，气温高于25℃时要及时通风降温，避免温度过高影响小白菜品质；气温低于10℃时要及时加温，防止小白菜通过春化抽薹开花。营养液温度要控制在14~16℃并保持充足的光照。

4. 采收

定植30~35d、植株达到8~9片叶时采收。采收时直接把小白菜从定植孔中拔出，立即削根，剥掉老叶，捆扎后即可上市。

二、韭菜深液流栽培

韭菜是百合科葱属多年生草本蔬菜，在我国广泛栽培。韭菜全株具特殊气味。地下根状茎横卧，鳞茎呈狭圆锥形，簇生；叶呈条形、基生、扁平；伞形花序顶生。

1. 对环境条件的要求

（1）温度　韭菜喜欢冷凉环境条件，耐低温但不耐高温。种子发芽温度为15~18℃，生长适温为12~24℃。根茎能耐-40℃低温，全株在-6℃不会被冻死。

（2）光照　韭菜喜欢中等光照强度条件，在中等光照条件下生长良好，如果光照过强，叶肉纤维增多，口感变差；光照过弱则叶片变小、发黄、产量降低。

（3）水分　韭菜喜湿，但也有一定的耐干旱能力，要求有较高的基质湿度，适宜的基质湿度为80%~95%；要求有较低的空气湿度，适宜的空气湿度为60%~70%。

（4）pH　适宜韭菜生长的pH为5.5~6.5的微酸性环境。

（5）养分　韭菜需肥量大，耐肥能力强。以茎叶作为采收对象，对氮肥的需求量最大。

2. 品种选择

韭菜营养液栽培主要选择雪韭791、汉中冬韭、海华1号等品种，这些品种产量高、容易管理、经济价值大、总体效益好。

3. 栽培技术

（1）育苗　目前，韭菜育苗普遍采用苗床育苗，苗床基质可以采用蛭石、砂粒、蛭石与泥炭等比例混合物。在育苗过程中，重点应做好浸种和播种两个环节的工作。

1）浸种。播种前4~5d，用20~30℃的水浸泡种子24h，捞出晾干表面水分，用湿布包好，置于15~20℃环境中催芽。催芽期间每天用清水淘洗1次种子，待露白后就可以播种。

2）播种。韭菜苗床播种一般采用条播的方法。播种前1d将苗床浇透水。播种时先用工具在苗床上开深1~2cm的小沟，然后将种子撒入播种沟内，覆盖蛭石。

3）出苗前。保持基质湿润，基质含水量为75%~85%，温度保持在15~18℃。

4）出苗后。温度控制在12~24℃；浇水要让基质见干见湿，空气湿度控制在40%~60%；第一片真叶展开后，开始追肥，浇施1/2标准浓度的营养液。

（2）定植　定植前按深液流无土栽培技术要求安装水培设备。设备使用前需要全面消毒。定植前1d在种植槽内放入韭菜标准营养液，营养液深度为15cm；在定植板上按株行距为10cm×10cm开孔，每个孔安放一个定植杯。定植时先从苗床中取出的菜苗，剪除部分过长根系，仅留2~3cm，随后放到清水中清洗去除残余的基质。剪掉距根部向上2cm高度以上的绿叶，最后把韭菜苗10株为一撮放入定植杯内，用小陶粒固定，固定好后把定植杯插入定植孔中。

（3）定植后管理

1）营养液管理。①营养液配方，水培韭菜可选用华南农业大学叶菜类配方（表7-2）、1/2Hoagland配方（表7-3）、Snyder配方。华南农业大学叶菜类配方在水培韭菜产量和品质上高于1/2Hoagland配方和Snyder配方；而使用1/2Hoagland配方和Snyder配方水培的韭菜，其亚硝酸盐和硝酸盐含量低于使用华南农业大学叶菜类配方，且叶绿素和可溶性糖含量高。②营养液管理原则是，韭菜定植后营养液每天循环6次，营养液浓度根据植株的生长逐步提高。在苗期浓度控制在1.8~2.0mS/cm，待进入旺盛生长期后调整为2.0~2.4mS/cm，采收前5d，将浓度降低到1.6~1.8mS/cm。营养液pH维持在5.5~6.8。定期测定营养液的电导率、pH，根据要求对浓度进行调整。

表 7-2　华南农业大学叶菜类配方（微量元素配方为通用配方）

营养成分		用量/(mg/L)
大量元素	硝酸钙［$Ca(NO_3)_2 \cdot 4H_2O$］	472
	硝酸钾（KNO_3）	267
	硫酸镁（$MgSO_4 \cdot 7H_2O$）	264
	磷酸二氢钾（KH_2PO_4）	100
	硫酸钾（K_2SO_4）	116
	硝酸铵（NH_4NO_3）	53
微量元素	乙二胺四乙酸钠铁（EDTA-NaFe）	40
	硫酸锰（$MnSO_4 \cdot 4H_2O$）	2.13
	硼酸（H_3BO_3）	2.86
	硫酸锌（$ZnSO_4 \cdot 7H_2O$）	0.22
	硫酸铜（$CuSO_4 \cdot 5H_2O$）	0.08
	钼酸铵［$(NH_4)_6Mo_7O_{24} \cdot 4H_2O$］	0.02

表 7-3　Hoagland 配方（微量元素配方为通用配方）

营养成分		用量/(mg/L)	备注
大量元素	硝酸钙［$Ca(NO_3)_2 \cdot 4H_2O$］	945	使用 1/2 剂量
	硝酸钾（KNO_3）	607	
	硫酸镁（$MgSO_4 \cdot 7H_2O$）	493	
	磷酸二氢铵（$NH_4H_2PO_4$）	115	
微量元素	乙二胺四乙酸钠铁（EDTA-NaFe）	40	
	硫酸锰（$MnSO_4 \cdot 4H_2O$）	2.13	
	硼酸（H_3BO_3）	2.86	
	硫酸锌（$ZnSO_4 \cdot 7H_2O$）	0.22	
	硫酸铜（$CuSO_4 \cdot 5H_2O$）	0.08	
	钼酸铵［$(NH_4)_6Mo_7O_{24} \cdot 4H_2O$］	0.02	

2）环境管理。韭菜水培期间温室内白天温度为 20~25℃，夜间温度为 10~13℃，空气湿度维持在 50%~65%。温度或湿度过高时要及时通风。温室内光照度维持在 29000~48000lx，夏季光照过强时及时遮阴，冬季光照不足时补光。

4. 采收

韭菜定植后 90~120d 开始采收，采收时把韭菜叶片割下，要留 2~3cm 的断茬。以后每隔 30d 左右采收 1 次，要注意控制采收的间隔大于或等于 28d，否则会越割越细。

三、生菜深液流栽培

生菜别名叶用莴苣，为菊科菊属二年生草本植物，原产于地中海沿岸，在中国已广泛栽培。生菜的根系为浅须根系，茎直立短缩；叶互生于短缩茎上，没有叶柄，倒披针形、椭圆形或椭圆状倒披针形叶，全缘或具波状缘；头状花序，花冠呈黄色。

1. 对环境条件的要求

（1）温度 生菜喜欢冷凉环境条件，有一定耐寒能力，不耐高温。种子在 4℃时即可发芽，发芽适宜温度为 11~18℃，高于 30℃时几乎不发芽；生长适宜温度为 15~20℃；温度过高，生菜生长缓慢、品质差。

（2）光照 生菜喜欢充足的阳光，阳光充足则生长健壮，叶片肥厚；生菜是长日照植物，在春季和夏季长日照情况下抽薹开花；生菜种子喜光，在发芽时需要有光，散射光能促进种子发芽。

（3）水分 生菜栽培时要保持基质湿润，尤其是在产品器官形成期。生菜缺水时，植株个体较小，叶片味道发苦；水分过多，容易发生茎叶开裂。

（4）pH 生菜喜欢微酸性环境，适宜的 pH 为 6.0~6.3。

（5）养分 生菜的主要采收对象为茎叶，其生长期对氮肥需求较多，对磷肥需求较少。

2. 品种选择

水培时，多选用凯撒、大湖 3 优、爽脆和大湖 659 等散叶型生菜品种，这些品种具有早熟、耐热、抽薹晚、适应性强等特点。

3. 栽培技术

（1）育苗 生菜水培育苗主要使用海绵块育苗或岩棉块育苗。

1）浸种催芽。播种前将生菜种子放入 20℃左右冷水浸泡 4~6h，然后将种子捞出搓洗干净，置于 15~18℃环境中保湿催芽。催芽过程中每天用清水冲洗 2 次，2~3d 后种子露白即可播种。

2）播种。生菜种子发芽时需要光。播种时，先往育苗盘中加水至海绵块表面浸透，然后将种子用手直接抹于海绵块或岩棉块表面即可，每块上抹 2~3 粒。

3）苗期管理。由于种子播在海绵块或岩棉块的表面，容易失水，因此播种后保持种子表面湿润非常重要，育苗期间每天用喷壶喷雾 1~2 次，必要时盖遮阳网和薄膜。出苗期间温度保持在 15~20℃。待第 1 片真叶生长时开始追肥，追肥时向海绵块上浇施 1/3~1/2 标准浓度的营养液。真叶顶心后间苗，每块海绵块上只留 1 株。

（2）定植 播种后 15~30d、幼苗具有 4~5 片真叶时为定植的适宜时间。定植前按深液流无土栽培技术要求安装水培设备。将配好的营养液注入栽培床后再进行定植，定植时将幼苗带着海绵块放入定植杯，将定植杯插入定植板上的定植孔内，株行距为 20cm×20cm。

（3）定植后管理

1）营养液管理。①营养液配方，生菜水培可以使用日本山崎叶用莴苣配方（表 7-4）或用北京农业智能装备技术研究中心配方（表 7-5）。②营养液管理原则是，定植后营养液每天循环 4~5 次。定植 1 周内，营养液的浓度为 1/2 标准液浓度；定植 1 周后，营养液浓度调为2/3标准浓度；生长后期则用标准浓度营养液。电导率控制在1.4~1.7mS/cm，pH控制在6.0~6.3。收获前7d停止供应营养液，仅供应清水，以减少生菜中的硝酸盐和亚硝酸盐。营养液温度控制在15~18℃为宜。

表7-4 日本山崎叶用莴苣配方（微量元素配方为通用配方）

营养成分		用量/(mg/L)
大量元素	硝酸钙［$Ca(NO_3)_2 \cdot 4H_2O$］	236
	硝酸钾（KNO_3）	404
	硫酸镁（$MgSO_4 \cdot 7H_2O$）	123
	磷酸二氢铵（$NH_4H_2PO_4$）	57
微量元素	乙二胺四乙酸钠铁（EDTA-NaFe）	40
	硫酸锰（$MnSO_4 \cdot 4H_2O$）	2.13
	硼酸（H_3BO_3）	2.86
	硫酸锌（$ZnSO_4 \cdot 7H_2O$）	0.22
	硫酸铜（$CuSO_4 \cdot 5H_2O$）	0.08
	钼酸铵［$(NH_4)_6Mo_7O_{24} \cdot 4H_2O$］	0.02

表7-5 北京农业智能装备技术研究中心配方

营养成分		用量/(mg/L)
大量元素	硝酸钙［$Ca(NO_3)_2 \cdot 4H_2O$］	120
	硝酸钾（KNO_3）	67
	硫酸镁（$MgSO_4 \cdot 7H_2O$）	125
	磷酸二氢铵（$NH_4H_2PO_4$）	67
微量元素	乙二胺四乙酸钠铁（EDTA-NaFe）	22
	硫酸锰（$MnSO_4 \cdot 4H_2O$）	0.6
	硼酸（H_3BO_3）	0.6
	硫酸锌（$ZnSO_4 \cdot 7H_2O$）	0.055
	硫酸铜（$CuSO_4 \cdot 5H_2O$）	0.0025
	钼酸铵［$(NH_4)_6Mo_7O_{24} \cdot 4H_2O$］	0.012

2）设施内环境管理。温室内温度控制在白天18~20℃，夜间10~12℃。在夏季高温、长日照条件下，生菜容易抽薹开花，要及时遮阴降温。

4. 采收

定植后40~70d，植株有20片左右真叶，单株重150g左右，即达到采收标准。

四、蕹菜深水浮板栽培

蕹菜又名空心菜、通心菜、无心菜等，是旋花科甘薯属蔓生植物。根系为须根系，再生能力强。茎呈绿色或浅紫色，圆形中空，为柔软蔓生茎。叶互生，呈披针形、长卵圆形或心脏形；叶表面光滑，全缘。蕹菜的食用部位是绿叶和嫩茎。

1. 对环境条件的要求

（1）温度　蕹菜喜欢高温高湿环境，种子萌发需要温度在15℃以上，发芽最适宜的温度是20~25℃；茎叶生长适温为25~30℃，蕹菜不耐寒，15℃以下茎叶生长缓慢，10℃以下茎叶生长停止，茎叶遇霜即枯死；蕹菜耐热能力强，能耐35~40℃的高温。

（2）光照　蕹菜喜欢光照充足的环境条件；蕹菜是短日照植物，短日照条件能促进其开花结实。

（3）水分　蕹菜不耐旱，喜欢高湿环境，生长过程中要求较高的空气湿度及湿润的基质，如果环境过干，茎叶中的纤维会增多，口感差，大大降低产量及品质。

（4）pH　蕹菜喜酸而不耐碱，适宜生长的pH为3.0~6.5，过低或过高均会出现不适症，尤其是pH过高时，蕹菜易出现缺铁症。

（5）养分　蕹菜需肥量大，耐肥能力强，茎叶的生物量大且生长迅速，对氮肥的需要量特别大。

2. 品种选择

蕹菜按生长习性可以分为旱蕹和水蕹，水培需要选用水蕹。种植时要选择优质品种，如泰国空心菜、青梗柳叶空心菜、油骨柳叶空心菜等。

3. 栽培技术

（1）播种与扦插　蕹菜按照能不能结籽，分成子蕹和藤蕹两种。子蕹用播种方法繁殖，藤蕹用扦插法繁殖。

1）播种育苗。蕹菜种子种皮较厚，浸种时先用50~60℃热水浸种30min，边泡边搅拌，等水凉以后，再用凉水浸泡24h。浸种后捞出来冲洗干净，放在25℃条件下保湿催芽。催芽期间，每天用温水冲洗1次，5~7d后种子露白即可播种。播种时用72孔或128孔的穴盘，基质用育苗专用基质，也可以将泥炭、蛭石、珍珠岩按5∶3∶2比例混合。每穴播种2粒或多粒，播后浇透水，保持育苗室温度在25~25℃。20~30d后待苗长到5~7cm时就可定植。

2）扦插育苗。蕹菜也可以扦插繁殖，扦插基质用泥炭、蛭石、珍珠岩按5∶3∶2比例混合后铺设成扦插床，扦插时将蕹菜枝条剪成有2~3个节的插穗，插穗斜插或直插入基质，扦插深度为插穗长度的1/2~2/3。扦插后保持基质湿润，育苗室温度为20~30℃. 插穗生根后即可定植。

（2）定植　定植前按深液流无土栽培技术要求，安装水培设施设备并消毒。定植时将苗从苗床或穴盘中取出，用水冲洗干净根部基质，然后用岩棉或海绵把植株固定在定植板上的定植孔中，株行距为12cm×8cm。定植后把定植板放入营养液池中，让根部没入水中。

（3）定植后管理

1）营养液管理。①营养液配方，生菜水培可以使用荷兰温室作物研究所岩棉培滴灌配方（表7-6）。②营养液管理比较简单，原则是保持营养液池中的营养液的电导率在1.5~1.8mS/cm，pH在6.5左右。在生产过程中，因为蕹菜生长需要吸收营养物质，会使营养液的浓度降低，营养液也会因蒸发和植物吸收导致水位下降，要及时检测营养液的电导率和pH。当电导率低于1.5mS/cm和pH发生变化时要及时调配、补充营养液。

表 7-6　荷兰温室作物研究所岩棉培滴灌配方

营养成分		用量/(mg/L)
大量元素	硝酸钙 [$Ca(NO_3)_2 \cdot 4H_2O$]	886
	硝酸钾 (KNO_3)	303
	硫酸镁 ($MgSO_4 \cdot 7H_2O$)	247
	磷酸二氢钾 (KH_2PO_4)	204
	硫酸铵 [$(NH_4)_2SO_4$]	33
	硫酸钾 (K_2SO_4)	218
微量元素	乙二胺四乙酸钠铁 (EDTA-NaFe)	15
	硫酸锰 ($MnSO_4 \cdot 4H_2O$)	1.78
	硼酸 (H_3BO_3)	2.43
	硫酸锌 ($ZnSO_4 \cdot 7H_2O$)	0.28
	硫酸铜 ($CuSO_4 \cdot 5H_2O$)	0.12
	钼酸铵 [$(NH_4)_6Mo_7O_{24} \cdot 4H_2O$]	0.13

2）环境管理。蕹菜生产时要保证温室内温度在 25~35℃。冬季生产时温度如果低于 10℃，要及时加温，防止冻害；夏季生产要避免温室内温度高于 40℃，高温高湿时要及时通风降温。

4. 采收

蕹菜从定植到采收需要 30d 左右，植株长到 30cm 左右就可以采收。采收时从茎基部留 2~3 节后把嫩茎剪下。因为蕹菜有较强的分生能力，留下根茎会继续生长，长出新的茎叶，所以蕹菜一次定植可以采收 3~5 次。

五、西芹深液流栽培

西芹是伞形科芹属二年生草本植物，原产于地中海沿岸及瑞典等沼泽地带。西芹根系浅，吸收能力弱。茎短缩，叶着生于短缩茎上。叶为奇数二回羽状复叶，小叶呈卵形、2~3 裂，呈浅绿色；叶柄肥大，有绿色、黄色、白色的。

1. 对环境条件的要求

（1）温度　西芹喜欢冷凉湿润的环境条件，不耐热，有一定的耐寒能力。西芹的生长适宜温度为 15~20℃，温度超过 26℃就生长不好，品质低劣。冬季可耐短期-10~-8℃的低温。西芹种子发芽的最适温度是 15℃，15℃以下发芽迟缓，发芽最低温度是 4℃。发芽最高温度是 30℃，30℃以上几乎不发芽。长出 3~4 片叶的西芹幼苗，遇到在 2~10℃的低温 15~20d 即可通过春化。

（2）光照　西芹是喜半阴植物（半阴半阳），光照过强则叶柄的纤维程度高，口感下降。西芹还属于长日照植物，通过春化的植株在长日照条件下会抽薹开花。

（3）水分　西芹因为根系吸收能力相对较弱，对水分的要求很严格。西芹在不同的生长发育阶段对水分的需求差别较大。幼苗期对水分要求严格，水分过多或过少都不利于幼苗生长，进入旺盛生长期后需水量增多。

（4）pH　西芹适宜生长的 pH 为 6.0~7.5，其耐碱性比较强。

（5）养分　西芹以采收茎叶为主，茎叶的生长对氮肥的需求量大。生长前期以氮、磷

为主，生长后期以氮、钾为主。除此之外，西芹对硼和钙的需求量也很大，缺硼时叶柄容易开裂；缺钙时容易发生黑心病。

2. 栽培技术

（1）育苗　西芹采用播种的方法繁殖。可以使用苗床或穴盘播种，育苗基质一般使用蛭石或育苗专用基质。

1）浸种催芽。将西芹种子用水浸泡12~24h后搓洗，搓破种子表面的蜡质，边搓边冲水，直到无褐色汁液为止。然后用清水冲洗干净，用湿纱布包裹种子放在变温条件下（先在20℃下16~18h，后在30℃以下6~8h）催芽。一般催芽6~9d后有2/3以上种子露白即可播种。

2）精细播种。播种前先用1/2标准浓度的营养液浇透苗床或穴盘。待水下渗后，撒上一层蛭石，厚2mm左右，避免基质粘住种子。然后，将催芽后的种子撒在床面上或穴盘内，播好后覆盖一层蛭石盖住种子，厚0.5~1cm，覆盖要均匀，防止种子显露于基质表面，播种后浇透水。

3）播种后管理。播种后至出苗前保持育苗室温度为20~22℃，苗出齐后降温至18~20℃，保持基质湿润。当西芹幼苗长至2~3片真叶时，用1/4标准浓度营养液浇灌幼苗。播种后21d左右，有5~6片真叶时即可定植。

（2）定植　栽培设施消毒后，选用健壮的幼苗，冲洗干净根部基质，装入定植杯，然后将定植杯定植到种植槽上。西芹的株行距一般为20cm×20cm。注意幼苗根系要接触到营养液，如果根系短，接触不到营养液面，可以先在过渡寄养槽中寄养，等根系长长后再移到种植槽上。

（3）定植后管理

1）营养液管理。①营养液配方，西芹水培可以选用日本山崎鸭儿芹配方（表7-7）。②营养液管理，西芹的营养液循环次数和营养液浓度因不同生长发育阶段而不同。寄养槽内用1/4标准浓度营养液（电导率为1.10mS/cm），因为西芹幼苗根系较弱，可以辅助叶面喷施1/2标准浓度营养液，每天喷2次，待新根发出后，停止叶面喷肥；定植10d内浓度提高到1/2标准浓度营养液（电导率为1.40mS/cm），每天供液1~2次；定植后10~30d用3/4标准浓度营养液（电导率为1.80mS/cm），每天供液2~3次；30d后用标准浓度营养液（2.20mS/cm）每天供液2~3次。每天白天循环供液，每次供液0.5~1h。营养液pH维持在6.5。每天检测营养液浓度和电导率，并及时补充和调节。

表7-7　日本山崎鸭儿芹配方（微量元素配方为通用配方）

营养成分		用量/(mg/L)
大量元素	硝酸钙［$Ca(NO_3)_2 \cdot 4H_2O$］	236
	硝酸钾（KNO_3）	708
	硫酸镁（$MgSO_4 \cdot 7H_2O$）	246
	磷酸二氢铵（$NH_4H_2PO_4$）	192
微量元素	乙二胺四乙酸钠铁（EDTA-NaFe）	40
	硫酸锰（$MnSO_4 \cdot 4H_2O$）	2.13
	硼酸（H_3BO_3）	2.86
	硫酸锌（$ZnSO_4 \cdot 7H_2O$）	0.22
	硫酸铜（$CuSO_4 \cdot 5H_2O$）	0.08
	钼酸铵［$(NH_4)_6Mo_7O_{24} \cdot 4H_2O$］	0.02

2）环境管理。在生产期间，温室内要求温度白天保持在20~22℃、夜间保持在13~15℃，空气湿度维持在70%~85%。幼苗期要注意温度不低于10℃，防止因低温通过春化，造成抽薹开花。夏季要注意遮阴降温，避免因高温强光降低西芹的品质。

3. 采收

西芹高40cm左右、单株重0.8~1.5kg时可以采收。西芹采收时将定植杯带苗取出，去根、去老叶，每2~3株捆扎即可包装上市。

六、菠菜深液流栽培

菠菜原产于伊朗，所以又名波斯菜；因根部呈红色又名赤根菜、鹦鹉菜等，是藜科菠菜属二年生草本植物。菠菜主根发达，根为肉质红色；叶基生，呈莲座状、深绿色、椭圆形或戟形；花单性，雌雄异株。

1. 对环境条件的要求

（1）温度 菠菜耐寒性强，不耐热。种子在4℃时就可以发芽，最适发芽温度为15~20℃，20℃以上发芽困难。营养生长最适宜温度为15~20℃，25℃以上生长不良，地上部能耐-6~8℃的低温。

（2）光照 菠菜是长日照植物，在高温长日照条件下易抽薹开花。

（3）水分 菠菜对水分要求较高。水分充足，则产量高、品质好。在干旱的条件下，营养生长受抑制，容易未熟抽薹开花。

（4）pH 菠菜喜欢微酸性至中性的环境，适宜的pH为6.5~7.0。当pH小于6.5时，菠菜表现为叶柄变色、叶色浅、叶片薄。

（5）养分 菜用菠菜的采收对象为茎叶，需要较多的氮肥及适当的磷、钾肥。

2. 品种选择

菠菜水培时可以根据季节选择不同品种。夏季选择耐高温品种，如日本急先锋、赛尔、日本全能菠菜、南希、圆丰等；冬季选择抗寒品种，如金盾圆菠、东旺、绿冠1号、世纪新秀等。

3. 栽培技术

（1）育苗 由于菠菜种子种皮较厚，直接播种或用清水浸泡发芽效果都不是太好，可在播种前1周用过氧化氢浸泡，通过过氧化氢腐蚀种皮。具体方法是：将种子用2.5%过氧化氢浸泡12h后，捞出用清水冲洗3~4次，晾干后放在4℃左右条件下处理24h，再在20~25℃的条件下保湿催芽，种子露白后即可播种。

播种一般采用容器育苗，容器可以使用育苗杯也可以使用穴盘，基质使用专用育苗基质。播种后用细砂覆盖，浇水。育苗室保持温度为15~20℃，覆盖遮阳网，出苗后及时撤去遮阳网，防止幼苗徒长。长出2~3片真叶时定苗，每杯（穴）留1株壮苗。幼苗长到5~6cm、有3~4片真叶时可以定植。

（2）定植 栽培设施消毒后，选用健壮的幼苗，冲洗干净根部基质，装入定植杯，然后将定植杯定植到种植槽上。每平方米可定植60株。

（3）定植后管理

1）营养液管理。①营养液配方，菠菜水培可以使用日本园试配方（表7-8）。②营养液管理原则是，菠菜生长过程中的营养液浓度和电导率要随生长发育进程进行调整。定植初期营养液浓度可适当降低，电导率在 0.8～1.3mS/cm 为宜，到生长中后期，电导率控制在 1.3～2.0mS/cm。每隔 7d 左右检测一次电导率并及时调整。菠菜适宜生长的 pH 为6.5～7.0，在栽培过程中应定时用酸度计检测。当 pH 低于 6.5 时要及时调整。营养液一般每天循环 2 次，上、下午各 1 次，每次供液 1～2h。采收前 1 周停止营养液供应，仅供应清水，以减少亚硝酸盐和硝酸盐含量。

表 7-8　日本园试配方（微量元素配方为通用配方）

营养成分		用量/(mg/L)
大量元素	硝酸钙 [$Ca(NO_3)_2 \cdot 4H_2O$]	945
	硝酸钾（KNO_3）	809
	硫酸镁（$MgSO_4 \cdot 7H_2O$）	493
	磷酸二氢铵（$NH_4H_2PO_4$）	153
微量元素	乙二胺四乙酸钠铁（EDTA-NaFe）	22
	硫酸锰（$MnSO_4 \cdot 4H_2O$）	2.13
	硼酸（H_3BO_3）	2.86
	硫酸锌（$ZnSO_4 \cdot 7H_2O$）	0.22
	硫酸铜（$CuSO_4 \cdot 5H_2O$）	0.08
	钼酸铵 [$(NH_4)_6Mo_7O_{24} \cdot 4H_2O$]	0.02

2）环境管理。温室内温度控制在 15～20℃，25℃以上应及时通风或遮阴降温。冬季温度低时要及时采取保温措施。

4. 采收

菠菜一般定植后 30～45d、株高 25～35cm 时，即可采收并包装上市。

第二节　果菜类蔬菜基质栽培技术

果菜类蔬菜的维生素、氨基酸和矿质等营养元素含量丰富，能量物质含量较少，是优质食物来源。果菜类蔬菜多为非速生型蔬菜，生产周期较长，丰产性好，耐长距离运输，贮藏期和货架期较长，能较好地达到“一次种植多次采收”的生产目的。

一、番茄生态型无土栽培

番茄又名西红柿，是茄科茄属一年生或多年生草本植物，原产于南美洲，我国南北方广泛栽培。番茄根系发达、分布深而广，且分根能力强；茎呈半直立或半蔓性，少数品种呈直立性；分枝能力强，几乎在每一节上都能产生分枝；单叶互生，呈羽状深裂或全裂；花序生长在叶腋部位，呈总状花序或聚伞花序。小果型番茄品种多数为总状花序，大果型品种多数为聚伞花序，每个花序有 5～8 朵花；果实为浆果，果实有圆球形、扁圆形、梨形、长圆形等，果实颜色有红色、粉红色、橙黄色等。

1. 对环境条件的要求

（1）温度　番茄喜温，种子发芽适宜温度为 25～30℃；幼苗期要求白天温度为 20～

25℃，夜间温度为10~15℃；开花期对温度反应比较敏感，白天要求温度为20~30℃，夜间温度为15~20℃。气温低于15℃，不能开花或授粉不良，导致落花落果；温度升到26℃以上，果实着色不良；升到35℃以上，产量大幅下降。

（2）光照 番茄喜光，光饱和点为70000lx。番茄还是相对短日照植物（近似于日中性植物），开花对日照时间要求并不严格。

（3）水分 番茄栽培期间，一般以基质湿度为60%~80%、空气湿度为45%~50%为宜。高温高湿条件会阻碍正常授粉，而且造成病害严重。在结果期要求供水均匀，基质忽干忽湿容易发生大量裂果。

（4）pH 基质pH以6~7为宜，过酸或过碱的基质会对番茄生长产生影响。

（5）养分 番茄是需肥较多且耐肥的蔬菜，除了对氮、磷、钾需求大外，还需要较多的钙、镁。

2. 品种选择

番茄无土栽培时要选择产量高、果实大、耐贮存、口味佳和病虫害少的品种。

3. 栽培技术

（1）育苗

1）浸种催芽。番茄浸种时先用52℃热水浸泡30min，浸泡过程中要不断搅拌。浸泡后取出用1%高锰酸钾或者1%碳酸氢钠再浸泡10~15min，捞出用清水冲洗干净。然后将湿润的种子放于28℃左右的环境中进行催芽，种子露白后即可播种。

2）精细播种。播种基质由3份泥炭和1份蛭石混合而成。混合基质中加入消毒过的有机肥，加入量为0.5kg/m^3。播种使用72孔穴盘，将混合均匀的基质填入穴盘。每穴放入1粒，覆盖厚1cm左右的蛭石。

3）温度控制。出苗前将温度保持在25~30℃，出苗后温度为白天20~25℃、夜间10~15℃。

（2）定植 番茄长出3~4片真叶即可定植，适宜条件下约30d可进行定植。番茄无土栽培以玉米秸秆、麦秸、菇渣、锯末、废棉籽壳、炉渣等产品废弃物为有机栽培的基质材料。可选择的有机基质配方有：麦秸∶炉渣=7∶3；废棉籽壳∶炉渣=5∶5；麦秸∶锯末∶炉渣=5∶3∶2；玉米秸秆∶菇渣∶炉渣=3∶4∶3；玉米秸秆∶锯末∶菇渣∶炉渣=4∶2∶1∶3。基质的原材料在使用前要消毒。番茄定植前，混合基质中需要施入基肥，每立方米基质加入10~15kg消毒鸡粪、0.5~1kg发酵豆饼、4kg有机生态型无土栽培专用肥。定植方法如下。

1）立袋式定植法。立袋式定植使用0.1mm厚的塑料薄膜，做成高及直径均为50cm左右的直筒式塑料袋，将基质装满种植袋。把装好基质的种植袋按定植株行距紧密地排放在栽培床上。定植时每袋栽1株菜苗（图7-1）。

2）槽式定植法。槽式栽培床用砖砌成，高、宽各50cm，槽间距一般由番茄定植行距决定。槽底及两侧、两端铺上塑料薄膜防止渗漏。铺好塑料薄膜后装入基质，基质上面铺塑料滴灌带，再盖上地膜，地膜上按株距打栽培孔，在孔内定植番茄。定植株距为45cm，每槽栽2行，呈错位三角形定植（图7-2）。

番茄立袋式栽培或槽式栽培要根据长、短期生产模式确定其种植密度。如果进行长期栽培，每亩定植3000株左右；若进行短期栽培，每亩可定植5000株左右。

图 7-1　番茄立袋式定植法

图 7-2　番茄槽式定植法

（3）定植后管理

1）水肥管理。番茄定植后一般要保持基质湿度在 60%～70%，湿度不能过大，过大会使植株营养生长过旺。坐果后，具体浇水要根据植株的形态、外界天气等情况进行。追肥一般在定植后 20d 开始，此后每 10d 追 1 次肥，每次每株追专用肥 10～15g；坐果后 7d 追 1 次肥，每次每株 25g。

2）温度和湿度调控。番茄定植初期要保持高温高湿环境，控制温度在白天 25～30℃、夜间 15～17℃，空气湿度控制在 60%～80%；缓苗期结束后温度控制在白天 20～25℃、夜间 12～15℃，空气湿度不超过 60%；进入结果期，控制温度在白天 20～25℃、夜间 15～17℃，每次浇水后要及时通风排湿。

3）吊蔓整枝。番茄第一花序果实膨大、第二花序开花时，及时用绳吊蔓。整枝方式采用单干整枝，除保留主干外，所有侧枝全部摘除，以提高植株间通风透光条件、减少虫害、提高产量。每株保留 7～8 穗果（冬、春季生产）或 3～4 穗果（秋、冬季生产），并及时去除多余果穗、老叶、病叶和成熟果下部的叶片，以减少养分消耗，提高果实品质。一般秋冬茬留 6～7 穗果掐尖，早春或冬春茬留 8～10 穗果掐尖。

4）人工授粉。在温室中栽培，为了增加番茄结果率，需要进行人工授粉，方式主要有激素处理、机械授粉和昆虫辅助授粉等。但有机栽培番茄生产一般不能使用激素处理，而采用人工振荡授粉或昆虫辅助授粉。授粉在开花后的每天上午 10:00～11:00 进行。昆虫辅助授粉多采用蜜蜂授粉。

4. 采收

番茄开花后 50d 左右果实成熟，一般当果实表面约有 30%着色时应采收，适时采收可增加早期产量、提高产值，且有利于植株后期着生果的发育。但番茄的采收还要考虑贮藏运输时间，贮运时间长，则可提前 1～2d 采收，便于贮运；贮运时间短，也可以推迟 1～2d 采收。

二、彩椒复合基质袋栽培

彩椒属于茄科辣椒属的一年生植物，是甜椒中的一种，因其色彩鲜艳，多色多彩而得名。彩椒的根系为直根系，但主根不发达，根量小；茎直立，茎部木质化，分枝能力强，有 2～3 个分枝；叶片全缘，呈卵圆形，单叶互生，叶片大小、色泽与青果的大小色泽有相关性；花单生于叶腋处，有白色、绿白色、浅紫色和紫色的花。果实为浆果，按果实的颜色分，有红、黄、紫、橙、黑、白、绿等类型。

1. 对环境的要求

（1）温度 彩椒喜温暖，不耐严寒，不耐高温。种子发芽的最适温度为25~30℃，低于15℃或高于35℃，均不利于正常发芽。幼苗期在15~30℃均可以正常生长。但在白天25~30℃、夜间20~25℃的条件下生长最好。开花结果期的最适宜温度为白天23~25℃、夜间19℃，彩椒能耐10℃低温和35℃高温，但35℃以上的高温易引起落花落果、畸形果、病毒病和日灼发生。

（2）光照 彩椒属于日中性蔬菜，光周期对彩椒开花不产生影响。彩椒不耐强光，怕暴晒。光饱和点为30000lx，光补偿点为1500lx。光照不足会导致彩椒徒长和落花落果；光照强度太强也不利于彩椒的生长发育，特别是在高温、干旱和强光条件下，易引起果实日灼病和植株早花现象。

（3）水分 彩椒既不耐干旱也不耐涝，属于半干旱性蔬菜，生产中要坚持基质湿润，浇水要坚持见干见湿的基本原则。彩椒对空气湿度的要求比较严格，以60%~80%为宜。空气湿度过高容易病害高发；空气湿度过低，对彩椒授粉受精和坐果不利。

（4）pH 彩椒适宜生长的pH为5.5~6.5，耐pH为6.5~7.2的环境。

（5）养分 彩椒对营养条件要求较高，特别是对氮要求高，氮不足或过量都会影响植株的生长，生长初期氮不足，会导致彩椒植株生长不良，影响后期开花结果；初花期忌氮过多，否则会引起彩椒植株徒长，导致落花落果。

2. 品种选择

彩椒无土栽培可以选择无限生长型的温室专用品种。生产上常用的品种有欧盛朝迈红色彩椒、欧盛黄永珍黄色彩椒、紫贵人紫色彩椒、白公主白色彩椒和橘西亚橙色彩椒等。

3. 栽培技术

（1）育苗 育苗可以采用专用育苗基质，也可以用河砂和椰糠按2∶1的体积混合消毒后使用。先用55℃的温水浸种20min，浸泡期间不断搅拌，待水温降到30℃后再浸泡6h后捞出，用5%磷酸三钠和5%高锰酸钾进行种子消毒，浸泡时间为20min，消毒后捞出，用清水冲洗数次。冲洗干净的种子用湿纱布包起来放在28℃条件下催芽，等种子露白后即可播种。彩椒播种采用5cm×8cm营养钵或72穴的穴盘。每个营养钵或每穴播1粒种子。播后盖0.5~1.5cm厚的蛭石。

彩椒出苗前温度保持在白天28~30℃、夜间18~20℃；出苗后，保持在白天20~25℃、夜间17~18℃，空气湿度保持在70%。苗期浇水要保持基质见干见湿，前期湿度可以适当大一些，后期特别是定植前要适当控制基质湿度，起到蹲苗和炼苗的作用。苗期施肥从2~4叶期开始，每7d浇营养液1次，每次以喷透基质为度，营养液前期浓度为1/3标准浓度，后期提高到1/2~1标准浓度。另外，每3~4d喷0.2%磷酸二氢钾作叶面肥。彩椒苗期要有充足的光照，育苗才健壮。当彩椒幼苗苗龄为30~40d、有5~7片真叶时即可定植。

（2）定植 定植彩椒的基质配方有以下几种，泥炭、珍珠岩、蛭石按2∶1∶0.5的体积比混合；菇渣、粗砂按3∶1的体积比混合；菇渣、珍珠岩、河砂按1∶1∶1的体积比混合；菇渣、椰糠、河砂按1∶1∶1的体积比混合。基质使用前做好消毒处理。定植前使用0.1mm厚的塑料薄膜，做成高及直径均为50cm左右的直筒式塑料袋，将混合好的基质装满种植袋。将装好基质的种植袋按 1m 左右的行距排放在栽培床上，安装滴灌系统，用标准浓度的日本山崎甜椒配方营养液（表 7-9）把基质滴湿后即可以定植。每袋种植 2 株。株距为 20~25cm，定植时根坨低于基质面 1cm。

（3）定植后管理　定植后 3~5d 内采用人工浇营养液，3~5d 后采用滴灌灌溉，保持基质湿度在 75%~85%。具体用量随天气情况及苗的长势而定，生长初期使用 1 倍标准浓度营养液，电导率为 1.5mS/cm；第一个果实坐果后把营养液浓度增加到 1.2 倍，电导率为 1.7mS/cm；第二个果实坐果后把营养液浓度增加到 1.5 倍，电导率为 2.0mS/cm；第三个果实坐果后把营养液浓度增加到 1.8~2.0 倍，电导率为 2.4mS/cm，并在营养液中适当添加 30mg/L 的 KH_2PO_4。在收获中后期，可用 0.2%~0.3%的 KH_2PO_4 进行叶面喷肥，每 15d 喷 1 次。

表 7-9　日本山崎甜椒配方（微量元素配方为通用配方）

营养成分		用量/(mg/L)
大量元素	硝酸钙 [$Ca(NO_3)_2 \cdot 4H_2O$]	354
	硝酸钾（KNO_3）	607
	硫酸镁（$MgSO_4 \cdot 7H_2O$）	185
	磷酸二氢铵（$NH_4H_2PO_4$）	96
微量元素	乙二胺四乙酸钠铁（EDTA-NaFe）	20~40
	硫酸锰（$MnSO_4 \cdot 4H_2O$）	2.13
	硼酸（H_3BO_3）	2.86
	硫酸锌（$ZnSO_4 \cdot 7H_2O$）	0.22
	硫酸铜（$CuSO_4 \cdot 5H_2O$）	0.08
	钼酸铵 [$(NH_4)_6Mo_7O_{24} \cdot 4H_2O$]	0.02

彩椒生长过程中要保持温室内温度适宜，即白天 20~25℃、夜间 15~20℃，冬季温室内气温低于 10℃时要及时加温以保证彩椒的产量。夏季温室内气温高于 35℃时，彩椒难以授粉容易引起落花落果，此时需要及时覆盖遮阳网降温或通风降温，以利于安全度夏。温室内空气湿度要求保持在 70%，空气湿度大时要及时通风降湿，防止因高温高湿造成病害。

彩椒分枝力强，自然生长分枝比较多。整形时每株选留 2 个健壮的主枝，对其他长出的侧芽、侧枝及时抹除。每个主枝用 1 条防老化塑料绳吊起来固定。及时摘除下部的枯老黄叶，使养分集中并改善光照条件。生长期间要及时疏花疏果，从第 4~5 节开始留果，每杈留 1 个果，其余花果一律打去，保证每株同时结果不超过 6 个，以利于果实膨大。

4. 采收

彩椒果实停止膨大转色后要及时采收，采收时连果柄全部采下，不在叶腋处留柄。彩椒枝条较脆，采收时注意不要折断枝条。

三、茄子生态型无土栽培

茄子是茄科茄属植物，原产于东南亚热带地区，一年生草本至亚灌木植物，茎直立而粗壮，高可达 1m；小枝、叶柄及花梗均被星状茸毛，小枝多为紫色；单叶互生，叶大，呈卵形至长圆状卵形；花单生于叶腋；果的形状有长或圆，颜色有白、红、紫等色。

1. 对环境条件的要求

（1）温度 茄子喜高温，不耐寒。茄子种子发芽最适温度为25~30℃，低于25℃发育缓慢且不整齐。幼苗期茄子的生长发育适宜温度要求为白天25~30℃、夜间15~20℃；开花结果期要求温度保持在白天30℃、夜间15~20℃。在15℃以下茄子生长缓慢，并容易引起落花；低于13℃则停止生长，茄子耐寒性差，遇霜就会冻死。

（2）光照 茄子喜欢充足的光照条件，对光照强度和光照时间要求都较高，茄子光饱和点为40000lx，光补偿点为2000lx。在长日照、强光的条件下，茄子生长发育旺盛，花芽分化数量多且质量好，果实产量高，着色佳。

（3）水分 茄子喜水又怕涝。生长发育过程中要求基质湿度保持在60%~80%，大于80%则基质通气不良，易引起沤根；小于55%则水分吸收不足，会造成僵苗、僵果现象。空气湿度要保持在80%左右，空气湿度大容易发生病害。

（4）pH 茄子适宜生长的pH为5.5~6.5，耐pH为6.8~7.3的环境。

（5）养分 茄子对氮肥的要求较高，特别是在前期，缺氮时植株发育不好，花芽分化延迟，花数明显减少。

2. 品种选择

茄子无土栽培应选择高产、抗逆性强、结果早、抗病性较强的品种。冬季生产注意选耐低温品种，如布利塔、尼罗等；夏季生产选耐高湿、高温品种。

3. 栽培技术

（1）育苗 茄子播种前先将种子在阳光下暴晒2d，然后放入55℃温水中浸种，需要一边浸泡一边搅拌，待水温降至30℃时停止搅拌。捞出种子用清水冲洗几次后，再放入25~30℃的冷水中浸泡12h。浸种过程中不断搓洗种子并换水，冲洗种子表面的黏性物质。浸泡完后捞出冲洗干净，置于25~30℃的环境中催芽，催芽过程中每天早晚淘洗1次种子，5~7d后种子发芽，70%种子露白后即可播种。

播种采用穴盘育苗，将育苗专用基质湿度调整到60%后，装入72穴的穴盘中。每穴播1粒种子，覆盖1.5cm厚的基质。浇水后覆盖塑料薄膜。

播种后覆膜2~3d，保持较高的湿度，以利于种子萌芽。出苗前温室内温度保持在25~28℃；出苗后适当降温，保持在白天23~25℃、夜间16~18℃，同时适当降低基质湿度和空气湿度。

（2）定植 茄子有机生态型无土栽培基质可以因地制宜地选择当地方便获得的原材料。一般选择2~3种有机基质和2~3种无机基质混合而成，可以使用泥炭：蛭石=3：1、蛭石：珍珠岩=1：1、泥炭：蛭石：菇渣=1：1：1、菇渣：玉米秸秆：炉渣=1：2：2、玉米秸秆：菇渣：鸡粪：牛粪：炉渣=7：2.5：1：1：6，将发酵好的原料按比例充分混匀。混合基质中每立方米加入消毒鸡粪10~15kg、三元复合肥2.5~3kg，或者磷酸氢二铵2.5~3kg、硫酸钾1~1.5kg，与基质充分混合均匀。基质消毒后，装入种植槽中。

种植槽按有机生态型无土栽培要求建造。先将基质浇透水后再定植，每槽定植2行，行距为40cm、株距为30cm。采用双行三角形定植法。定植好后铺设滴灌带。

（3）定植后管理 定植后，温室不通风或少通风，保持白天25~30℃、夜间16~20℃的温度，以利于缓苗。缓苗后要增加温室通风，从缓苗后到开花结果期白天保持25~28℃、夜间15℃以上的温度，在冬季注意增加温室的保温措施，温度不低于13℃。

茄子在生长发育中要保持充足的光照。如果结果期在冬季，有条件时可使用补光系统，以提高产量。

茄子浇水要根据栽培基质的干湿程度、天气变化、季节及植株大小决定灌水量。在茄子坐果前，基质湿度保持在65%～70%为宜；在茄子坐果后，基质的湿度提高到75%～80%。

茄子定植后20d可以开始追肥，一般在茄子“瞪眼”时追第1次肥，以后每隔15d追肥1次。追肥使用有机生态无土栽培专用肥与优质三元复合肥按6∶4重量比例混合，再在100kg混合肥中另加入磷酸二氢钾2kg、硫酸钾复合肥3kg。坐果前期每株每次追肥15g，坐果盛期每株每次追肥20g，施肥后及时浇水。也可以追施沼液，不可施用大量化肥。

当茄子坐果后，适当摘除基部1～2片老叶或黄叶。茄子采收后，将茄子植株下部叶片全部摘除。在“对茄”形成后，剪去两个向外的侧枝，只留两个向上的双秆，打掉其他所有的侧枝。后期在每个茄子果实下只留2片功能叶，其余老叶和多余的侧枝全部去除。

4. 采收

在萼片与果实连接处出现白色或浅绿色环带时，果实基本成熟，可以进行采收。茄子一般从开花至采收需要20～25d，茄子果实膨大较快，宜勤采多收。

四、黄瓜椰糠基质栽培

黄瓜是葫芦科黄瓜属一年生草本植物，也称胡瓜、青瓜，原产于印度北部地区，现在我国各地广泛栽培。黄瓜的根系浅，根量少，主要根群分布在20～30cm的土层中，因为根系不发达，所以黄瓜吸水、吸肥和抗旱能力都较差。黄瓜茎为蔓性，分枝能力因品种而异；单叶互生、掌状叶片的表面有茸毛；雌雄异花同株，花单生于叶腋处；果实为瓠果，呈棍棒形或圆筒形。

1. 对环境条件的要求

（1）温度　黄瓜喜温暖，不耐寒也不耐热。黄瓜种子发芽适温为27～29℃；幼苗期生长适温为白天22～28℃、夜间17～18℃；开花结果期生长适温为白天25～30℃、夜间15～20℃；整个生长过程中如果温度低于10℃或高于40℃植株会停止生长。

（2）光照　黄瓜为短日照植物，喜光也耐阴，在低温和8～10h短日照条件下有利于雌花的分化形成，也可通过激素调节其花期和花量，黄瓜幼苗期的光饱和点为55000lx、光补偿点为1500lx。开花结果期对光照要求相对较多；若光照不足，植株长势弱，易落花落果。

（3）水分　由于黄瓜吸水、吸肥能力差，故要求较高的基质湿度和空气湿度。基质湿度在不同生长发育时期要求不同，发芽期为85%～90%、苗期为60%～70%、成株期为80%～90%。适宜的空气湿度为白天80%、夜间90%左右。

（4）pH　黄瓜适宜生长的pH为5.5～7.2。

（5）养分　黄瓜喜氮、钾肥，但耐盐能力比较弱，吸肥能力弱，并且植株生长快，养分需求大，所以对黄瓜的施肥量比其他蔬菜要大。

2. 品种选择

采用无土栽培方式种植黄瓜一般都选用无限生长型的品种，因为其生长速度快，而且采收时间长达5～6个月，单位面积产量高。

3. 栽培技术

（1）育苗　浸种使用55℃的热水，边泡边搅拌，当水温降至30℃时，停止搅拌，再用清水继续浸泡 12~14h。泡完后捞出种子用清水反复搓洗，洗干净黏液后晾干，放在 25~30℃下进行保湿催芽。催芽期间每天可翻种子 2~3 次，并冲洗种子表面黏液。等 60%~70%种子露白时，即可播种。

黄瓜播种使用 50 穴或者 72 穴的穴盘。每穴播 1 粒种子，然后用蛭石覆盖在穴盘上，覆盖厚度为 1~1.5cm。播种后 3d 内保证育苗基质完全浇透水，发芽期间苗床需保持较高的温度（白天温度应保持在 25~30℃、床温为 25℃左右即可）和湿度，以加快出苗。等大部分幼苗出土后，将保持温度为白天 23~25℃、夜间 15~17℃，以防止幼苗徒长，形成健壮的幼苗。真叶出土后，可适当提高温度至白天 25~30℃、夜间 14~16℃。黄瓜长到 4~5 片真叶时即可定植，定植前进行炼苗，炼苗期间夜间温度控制在 12~15℃。低夜温可以刺激雌花的花芽分化，为黄瓜花芽分化和前期产量奠定基础，同时让黄瓜更容易适应温室内环境，提高黄瓜苗定植成活率。

（2）定植 黄瓜椰糠基质栽培仅用椰糠作为基质就可以了（图 7-3）。椰糠使用前要用清水浸泡开。因为不同产地椰糠的可溶性盐含量差距较大，因此定植前检测椰糠的电导率，如果电导率过高需用清水冲洗，直至电导率控制在 2.3mS/cm；如果电导率低于 2.3mS/cm，则灌溉营养液。

黄瓜种植槽宽度为 45cm、高度为 30cm，两槽之间的距离为 80cm。填好基质，安装好滴灌系统即可定植。定植前需要先用营养液浇透基质，每槽定植 2 行，株距为 30cm，定植后浇透水。定植选择在晴天的下午进行，避免高温时段，有利于缓苗（图 7-4）。

图 7-3　椰糠栽培袋

图 7-4　定植好的黄瓜

（3）定植后管理 黄瓜椰糠基质栽培可以使用黄瓜专用水溶肥作为营养液，也可以使用日本山崎黄瓜配方（表 7-10）自行配制。

表 7-10　日本山崎黄瓜配方（微量元素配方为通用配方）

营养成分		用量/(mg/L)
大量元素	硝酸钙［$Ca(NO_3)_2 \cdot 4H_2O$］	826
	硝酸钾（KNO_3）	607
	硫酸镁（$MgSO_4 \cdot 7H_2O$）	246
	磷酸二氢铵（$NH_4H_2PO_4$）	115

（续）

营养成分		用量/(mg/L)
微量元素	乙二胺四乙酸钠铁（EDTA-NaFe）	20~40
	硫酸锰（$MnSO_4 \cdot 4H_2O$）	2.13
	硼酸（H_3BO_3）	2.86
	硫酸锌（$ZnSO_4 \cdot 7H_2O$）	0.22
	硫酸铜（$CuSO_4 \cdot 5H_2O$）	0.08
	钼酸铵［$(NH_4)_6Mo_7O_{24} \cdot 4H_2O$］	0.02

每天8:00~18:00，每隔60min滴营养液2min，将营养液浓度调节到电导率为2.0~2.8mS/cm，苗期浓度可调低一点，挂果期后增加浓度。一般定植1周内电导率为2.3mS/cm，挂果前电导率控制在2.8mS/cm，挂果期至盛果期前期电导率为2.8~3.0mS/cm。

黄瓜缓苗期昼夜温差不能太大，较高的温度有利于缓苗，一般保持为白天25~28℃、夜间20℃左右。缓苗后依据不同的生长阶段控制温室温度，初花期为白天25~28℃、夜间16~18℃；结果初期白天为25~26℃、夜间不低于16℃；盛果期白天为26~28℃、夜间则不低于15℃。采收盛期以后温度应稍降低，以防植株衰老，维持较长的采收时间。

黄瓜喜光耐阴。夏秋季节光照较强，在晴天中午需要覆盖遮阳网，降低光照强度。冬春季节如果温室内光照不足，在有条件的情况下可以安装补光灯或在地面铺反光膜，以提高光照强度。

黄瓜为蔓性植物，植株长到7~8片叶后，要及时吊蔓。黄瓜侧枝、卷须也要及时剪除，只留主蔓结瓜。主茎上的第1~4节位不留果。黄瓜结果量大，每个节点有2~4朵雌花，要适当剪除，只留1~2个果。同时，及时摘除畸形瓜、老叶，提高果实品质。

4. 采收

黄瓜果实生长较快，一般花后7~10d即可采摘。采收时间一般选择早上，采摘时尽可能按照要求摘大小均匀的黄瓜。

第三节　根茎类蔬菜基质栽培技术

根茎类蔬菜的淀粉、维生素、蛋白质和矿质等营养元素含量丰富，能量物质含量较高，是优质食物来源。根茎类蔬菜多为非速生型蔬菜，生产周期较长，丰产性好，受人为污染较少，耐长距离运输，加工性能好，贮藏期和货架期较长，能较好地达到利用蔬菜“提质增效”的生产目的。

一、微型马铃薯雾培

马铃薯又名土豆、洋芋，为茄科茄属一年生草本植物。原产于南美洲，现在世界各地广泛栽培。马铃薯的根系为须根系，在培养基质中分布较浅，主要集中在深30cm左右基质层或培养空间中。地上茎直立，分枝多，叶互生，羽状复叶；地下匍匐茎的顶端膨大形成块茎，块茎的形状不规则，块茎的表皮有白、紫、黄、红、褐等不同颜色。

1. 对环境条件的要求

（1）温度 马铃薯喜欢冷凉环境条件，耐寒性强但不耐高温。块茎在4℃以上就能发芽，13～18℃是块茎发芽最理想的温度，温度过高块茎就不会发芽。茎叶生长适温为16～18℃，块茎膨大适温为15～20℃，25℃以上块茎生长缓慢，30℃时块茎停止生长。遇到低温，尤其是基质低温时，则会造成生长中的块茎发芽或块茎形成子薯、球链薯、细腰薯等畸形薯。

（2）光照 马铃薯喜欢充足的光照条件。长日照条件有利于地上茎叶的生长，而短日照有利于地下块茎的膨大。光照不足时，茎叶容易徒长。地上枝叶生长不良会使块茎形成延缓，产量和质量降低。

（3）水分 马铃薯有一定抗旱能力，不耐涝。但因枝叶生长旺盛和地下块茎的生长需要较多的水分，马铃薯在栽培时要求水分供给充足且均匀。

（4）pH 马铃薯喜欢偏酸性至微酸性的环境，最适pH为5.0～5.5。

（5）养分 马铃薯整个生育期对钾肥的需求最大，其次是氮，磷最少。

2. 品种选择

马铃薯按成熟时间长短可以分为极早熟、早熟、中早熟、中熟、中晚熟和晚熟品种。无土栽培宜选用极早熟、早熟、中早熟和中熟品种；应选择适合当地的优良品种进行生产。

3. 栽培技术

（1）幼苗处理 选择5～7cm高的健壮马铃薯组培苗，在定植前7d将苗转移到温室内阴凉弱光处，开口炼苗1～2d。炼苗时温度保持在白天20～25℃、夜间10～15℃，同时注意保持温室内湿度，防止叶片失水。炼苗后从培养瓶中取出幼苗，用清水洗去根部的培养基，置于0.1g/L生根粉中浸泡10～15min，移栽到蛭石苗床上5～7d，培育壮苗。株行距为5cm×5cm、温度为15～25℃、空气湿度为70%～80%、光照为每天13～15h。

（2）定植 定植前用0.5%高锰酸钾消毒定植板、种植槽、贮液池及循环供液管道等。定植过程中马铃薯根系容易失水，定植应选在阴天或晴天傍晚温度较低时进行。在室内拉开遮阳网，然后向温室内喷水，使空气湿度达到饱和状态，确保在整个定植过程中根系不失水。

定植时，将苗从蛭石苗床取出，用水冲洗干净根部的蛭石。修剪过长的根系，留18～20cm后将过长部分剪去。修剪后用0.1g/L生根粉中浸泡10～15min，用镊子将苗放入定植板上的栽培孔，留2～3片叶露出栽培孔，将其余叶剪掉。定植密度为60株/m^2。种好后将定植板固定在雾培苗床上，并确保不漏光。

缓苗期间每天用清水喷洒薯苗叶面，不供应营养液，仅用清水喷雾，每3min喷雾1次，1次喷20s。缓苗期过后，在贮液池中加入营养液，根据品种的需肥量适度增减喷施频次。

（3）定植后管理 缓苗期过后开始喷施营养液。营养液浓度随马铃薯生长进行调整，缓苗后第7d喷施1/3标准浓度的营养液，每3min喷1次，每次喷20s；第15d把浓度提高到1/2倍标准浓度；第21d使用标准营养液进行喷雾，每5min喷1次，每次喷20s。进入采薯期，每15min喷1次，每次喷20s。将营养液的pH控制在5.5～6.0，电导率控制在1.5～2.0mS/cm，每3～5d检测1次，如果超出范围要及时调整。营养液使用20d后需

要全部更换 1 次。营养液温度保持在 15~20℃。马铃薯雾培营养液采用王素梅的配方，见表 7-11。

表 7-11　马铃薯雾培营养液配方（王素梅）

营养成分		用量/(mg/L)
大量元素	过磷酸钙［$Ca(H_2PO_4)_2$］	756
	硫酸镁（$MgSO_4 \cdot 7H_2O$）	492
	硝酸铵（NH_4NO_3）	560
	磷酸二氢钾（KH_2PO_4）	544
	硝酸钾（KNO_3）	606
	硫酸钾（K_2SO_4）	1740
微量元素	乙二胺四乙酸钠铁（EDTA-NaFe）	20~40
	硫酸锰（$MnSO_4 \cdot 4H_2O$）	1.000
	硼酸（H_3BO_3）	1.500
	硫酸锌（$ZnSO_4 \cdot 7H_2O$）	2.300
	硫酸铜（$CuSO_4 \cdot 5H_2O$）	0.750
	钼酸铵［$(NH_4)_6Mo_7O_{24} \cdot 4H_2O$］	0.025
	氯化钴（$CoCl_2 \cdot 6H_2O$）	0.025

马铃薯营养生长阶段要求温室内保持在 12~23℃，以保证茎叶的生长，形成充足的光合面积；光照时间不少于 13h，如果低于 13h，需要补光。进入结薯期后温度保持在白天 23~24℃、夜间 10~14℃，空气湿度保持在 70%~80%。栽培过程中要保持种植槽内始终处于黑暗状态，以促进马铃薯匍匐茎生长和块茎膨大。

雾培马铃薯需对根系进行修剪。具体方法是：当匍匐茎达到种植槽体底部时，将匍匐茎打顶，并将已经长出腋芽的节位掐去，在打顶同时剪去老根。修剪不宜过早也不宜过晚，过早会降低根系对养分的吸收；过晚会导致根系堆积在种植槽底部。整个生长期间对根系修剪 2~3 次。进入生长后期要及时摘除地上茎下部的枯黄老叶，增加通风透光，减少养分消耗，避免病原菌传播及病虫害发生。

4. 采收

当单个小薯长到 4~5g 时即可采收。采收前 1d，减少喷雾次数，以降低马铃薯含水量，便于后续的贮藏运输。马铃薯采收要分次进行，采收时要轻采轻放，以免拉断匍匐茎。

二、甘薯空中连续结薯栽培

甘薯又名红薯、番薯、白薯等，属于旋花科番薯属多年生草本植物，原产于南美洲，在我国常作为一年生蔬菜种植。甘薯的地下部分为圆形或纺锤形块根，外皮呈土黄色或紫红色；茎蔓生，枝条长 2m 以上，平卧于地面；单叶互生，叶片通常为宽卵形；花冠呈粉红色、白色、浅紫色或紫色，钟状或漏斗状。

1. 对环境条件的要求

（1）温度　甘薯喜高温，但不耐寒，扦插时插穗在 15~30℃ 可以生根，在这个温度范围内，温度越高生根速度越快；茎叶生长的适宜温度为25~28℃，大于38℃以上茎叶生长慢，小于15℃时茎叶停止生长，10℃以下持续时间过长则产生冻伤，茎叶枯死；块根膨大的适宜温度为20~25℃，低于20℃或高于30℃时块根膨大缓慢，低于18℃有的品种的块根停止膨大，低于10℃易受冷害，块根膨大期间有较大的日夜温差更利于块根膨大和养分的积累。

（2）光照 甘薯喜欢光照充足的环境条件，在光照充足的情况下生长良好，产量较高。甘薯是短日照植物，光照长度会影响块根的膨大和开花。在12.5~13.0h的光照条件下块根膨大迅速。甘薯开花需要小于8~9h的短日照条件。

（3）水分 甘薯耐旱但又怕旱，水分过少不利于增产。甘薯忌涝，特别是在结薯后，基质湿度过大会造成产量下降。另外，甘薯栽培时要求水分供应均匀，基质干湿不定会造成块根内外生长速度不均衡，出现裂皮现象。

（4）pH 适宜甘薯生长的pH为4.5~7.5，最适pH为5.5~6.5。

（5）养分 甘薯耐瘠薄，但因枝叶生长和块根生长需要大量肥料，甘薯对钾的需求最多，氮次之，磷最少，给予其充分、协调的养分可以获得高产优质的甘薯。

2. 品种选择

我国现有的甘薯品种均可实现周年或多年栽培，空中连续结薯水培，种植时一般选择生长周期短、产量高、口感好、抗病能力强的品种，如商薯19、广薯87、郑薯21、龙薯9号、烟薯25、徐薯34、广薯87、浙薯70和西农431等。

3. 栽培技术

（1）育苗 水培甘薯一般采用水培扦插方法育苗。在保证相应的温度和光照条件下，水培育苗不受季节限制，可根据需要随时进行。扦插时选择粗壮健康的当年生新枝蔓，剪取顶梢作为插穗。每条插穗长10cm，剪口位于节位下部。将剪下的插穗下部的叶片去掉。水培扦插床由种植槽和泡沫板组成。泡沫板上按株距为5cm、行距为10cm、直径为2~3cm的规格打孔。扦插时用海绵或无纺布裹住插穗下部，插入泡沫板中的小孔并固定好。扦插好的泡沫板放置在倒满营养液的种植槽上，让插穗基部浸入水中1~2cm。扦插后室内温度控制在16~28℃，注意需观察水培苗床内的水面高度，若有减少应及时添加至原水位。

（2）定植

1）水培设施。甘薯水培设施除了贮液池、循环系统、增氧系统、种植槽，还需要网架和挂盆。甘薯水培种植槽要根据植株的大小来定制。一般单个种植槽位为长2m、宽1.5m、高0.6cm的长方体或直径为1.5m、高0.6m的圆柱体。槽内注入营养液，营养液深度保持在48~52cm深。槽面上覆盖有泡沫板以阻挡阳光进入，保持根系始终处于黑暗环境，同时防止灰尘进入营养液，在泡沫板中央开孔定植。甘薯空中结薯需要搭架。搭架材料用竹竿或金属竿，架高一般为2.5~3m。采用容积为20~30L的塑料盆作为挂盆。其他设施与常规水培相似。

2）定植。扦插的薯苗藤蔓长75~85cm时即可移栽。选择生长健壮、叶片完整、根系发达的优质菜苗。将选好的菜苗放入泡沫板定植孔中，用海绵固定好，然后将泡沫板放入种植槽中，让根系浸泡到营养液中。用绳子吊起茎叶，挂到网架上。

（3）定植后管理

1）营养液管理。甘薯水培时营养液浓度根据生长状况进行调整，薯藤上架前应调低浓度，待后期叶片繁茂后再调高浓度。将营养液的电导率从1.2mS/cm提高到2.5mS/cm，调节

pH 在 5.5~7.0。每 7d 对营养液检验 1 次，浓度和 pH 发生变化时及时调整。另外，每天通氧 2h，保证根系对氧气的需求。水培甘薯长时间生长后根系量巨大，根系分泌物积累，积累的分泌物进入营养液后会对甘薯生长产生不良影响，需每隔 30d 更换 1 次营养液。甘薯水培营养液配方见表 7-12。

表 7-12　甘薯水培营养液配方

营养成分		用量/(mg/L)
大量元素	硝酸钙 [$Ca(NO_3)_2 \cdot 4H_2O$]	850.00
	硫酸镁 ($MgSO_4 \cdot 7H_2O$)	300.00
	硝酸钾 (KNO_3)	400.00
	磷酸二氢铵 ($NH_4H_2PO_4$)	150.00
微量元素	乙二胺四乙酸钠铁 (EDTA-NaFe)	20.00
	硫酸锰 ($MnSO_4 \cdot 4H_2O$)	2.00
	硼酸 (H_3BO_3)	3.00
	硫酸锌 ($ZnSO_4 \cdot 7H_2O$)	0.22
	硫酸铜 ($CuSO_4 \cdot 5H_2O$)	0.08
	钼酸铵 [$(NH_4)_6Mo_7O_{24} \cdot 4H_2O$]	0.02

2）环境管理。挂盆催薯之前，温室内温度控制在 30℃左右，高温能加快甘薯茎叶的生长速度。挂盆催薯后降低温度，控制在 20~25℃，甘薯在 20~25℃条件下块根膨大速度快。甘薯喜欢光照充足的环境，栽培时要保证温室内有较强的光照条件。挂盆催薯之前，光照时间保持在每天 13h 以上，挂盆催薯后光照时间保持在每天 12.5~13h。冬季光照时间每天小于 8h，会促使甘薯开花。此时就需要及时补光，光照时间增加到每天 13h 以上。

3）整枝打杈。甘薯定植后 15~20d，要引蔓上架。引蔓时，只选留 3~4 个 1m 以内的侧枝，用绳子将这 3~4 个的侧枝吊在网架上。每个侧枝 1m 以内长出的侧枝需要统一抹除。在 1m 以上位置再留分枝，将过密枝和瘦弱枝去掉即可。生长过程中夏季需 5~6d 整枝 1 次，冬季需 10~15d 整枝 1 次。甘薯开花会争夺植株部分养料，发现花蕾及时抹除，以减少植株养分的消耗。

4）挂盆催薯。水培甘薯的结薯位置不是在根部，而是在枝条上的节位处结薯。在生产过程中，需要进行空中压条，这是实现连续结薯、周年采收最重要的条件之一。甘薯定植后 60d，就可以进行压条。压条使用到的基质为珍珠岩、蛭石、泥炭按 1∶1∶1 的比例均匀混合而成的混合基质。将混合好的基质调整好湿度（基质含水量为 60%~70%）放入挂盆中。压条时选择粗壮的当年生枝条，将枝条向下拉出 10cm，并去除相应枝条上的叶片，把去掉叶片的枝条节位埋入挂盆中，埋入 2~3cm 深，埋好后浇透水，用绳子或铁丝将装悬挂于网架上。整个生产过程中始终保持挂盆内基质湿润。

4. 采收

甘薯挂盆后，每盆可以结薯十几个，60d 左右即可采收。采收时沿挂盆底部将挂盆剪开，去掉塑料盆，将基质去掉就可看见甘薯块，用剪刀将薯块依次剪下，采收后的枝条重新放于网架上继续生长。第一次采摘甘薯块根后，继续选择粗壮健康的当年生藤蔓进行二次压条结薯。

三、樱桃萝卜穴盘基质栽培

樱桃萝卜是十字花科萝卜属一二年生草本植物。是我国的四季萝卜中的一种，形似樱桃，故名樱桃萝卜。樱桃萝卜生长迅速，生长周期短，一年中可以种植多次。在设施条件下可以分批播种，灵活上市，栽培经济效益不错。樱桃萝卜的根为肉质直根，呈圆球形或扁圆球形，表皮呈红色或白色；茎短缩，叶片基生，叶片为羽状裂叶；叶色有浅绿、深绿等色，叶柄有绿、红、紫等色。进入生殖生长期抽薹开花，花为复总状花序，十字形花冠，角果。

1. 对环境条件的要求

（1）温度 樱桃萝卜喜欢冷凉环境条件，特别是肉质直根膨大时期对温度反应敏感。樱桃萝卜种子发芽的适温为20~25℃，叶片生长适温为20℃左右，肉质直根膨大期适温为16~20℃；6℃以下生长缓慢，0℃以下肉质直根遭受冻害；高于25℃，植株生长不良，容易发生病害，肉质直根纤维增加，口感变差。幼苗期遇到6℃以下低温，容易通过春化阶段，造成未熟抽薹，植株早衰。

（2）光照 樱桃萝卜是喜光植物。在整个生长发育过程中，要求有充足的光照，光照不足导致肉质直根膨大缓慢、产量下降、品质变差。

（3）水分 樱桃萝卜不耐干旱，要求基质湿度保持在60%~80%，尤其是在肉质直根膨大期。若基质水分不足，肉质直根生长缓慢、味辣、品质下降；基质水分过多，肉质根表皮粗糙，品质也下降。供水还要求均匀，基质忽干忽湿，容易造成肉质直根开裂。

（4）pH 樱桃萝卜适宜生长的pH为5.6~7.2，最适pH为6.8~7.2。

（5）养分 樱桃萝卜对钾肥的需求量最大，其次是氮肥，对磷肥的需求量小。

2. 品种选择

穴盘种植樱桃萝卜要求选择株型较小、肉质直根不易开裂、表皮富有光泽、适应力较强的品种，如美樱桃、上海小红萝卜、荷兰红星樱桃萝卜和二十日大根等。

3. 栽培技术

樱桃萝卜基质穴盘栽培不用提前育苗，直接在穴盘中播种就可以了。为了提高种子的出苗率和发芽的整齐度，在播种前需要浸种催芽，如果购买的是包衣种子则不能浸种，需要直接播种。

（1）浸种催芽 樱桃萝卜的种子小且种皮薄，浸种的水温要低、时间要短。一般用25~30℃温水浸种2~3h即可，浸种后捞出用清水冲洗干净，放置于18~22℃环境下保湿催芽，到种皮裂开露白时即可播种。一般催芽需20h左右。

（2）播种 樱桃萝卜基质穴盘栽培，一般选用72穴或50穴的穴盘，用72穴的穴盘种植，产量高，但萝卜较小，用50穴的穴盘生产的樱桃萝卜较大，但产量偏低。

基质用珍珠岩、泥炭、蛭石按照3:6:1的比例混合均匀。将配好的基质含水量调整至60%。准备好基质后，装入穴盘。用工具刮平，然后用同规格穴盘在其上压出0.5cm深的小坑。将露白的种子点播在穴盘中，1穴1粒。播种后用蛭石覆盖，浇1次透水。

（3）生产管理

1）温度和光照管理。播种后的穴盘摆放于苗床上，苗床最好用离地高床（床高60cm左右）。离地高床方便管理，同时也可以减少土传病害。出苗期间温室内温度不能低于8℃，最高不能超过 30℃，整个生长期间温度管理见表 7-13。温室内还要保证有充足的光照。

表 7-13　温室生产樱桃萝卜温度管理

时段（昼夜）	出苗期/℃	幼苗期/℃	肉质根膨大期/℃
白天	22~25	18~25	18~20
夜间	22~25	10~15	10~15

2）水分管理。播种后第一次浇水对樱桃萝卜发芽很关键，所以播种后浇水一定要浇透。浇水时注意观察穴盘底部是否有水流出，流出说明已经浇透。但要注意基质配制时，如果基质湿度调整不到位，过干，浇水后即使有大量水从穴盘底部流出，基质也不一定会被浇透，此时用小水滴灌或浸盘的方法可以有效解决问题。发芽期需水不多，只需保证种子发芽对水分的要求即可，基质湿度保持在 60%左右，并时刻确保基质湿润，应小水勤浇。幼苗期对水分的需求不高，生产实践中常需要适当控水蹲苗，促进樱桃萝卜根系生长，防止幼苗徒长。叶片生长期和肉质根膨大期则应确保水供应充足，保证叶片生长和肉质直根膨大。同时，应避免忽干忽湿。目测基质表面出现轻微干裂时，需立即浇水。

3）营养管理。樱桃萝卜播种后 14d 开始施肥，通常用清水与营养液交替进行喷施。在幼苗期和叶片生长期，需选用 20-10-20（有效养分含量为 50%）的育苗专用肥溶液，每 7d 浇施 2~3 次，浓度随植株生长逐渐加大，从 25mg/kg 逐渐加到 1000mg/kg。进入肉质根膨大期后，改用高钾型水溶性复合肥 1000 倍液浇灌，营养液和清水交替使用。

4. 采收

播种后 30~35d，当樱桃萝卜肉质根表面富有光泽、外形饱满时，达到采收标准。樱桃萝卜采收不能过晚，否则很容易糠心。在收获时，应一只手按住基质，另一只手捏住樱桃萝卜的茎叶基部，轻轻向上提起，注意保护好叶片完整性，从而提高樱桃萝卜商品性能。

四、生姜基质栽培

生姜是姜科姜属多年生草本植物，是食用根茎的蔬菜。生姜根系不发达、分布浅、吸收能力较弱、不耐干旱也不耐水涝，对水要求严格。生姜的茎分为地上茎和地下茎，地上茎直立，由主茎和多级分枝构成，植株首先长出的姜苗为主茎，侧枝由茎基部分蘖形成；地下茎由多级侧枝基部膨大形成根状茎，一般生姜分枝越多，产量也越高。叶互生、呈绿色，叶呈披针形或线状披针形，全缘。穗状花序生于枝顶，花茎直立，花呈绿色或紫色，生姜极少开花。

1. 对环境条件的要求

（1）温度　生姜原产于东南亚热带地区。喜欢温暖气候，耐寒性较弱。种姜在 16℃以上开始发芽，发芽最适宜的温度是 22~25℃，温度低于 20℃，发芽缓慢；温度高于 28℃，发芽虽快，但幼芽细弱。茎叶生长最适宜温度是 25~28℃。低于 15℃停止生长，遇霜植株地上部会枯死。较大的昼夜温差有利于根茎的生长和膨大，根茎旺盛生长期要求温度为白天 25℃、夜间17~18℃。

（2）光照　生姜为日中性植物，对日照长短要求不严格。生姜还是耐阴性植物，不耐强光，生长发育过程中要求中等强度的光照条件，其光补偿点为 500lx，光饱和点为2. 5 万~

3.0万lx。在高温强光下，生姜通常表现植株矮小，生长不旺，而在遮阴条件下生长良好，所以栽培时应适当遮阴，避免强烈阳光的照射。

（3）水分 生姜喜欢湿润的环境条件，耐旱能力差。生姜的根系不发达且分布较浅，所以其抗旱、抗涝性都差，对于水分的要求严格。在生长期间基质过干或过湿都容易引起发病腐烂。一般发芽期和幼苗期生长量小，需水少。进入旺盛生长期后，尤其是根茎迅速膨大期需水量加大，此期应始终保持基质湿润，适宜的基质湿度为70%～80%。

（4）pH 生姜喜微酸性基质，在pH为5～7时均能正常生长，但以pH为6时根茎生长最好。当pH大于8时，植株生长受到明显抑制，栽培时要定期检测基质pH。

（5）养分 生姜对钾肥的需要最多，氮肥次之，磷肥最少。

2. 品种选择

生姜的无土栽培均以当地品种为主。如云南玉溪黄姜、陕西汉中黄姜、贵州遵义白姜、山东莱芜生姜、广州肉姜、玉林圆肉姜、江西兴国生姜、福建红芽姜等。

3. 栽培技术

（1）备种 播种前取出姜种，平铺在草席或干净的地上晾晒1～2d。晒姜过程中进行严格选种，选种时应选择肉质新鲜、姜块肥大、皮色光亮、质地硬、不干缩、不腐烂、未受冻、无病虫危害的健康姜块。播种前需要对种姜消毒，减少种植后病虫害发生的概率。消毒方法有：80%代森锌500倍液浸泡20min；高锰酸钾200倍液浸种10min；等量式波尔多液浸种20min；10%草木灰水浸种10min。消毒后用清水把种姜洗净晾干。在消毒时进一步选种，对有水渍状肉质变色、表皮容易脱落等已经受病害感染的姜块，必须淘汰。

（2）种植 生姜无土培基质可以选用松塔、锯末、泥炭按1∶1∶1比例混合，松塔和锯末需要粉碎发酵后使用，这个配方可以不用添加有机肥，添加的松塔基本上可以满足姜生长的营养需求；还可以使用有机生态专用肥、植物秸秆、泥炭按1∶1∶1混合。配好的基质使用前要做好消毒工作，装袋前要把基质湿度调整到60%～70%。栽培袋直径为30～35cm、高35cm。每袋装10～15L基质，直立摆放，两行摆放成一组，两组间保持65～70cm的距离。将种姜种入栽培袋中，每袋种一个种姜，芽点向上，播后覆土厚度为5～10cm。种好后，每袋安装一个滴灌头。

（3）种植后管理

1）水分管理。在发芽期，种姜种植后浇一次透水，之后就不用再浇水了，待70%左右出苗后再开始浇水。但也应根据墒情灵活掌握。如遇干旱天气，虽然没有出苗也则应酌情浇水。在幼苗期，生姜生长慢、植株小，所以需水量不多，但是幼苗期对水分要求比较严格，缺水或过涝都会造成腐烂。浇水采用滴灌或喷灌，每2d浇1次，每次5～10min。在旺长期，植株生长快，生长量大，需水较多。浇水采用滴灌或喷灌，每天浇水2次，每次5～10min。不同地区可以根据当地气候条件和天气调整浇水次数和浇水时间。

2）光照管理。生姜喜阴，强光会造成叶片灼伤，影响其生长发育，需要选用合适的遮阳网进行覆盖。

3）温度管理。生姜出苗前保持在25～30℃；生姜出苗后，白天温度保持在22～28℃，不高于30℃，夜间温度保持在15～18℃；进入根茎生长盛期后，要降低夜间温度，一般以白天22～25℃、夜间18℃为宜，但不能低于13℃。

（4）基质管理 一般来说，生姜栽培基质中的营养基本上可以满足其生长需求，种植后基本可以不用追肥。若植株出现缺肥症状时，需根据症状进行追肥。当生姜长出3~5个侧枝时，在茎基部堆培基质，增加基质厚度，提高生姜产量。

4. 采收

生姜的采收对象有老姜、嫩姜和种姜。温室生产时主要是收嫩姜，采收时抓住茎叶整株拔出，抖掉根茎上的基质，削去地上茎，适当包装处理后即可作为商品上市。

五、大蒜生态型槽培

大蒜是百合科葱属多年生草本植物。大蒜是浅根系植物，主要根群分布在5~25cm深的基质中。大蒜无主根，根着生于鳞茎盘上，且根肉质，损伤后难以恢复；鳞茎呈球形，具6~10瓣，外皮为灰白色。叶基生，实心，扁平，呈线状披针形。花茎直立，高约60cm。伞形花序，具苞片1~3枚，花小，夏季开花。

1. 对环境条件的要求

（1）温度　大蒜喜冷凉，耐寒性强，特别是幼苗期极耐寒，可耐-7℃低温和短时-10℃的低温。种蒜在3~5℃就可以发芽，最适合大蒜发芽和幼苗生长的温度为12~16℃。花芽和鳞芽分化的最适宜温度为15~20℃，抽薹的适宜温度为17~22℃。鳞茎膨大期要求为20~25℃。

（2）光照　大蒜是长日照植物，喜欢阳光充足的环境条件，但不同品种对光照长短反应不同。大部分品种在长日照及较高温度条件下开始花芽和鳞芽的分化；在低温短日照的环境下，较适合茎叶生长。

（3）水分　大蒜喜湿怕旱，出苗期要求较高的基质湿度，以促进发根和发芽；幼苗期要适当控水蹲苗，防止蒜苗徒长，培育健壮的植株；后期随植株生长速度加快，水分消耗增多，需要保持较高湿度，特别是在花芽和鳞芽分化期、抽薹期需水较多。

（4）pH　大蒜喜欢pH为5.5~6.5的微酸性环境，最适pH为6，在碱性基质中种蒜容易腐烂，植株生长不良，蒜头变小。

（5）养分　大蒜对氮的吸收量最多，然后是钾、钙、磷、镁。硫是大蒜品质构成元素，适当增施硫肥可使蒜头和蒜薹增大增重，畸形蒜薹和裂球率降低。

2. 品种选择

大蒜无土栽培，应选择早熟、丰产及具有良好的商品性、对当地气候适应性强、抗逆性强的蒜种，如北京紫皮蒜、蒲棵紫皮蒜、云南云顶早蒜、苍山大蒜、江苏大丰三月黄、贵州毕节白蒜等。

3. 栽培技术

（1）播种　大蒜种植槽按有机无土栽培标准建造。基质可以用蛭石和泥炭按1：1混合，也可以用菇渣和泥炭按4：1混匀，在每立方米混合基质中再加入消毒鸡粪20kg，混匀消毒后填入种植槽，装好后铺设滴灌带。大蒜种球有明显的休眠，如要提前播种，播种前需要冷处理，以解除休眠。方法是：把种蒜放在3~5℃冷库里存放40~60d。通过休眠的种蒜才能发芽。大蒜播种前需要剥皮掰瓣，剔除芽尖损伤的蒜瓣或烂瓣、黄瓣、风干瓣、光身瓣。选出的蒜瓣按大、中、小和蒜心分级。播种时选个头大、硬实、洁白、新鲜、无伤痕、无糖化、无光皮的蒜瓣，要求蒜瓣百粒重400g以上或单粒重5g左右。播种时在基质上开沟，沟距为20cm、沟深4~5cm。把种瓣按10cm株距直立插入种植沟内，播种后覆盖基质，浇水。播种时要注意深度均匀一致，以利于出苗整齐。排种方向是种瓣的背腹线与行向平行，使出苗后展开的叶片与行向垂直。

(2) 管理 大蒜发芽期和幼苗期温度控制在12~16℃。进入花芽和鳞芽分化期温度控制在15~20℃，抽薹期的温度控制在17~22℃，鳞茎膨大期温度控制20~25℃。大蒜不同的生育期对水分的要求不同，一般前期对水的要求较少，后期要求较多。在出苗前若基质湿润就可以不浇水，出苗以后可以根据基质的干湿程度进行浇水，一般7~10d浇1次水，进入花芽分化期后应加大浇水量，每3~5d浇1次水。采收前3~4d停止浇水。大蒜种植后60d开始追肥，每立方米基质施用1.8kg消毒鸡粪、0.2kg有机复合肥。每30d追肥1次。在施足氮、钾、钙、磷、镁的基础上，增施硫酸钾等含硫肥，有利于大蒜增产提质。

4. 采收

大蒜全株皆可食用，其利用价值高，综合效益好。大蒜的采收可以根据茎叶、蒜薹和蒜头的采收目的分别进行，在采收蒜头时可直接用手拔，拔出后采用相应的商品标准进行分级、加工、包装等工艺处理后即可作为商品上市。

第四节　药食同源类蔬菜基质栽培技术

古往今来，勤劳的中华民族在生产生活实践中总结发现了许多具有食用和药用价值的“药食同源”蔬菜及其他植物（本书仅以蔬菜为例），它们有祛病和滋补功效。一是提供营养，维持人体正常的生理机能；二是合理选食可发挥治病防病和提升免疫力的作用。如紫苏能发热散寒和止咳平喘，薄荷具有清利头目和利咽透疹的功效，鱼腥草可清热解毒与利尿消肿。适宜无土栽培的药食同源蔬菜种类（品种）较多，在栽培过程中，需要科学选择品种，确定合理的生产技术。

一、紫苏无土栽培

紫苏又名苏麻、白苏和赤苏等，是一种药食兼用的植物，作为蔬菜食用的主要是茎叶，紫苏为唇形科紫苏属一年生草本植物。紫苏的根系为须根系，主要分布在10~18cm深的土层中；株高60~180cm，全株有特殊香气；茎呈四棱形，为紫色、绿紫色或绿色，茎上有长茸毛；单叶对生。轮伞花序2花，组成顶生和腋生的假总状花序。

1. 对环境条件的要求

(1) 温度 紫苏喜欢温暖湿润的环境。种子在5℃以上时就可以发芽，发芽的适宜温度为18~23℃。紫苏茎叶的生长适宜温度为26~28℃，因此在夏季高温季节生长旺盛；但气温超过35℃，会抑制紫苏茎叶生长，造成叶片老化、品质下降。紫苏在苗期可耐1~2℃的低温。

(2) 光照 紫苏喜光照充足的环境条件，但在遮阴的环境条件下也能正常生长。紫苏属于典型的短日照植物，在短日照条件下开花结实。秋冬季节生产可以通过延长光照抑制开花，可以有效增加茎叶的产量，提高经济价值。

(3) 水分 紫苏不耐干旱，尤其是在茎叶旺盛生长期。若空气过于干燥，会造成茎叶粗硬、纤维多、品质差。茎叶生长期空气湿度应保持在75%~80%，以保证叶片质量。紫苏耐涝性较强，在生产上可按“宁湿勿干”的原则进行水分管理。

(4) pH　紫苏对环境 pH 的适应范围较广，以 pH 为 6.0~6.5 的微酸性环境为佳。

(5) 养分　紫苏的生长比较快，分枝较多，叶片肥大，故紫苏的需肥量也大，对氮的吸收量最大，其次是钾和磷。

2. 品种选择

紫苏根据叶片颜色分为紫苏和白苏两大类。紫苏的叶片的正面和背面均为紫色，白苏的叶片的正面和背面均为绿色。作为经济性较好的蔬菜栽培时以紫苏的效益更优。在生产上应选用优质丰产、商品性好、抗病性强、抗逆能力强和适应性广的优良品种，如叶圣一号、龙苏一号和赤芳等。

3. 栽培技术

(1) 育苗　紫苏繁殖以种子为好。紫苏种子具有明显的休眠特性，播种时需进行催芽处理。在选种、晒种后，将紫苏种子用60℃温水浸泡30min，将种子置于4℃下预处理5d后取出种子冲洗干净，或用200mg/L赤霉素浸泡8h后取出冲洗干净晾干后即可播种。紫苏的种子非常细小，不适宜直接使用穴盘播种，可先用苗床播种，再移栽至穴盘。播种苗床用泥炭、珍珠岩、蛭石按3∶1∶1的比例混合均匀铺设，也可以使用育苗专用基质铺设，苗床铺设厚度为10cm，整平待用。播种时，苗床先浇透水，待水分渗透后即可播种。由于种子细小，难以均匀直播，播种前需要进行拌种处理：将1份种子和30份细土拌匀，拌匀后撒播于苗床上，稍微镇压一下，再覆蛭石，厚度以刚盖住种子为宜。播后保持苗床的床面湿润，保持基质含水量在90%以上，即以目测“湿润而不积水”为宜。

当小苗生长至有2对真叶时需要及时进行分苗。分苗时将幼苗从苗床移栽到穴盘上继续培养。穴盘选用72穴的穴盘，基质按泥炭、蛭石比为3∶7混合而成。育苗期间，温室内的温度应保持在16~28℃，湿度应保持在60%~70%，温度和湿度不适宜时及时调整。当长出6~8片真叶、苗高10~15cm时即可定植。

(2) 定植　定植时选择无病虫的健壮苗。准备紫苏无土栽培可以选用有机生态型无土栽培常用配方，具体应根据当地基质材料获得的难易程度选定。在每立方米的混合基质中加入有机生态型无土栽培专用肥10~20kg，混匀。种植槽宽96cm、高20cm、两槽间距为48cm。在槽底铺设塑料膜，防止土传病害，同时又能保水保肥。将配制好的基质填入种植槽后铺设喷灌或滴灌塑料管，每槽2根。夏季栽培的行距为25~30cm、冬季栽培的行距为20~25cm，株距为20cm左右。定植深度以基质盖住幼苗土球为宜，不能过浅或过深。

(3) 定植后管理

1）环境管理。生产期间保持温室内白天温度在25~28℃，日夜温差为5~8℃。冬季温度低于10℃时，要加强保温或加温，夏季温度超过35℃就需要通风降温或强制降温。定植后经过一段时间的营养生长后若遇到连续的短日照条件（光照为13h/d以下），植株易开花结果，使紫苏叶片失去商品价值，所以秋冬季节生产时要进行补光处理。从苗出齐后10d左右开始至采收结束前15d，每天傍晚开始亮灯，使每天的光照时间增加至16h以上，可抑制紫苏开花，增加叶片数量，提高产量。生产期间温室内湿度应保持在75%~80%，湿度过小时应喷水增湿，湿度过大时应及时通风降湿。

2）水肥管理。食叶紫苏较耐涝，但不耐干旱，如果基质过干品质差，所以生长期要保持基质湿润。浇水时应秉持“宁湿勿干”原则。紫苏苗高60cm时开始追肥，每亩追施1500kg沼液或在整个生长期间追施4~5次尿素，每次用量为12~20kg/亩。

4. 采收

紫苏的整形和采收可以同时进行。紫苏定植后20d，如果植株健壮，就可以采收第一茬叶片，可以将第4节以下的叶片全部摘除。再过10~15d，待侧枝基本定型后去除全部主茎上的叶片，只留一些侧枝和新芽。植株保留侧枝的数量要根据不同季节来定，一般夏季留10~12个侧枝，冬季留15~18个侧枝。等侧枝上新叶长大，进入紫苏采叶盛期。紫苏采收时要注意叶片无病斑斑、无缺损、无洞孔，叶片中间最宽处应超过18cm。

二、紫背天葵无土栽培

紫背天葵又名观音菜、血皮菜和当归菜等，属于菊科三七草属多年生宿根草本植物。食用部分为嫩叶和嫩梢。紫背天葵的根系较为发达，侧根多，再生能力强；株高30~60cm；茎秆近圆形，肉质，分枝性强，嫩茎呈紫红色，被柔茸毛；叶片呈宽披针形，叶缘有浅锯齿，叶面呈深绿色，叶背呈紫红色，叶肉较肥厚，表面呈蜡质，有光泽；头状花序顶生或腋生。

1. 对环境条件的要求

（1）温度 紫背天葵喜欢温暖的环境条件，耐热能力强，也较耐低温。适宜茎叶生长的温度为20~25℃，在30℃以上或8℃以下生长缓慢，茎叶能耐3~5℃的低温，但遇霜即发生冻害。

（2）光照 紫背天葵喜欢阳光充足的环境条件，如果生长期光照不足则枝条细弱，产量下降。但光照过强会导致植株矮小，叶片变小变黄、无光泽，品质下降并略带苦味。

（3）水分 紫背天葵喜欢湿润的环境，但忌积水，若积水则易引起烂根。

（4）pH 紫背天葵适宜在pH为6.0~6.5、通气良好的微酸性环境中生长。

（5）养分 紫背天葵耐瘠薄，需氮最多，其次是钾、磷。

2. 品种选择

中国栽培的紫背天葵品种大多为野生种驯化而来。紫背天葵根据茎叶颜色的差别，可以分为紫茎红背叶种和紫茎绿背叶种两大类。紫茎红背叶种较耐寒冷，适宜于在冬季或冷凉地区栽培；紫茎绿背叶种较耐高温和干旱，适合在夏季或高温地区栽培。

3. 栽培技术

（1）育苗 紫背天葵很少结籽，一般采用扦插繁殖，可以采用苗床扦插也可以采用穴盘扦插。如果是水培，可以使用水培扦插。扦插基质用蛭石和珍珠岩按1∶1体积比混合，也可直接购买商品育苗基质。

1）苗床扦插育苗。将混合好的基质铺设在苗床上，铺设厚度为8~15cm。扦插前先浇透水。插穗是从健壮的植株上剪下约10cm长的顶梢，将下部2~3片叶片摘掉，按行距为20~30cm、株距为6~10cm斜插于苗床，深度为5~6cm为宜。20~25℃的条件下，10~15d即可成活生根。

2）穴盘扦插育苗。穴盘扦插可以选用72穴的穴盘，将混合基质的湿度调整为60%左右并装入穴盘，刮平后扦插。将制备好的插穗直接插入穴盘中，深度以3cm为宜。20~25℃条件下，10~15d即可成活生根。

（2）定植 紫背天葵种植槽宽50cm、高15cm，两槽间距为50cm。种植槽内填入栽培基质，基质用3份泥炭加1份蛭石混合配成，并在每立方米混合基质中加入腐熟烘干鸡粪

10kg、豆饼 3kg、磷酸氢二铵 500g 并搅拌均匀。槽中间摆放 1 根滴管带，然后覆盖黑色地膜准备定植。

紫背天葵扦插后 35d 左右、株高达 10～15cm 时即可定植。在每个种植槽中定植 2 行，株距为 30～40cm，定植后浇足定根水。

(3) 定植后管理

1）环境管理。紫背天葵生长适温为 20～25℃，耐热不耐寒、怕霜冻，因此在低温的冬春季节要注意保温，温室内温度要保持在 10℃以上；夏秋季节超过 35℃，应加大通风换气量，必要时覆盖遮阳网，降低室内温度和湿度。紫背天葵为喜光但又不耐强光植物，光照度应控制在 8000～30000lx，光照过强时要及时遮阴，光照不够时应考虑补光。

2）水肥管理。基肥能保证紫背天葵 2 个月的正常生长，所以定植后 2 个月内不用施肥，仅浇灌清水，保持基质湿润即可。2 个月后，浇水改为浇营养液，营养液可选用 0.2%尿素或磷酸二氢钾溶液。浇水基本原则是保持基质湿润。

3）植株管理。对紫背天葵进行摘心以促进旺盛株丛，一般在定植后 10～15d、植株 15cm 长时摘心，促其侧芽萌生为营养主枝。每株可选留 4～6 个侧枝，多余侧枝抹除。

4. 采收

紫背天葵嫩梢长 10～15cm、有 5～6 片叶时即可采收。采收时在茎基部留一定节后剪下嫩梢，初次采收时留 2～3 节，以利于多发枝条；以后保留基部 1～2 个节即可。紫背天葵无土栽培一般一次栽植可连续采收利用 2～3 年，在水肥及温度和湿度管理条件较好的情况下通常每 7～10d 采收 1 次。

三、蒲公英基质槽培

蒲公英俗称婆婆丁、黄花地丁等。蒲公英为菊科蒲公英属多年生草本植物。根系为直根系，主根粗大，再生能力强，断根后侧根的生长能力较强，新根发生数量多；叶基生，呈莲座状。折断后会有白色乳汁流出；头状花序，舌状花呈黄色，5～6 月开花；6～7 月结果，瘦果呈褐色，种子冠毛为白色。

1. 对环境条件的要求

(1) 温度　蒲公英适应性强，既耐寒又耐热，越冬地下根茎在 1～2℃时即可发芽，发芽最适温度为 15～20℃，生长最适宜的温度是 15～22℃，地下部可耐受-40℃低温。

(2) 光照　蒲公英为短日照植物，在高温短日照条件下开花。蒲公英耐阴，适宜在温室中加密种植。

(3) 水分　蒲公英耐旱，耐涝能力也较强，对水分要求不严格，但不宜过干过涝。

(4) pH　蒲公英适宜生长在 pH 为 6.0～6.5 的酸性环境中。

(5) 养分　蒲公英适应性强，适宜在通透性良好和营养丰富的环境中集中生长，增施氮、钾肥可有效促进其产量的提高和品质的改善。

2. 品种选择

蒲公英的品种很多，适合作为无土栽培的品种有京英一号、四选一号、滨蒲 1 号和北农一号等，这些品种纤维少，口感鲜嫩，叶片大、产量高，也可以在当地野外无污染的山坡或田野采集野生蒲公英的种子来进行无土栽培。

3. 栽培技术

（1）育苗 蒲公英的种子没有休眠期，可以随采随播。若选用自采的种子，其尖端有茸毛，会影响播种，应把茸毛去除。其方法为：把采收来的成熟种子放在细铁纱网上反复揉搓，搓掉茸毛后晒干种子。倘若使用商品种子，一般不需要再揉搓。为提早出苗、提高发芽率和整齐度，可采用温水浸种催芽，即将种子浸泡于50~55℃的温水中，不断搅拌至水凉后再浸泡8h，捞出种子放在25℃左右条件下保湿催芽，3~4d种子露白即可采用穴盘播种。可按泥炭：珍珠岩：蛭石为2：1：1的比例自行配制基质，也可使用专用育苗基质。穴盘播种时装填完成后浇透水，每穴放1~2粒种子，不覆土或少量覆5~8mm厚的蛭石。温度保持在20~25℃，7~10d即可出苗。为了保证幼苗生长，可每天浇灌1次1/2标准浓度的营养液。

（2）定植 种植槽宽60cm、高15cm，两槽间距为50cm。在种植槽内填入栽培基质，基质的配方比较多，可以用泥炭、河砂、珍珠岩按1：2：2的比例混合或泥炭：炉渣按2：3的比例混合等。槽中间摆放1根滴管带，然后覆盖黑色地膜准备定植。当幼苗长到5~6片叶、新发根长度达到5~8cm时，即可移栽定植。一般每槽定植2行，相邻植株呈品字形。定植行距为30cm、株距为15~30cm。

（3）定植后管理

1）环境管理。蒲公英在无土栽培期间，温度要控制在白天20~25℃、夜间10~15℃，温度过高不利于蒲公英的生长，容易老化，影响品质。空气湿度保持在60%~70%。

2）营养液管理。蒲公英无土栽培营养液配方可参照表7-14进行，在实际生产中需对其进一步优化，实现经济效益最佳。

表7-14 蒲公英无土栽培营养液配方

营养成分		用量/(mg/L)
大量元素	硝酸钙［$Ca(NO_3)_2 \cdot 4H_2O$］	580.00
	硝酸钾（KNO_3）	630.00
	硫酸镁（$MgSO_4 \cdot 7H_2O$）	240.00
	磷酸二氢铵（$NH_4H_2PO_4$）	228.00
微量元素	乙二胺四乙酸钠铁（EDTA-NaFe）	40.00
	硫酸锰（$MnSO_4 \cdot 4H_2O$）	2.13
	硼酸（H_3BO_3）	2.86
	硫酸锌（$ZnSO_4 \cdot 7H_2O$）	0.22
	硫酸铜（$CuSO_4 \cdot 5H_2O$）	0.08
	钼酸铵［$(NH_4)_6Mo_7O_{24} \cdot 4H_2O$］	0.02

将营养液的电导率控制在1.5~1.8mS/cm，随着植株生长，逐渐加大电导率，pH控制在6.0~6.5。采用间隔性供液方式，每天3次，每次3~8min，水温控制在15~18℃。

4. 采收

当蒲公英叶片长至20~40cm时就可以采收，采收时割下整株的叶片，注意不要伤及根部，以免影响蒲公英叶片再次生长。为防止蒲公英烂根，采收后15d内不可浇水。第一茬收

后 20d 可再次采收。

四、马齿苋基质槽培

马齿苋别名马齿菜、长命菜、马齿草、马苋菜、马勺菜、猪母菜、酸味菜和瓜子菜等，因其叶形似马齿，性滑似苋而得名，是马齿苋科马齿苋属一年生草本植物，在热带地区为多年生草本植物。马齿苋的根系为须根系，一般分布于 5~15cm 深的浅土层中；茎匍匐生长或向上生长，多分枝，呈圆柱状、浅绿色或褐红色，长可达 30cm；叶全缘互生或对生，叶柄极短，叶片扁平而肥厚；茎叶表面光滑无毛，柔嫩多汁；6~8 月开花，3~5 朵浅黄色小花簇生于枝顶。

1. 对环境条件的要求

（1）温度　马齿苋喜高温，不耐低温惧霜冻，遇霜即死亡。10℃种子就可以发芽，最适发芽温度为 25~28℃，幼苗在 10℃以上开始缓慢生长；生长发育适温为 20~30℃，高于 35℃时植株呼吸旺盛，影响同化产物的积累，也不利于生长发育。

（2）光照　马齿苋喜光照，但也比较耐阴。如果光照不足容易徒长，但光照太强则易老化，在强光照的夏季种植马齿苋，需要遮阴。其开花要求短日照条件，在长日照条件下会延迟开花结果，在生产上可以通过延长光照时数促其维持营养生长，延长采收期，提高产量。

（3）水分　马齿苋既耐旱又耐涝，但喜欢空气干燥而基质潮湿的环境。如果长期干旱会导致产量和品质双减。

（4）pH　马齿苋生长以 pH 为 5.5~7.0 的弱酸性至中性环境较好。

（5）养分　马齿苋喜水肥，在营养丰富、通透性良好的环境中生长速度快、品质好。

2. 品种选择

马齿苋常见的有宽叶、窄叶和观赏马齿苋 3 种类型，其中宽叶马齿苋茎秆粗壮、叶片肥厚，多直立生长，适应性强，耐干旱，不耐低温，产量高，品质优，适合作为蔬菜栽培。

3. 栽培技术

（1）育苗　马齿苋的种子非常小，浸种时先将种子装入纱布袋中，袋口扎紧，再放入 25~30℃温水浸种 6~8h。捞出控干水分，置于阴凉干燥处放置 4h。将种子袋用潮湿的热毛巾包裹好，置于 25~30℃的温度环境下进行催芽。每隔 4~6h，用温水投洗 1 次直到出芽。

对马齿苋使用育苗盘播种。将配制好的基质装入育苗盘中，再把种子和砂粒按 1：30 的比例均匀混拌并撒到育苗盘上。用种量为 2~3g/m^2。撒种后，在其上覆盖一层蛭石，厚度为 0.5cm。夏季育苗要进行遮光，防止强光直射造成高温，不利于马齿苋的种子发芽。出苗前，温度控制在白天 25~30℃、夜间 15~17℃；出苗后，温度控制在白天 20~25℃、夜间 13~15℃。马齿苋在育苗期不能缺水，一般根据生产季节、天气及幼苗生长状况等及时浇水，保证苗期有充足的水分供给。

（2）定植　马齿苋种植槽长和宽均为 96cm、高 15cm。将配好基质填入种植槽。选用的基质为泥炭、颗粒状陈炉渣、菇渣、有机生态专用肥按 3：3：3：1 的比例混合，消毒后使用。装好基质后，再铺设滴灌系统。当苗长到大约 5cm 高且还没有在基部出现分枝时是马齿苋的最佳定植时期。定植株行距为 20cm×10cm。定植后浇透水，防止小苗根部裸露。

（3）定植后管理 马齿苋定植后1周内保持较高的温度，以利于缓苗，一般白天28~30℃、夜间20℃；缓苗1周后进入旺盛生长期，一般白天25~30℃、夜间15℃。夏季强光地区生产要注意遮阴，防止因强光导致品质下降。若在冬季生产，有条件的可以补光，通过补光抑制开花，延长采收期，提高产量。

马齿苋生产期间要保持基质持续湿润，以不干为宜。马齿苋喜氮肥。追肥以氮肥为主。缓苗后追1次尿素，用量为$5g/m^2$，兑水5kg，溶解后喷淋。10d后再追第2次，用量为$8g/m^2$，兑水5kg，溶解后喷淋，此后10d仍可按这次的用量和方法再追1次肥，采收前1周停止追肥。

4. 采收

马齿苋定植后15~20d即可采收，采收可以连根拔下，剪除根部，将菜体部分扎把上市，也可在基部保留2个侧芽后采收，采收后重新按定植开始的时顺序管理，进行下茬生产。

五、落葵无土栽培

落葵为落葵科落葵属一年生缠绕性草本植物。因其叶子近似圆形，肥厚而黏滑，咀嚼时如吃木耳一般清脆爽口，又名木耳菜。落葵全株肉质，光滑无毛；叶片全缘近似圆形；穗状花序腋生。落葵的幼苗、肥大的叶片或嫩梢可以作为蔬菜食用。

1. 对环境条件的要求

（1）温度 落葵的种子在15℃以上开始发芽，发芽最适宜温度为28℃。生育期要求有较高的温度，最适温度为25~28℃，低于20℃时生长缓慢，低于15℃时生长不良。

（2）光照 落葵属于短日照植物，秋季结籽。若在秋冬季节生产，延长光照有利于茎叶生长。落葵喜阴，夏季生产时需要遮阴。

（3）水分 落葵喜湿润，较耐湿，需常浇水，但是不能长期积水，否则会致根部腐烂。

（4）pH 落葵能在pH为4.7~7.0的环境中生长，最适pH为5.6~6.8。

（5）养分 落葵在疏松透气的基质中生长良好，对肥料的需求较大，而且尤以氮肥为多。落葵对铁元素比较敏感，缺铁时落葵的心叶会迅速黄化。

2. 品种选择

落葵根据茎叶颜色可以分为紫落葵和绿落葵，紫落葵的茎叶、花均为紫色，紫落葵的品质比较好，有观赏价值，但产量低；绿落葵品质不及紫落葵，但产量高。生产中常用的栽培品种主要有广叶落葵、红梗落葵和青梗落葵等。

3. 栽培技术

（1）育苗 落葵一般用种子进行繁殖，可以采用穴盘播种。落葵种子的种皮比较硬，发芽困难，播种前需要进行催芽处理。催芽时先用35℃温水浸泡1~2d，浸种后搓去种皮，淘洗干净，沥干表面水分，然后在30℃恒温条件下保湿催芽4d左右。种子露白后即可播种。落葵播种可以采用穴盘播种也可以用苗床播种，基质用育苗基质按配方混合或使用成品育苗基质。将基质湿度调节到60%左右，装入穴盘，刮平后播种，1穴1粒种子。播好后覆盖一层蛭石，浇透水。播种后保持白天30℃左右、夜间15~20℃。苗期为30~35d。

（2）定植 落葵种植基质可以选择被粉碎的玉米秸秆、牛粪、泥炭、珍珠岩、煤渣等，按80%有机基质和20%无机基质比例混合。复合基质中加入$10kg/m^3$有机专用有机肥，

$4kg/m^3$ 腐熟豆粕。基质消毒后装槽，并安装滴灌系统。采用每槽多行定植，采收嫩梢的行距为 20~25cm、株距为 15~20cm；采收嫩叶的行距为 50~60cm，株距为 30cm。

（3）定植后管理 落葵生长期间温室内温度为白天 25~30℃、夜间 15~20℃；保持空气湿度在 80%左右。落葵需要保持基质湿润，但基质不能长期积水，防止根部腐烂。一般春季每 3~5d 浇水 1 次，夏秋季每 2~3d 浇水 1 次。如果基肥充足，后面无须再进行追肥；若基肥不足，一般每 2 周追肥 1 次或每次采收后追肥，追肥时注意补充氮肥和铁肥。

以采收叶片为主的，需要搭架并引蔓上架。在植株高 20~30cm 时搭架，搭架一般用竹竿扎成人字架或篱壁架，选留一条主蔓为骨干蔓，将此蔓引上支架，当骨干蔓长到架顶时摘心，再从骨干蔓基部选留强壮侧芽形成侧蔓，骨干蔓采收结束后在紧贴新蔓处剪去。同时，要尽早抹去花蕾和多余腋芽。以采收嫩梢为主的，在植株高 30~35cm 时，留 3~4 片叶采收嫩梢，采收后从萌发的侧枝中选留 2 个强壮、旺盛的，其余抹去。第二次采收后再留 2~4 个强壮侧芽成梢，其余抹去，在生长旺盛期最多可选留 5~8 个强壮侧芽成梢，中后期应随时抹去花蕾。到了采收末期，植株的生长势减弱，留 1~2 个强壮侧芽成梢即可，避免因养分供应不足导致品质下降。

4. 采收

根据市场需求，可以采幼苗、嫩梢和嫩叶。

（1）采收幼苗 出苗后 20~25d、幼苗长出 4~5 片真叶时就可以陆续采收，采收时整株拔起。

（2）采收嫩梢 当嫩梢长 10~15cm 时可以采收，采收时可以用刀割或剪刀剪取。嫩梢可每 7~10d 采收 1 次。

（3）采收嫩叶 当枝条上叶片成熟后即可采收。前期每 15~20d 采收 1 次，中期每 10~15d 采收 1 次，后期每 7~10d 采收 1 次。

六、秋葵基质槽培

秋葵为锦葵科秋葵属一年生草本植物，又称羊角豆或洋辣椒。秋葵食用部分为果荚，其果荚脆嫩多汁、香味独特。秋葵的根系发达；茎直立生长，茎基部节间短，叶腋处常萌发侧枝，上部节间较长，不萌发侧枝；单叶互生，掌状五裂；花单生于叶腋，自下而上顺延开花结果；果实为蒴果，五棱，顶端细尖，略有弯曲，形似羊角或辣椒。

1. 对环境条件的要求

（1）温度 秋葵原产于非洲和亚洲热带地区，喜温暖、不耐寒，耐热性强。种子发芽和生育期适温都为 25~30℃；气温低于 17℃，开花结果不良；低于 14℃，则生长缓慢，植株矮小，叶片狭窄，开花少，落花多；8℃以下停止生长。

（2）光照 秋葵对光照条件很敏感，喜欢充足的光照，在弱光条件下植株容易徒长，影响产量。秋葵是长日照植物，在高温长日照条件下开花，秋冬季节生产要注意补光。

（3）水分 秋葵耐旱、喜湿，但不耐涝。发芽期和幼苗期土壤湿度过大，容易诱发幼苗立枯病，所以要控制浇水；结果期如果缺水，植株长势会变差，果实品质变差，要保持土壤湿润。

（4）pH 秋葵适宜在 pH 为 6.0~6.8 的微酸性环境中生长。

（5）养分 秋葵适应性较好，以土疏松肥沃、排水良好的基质为佳，对氮、磷、钾三元素的需求量较大。肥料要求氮、磷、钾齐全，生长前期以氮为主，中后期以磷、钾为主。氮过多植株易徒长、延迟开花结果，氮不足影响植株生长发育。

2. 品种选择

秋葵分为黄秋葵和红秋葵两种。黄秋葵的肉质更加紧实，口感优越，具有极高的食用价值，因此无土栽培多选择种植黄秋葵，品种主要有埼玉五角、东京五角和台湾五福等。

3. 栽培技术

（1）育苗

1）播前种子处理。浸种使用20~25℃温水，浸泡12h后捞出，冲洗干净并晾干，放置于25~30℃条件下保湿催芽，待种子露白后就可以播种了。

2）播种及播种后管理。秋葵播种可以使用穴盘播种，也可以使用营养块（8cm×8cm）播种。播种后苗床保持25℃左右，4~5d可出齐苗。

（2）定植前准备 种植槽按有机生态型无土栽培种植槽标准修建，基质可以使用泥炭、珍珠岩、有机肥按2∶1∶1比例混合。有机肥中可以加入骨粉等含磷量比较高的肥料。将混合好的种植基质装入种植槽，安放好排灌系统。

（3）定植 当秋葵幼苗生长至3~4片真叶时定植，每槽定植2行，行距为45~50cm、株距为40cm。

（4）定植后管理

1）设施内环境调控。秋葵定植后，温室中温度保持在白天25~30℃、夜间14℃以上，避免因为低温影响秋葵的开花结果。温室中要保证充足的阳光，并加强通风透气。

2）水肥管理。秋葵需肥量较多，在施足基肥的基础上，还要多次追肥。第1次追肥在缓苗结束后进行，以氮肥为主，施后应及时浇水。到结果期第2次追肥，促使植株健壮生长，施用磷、钾肥，促使果实早熟。秋葵结果期长，在结果期间也要追肥，在每次采收后追施一次磷、钾肥。黄秋葵植株高大，需水较多，耐湿性不耐旱，因此既要防旱、防涝，又要保水保湿。

3）植株调整。秋葵在正常条件下生长旺盛，主侧枝粗壮，叶片肥厚，往往开花结果延迟，应在秋葵苗高60cm左右时摘心，同时抹去多余的不健康侧芽，促进侧枝结果，提高早期产量。也可以将叶柄扭成弯曲状下垂，以控制营养生长。

4. 采收

一般在花谢后6d左右、秋葵果荚鲜绿、果荚内种子未老化、果荚长10cm左右时采收。秋葵宜即采即上市，保持果荚新鲜、脆嫩，可获得最佳商品品质。采收时用剪刀在果柄靠边枝干处剪下，保证摘下的果荚果柄有2~3cm长，同时注意不要伤害枝干。采收后，将其以下的叶子都摘除，增加植株的通风透光，既能减少养分的消耗，又可防止病虫害的滋生蔓延。

七、薄荷基质栽培

薄荷又名银丹草，为唇形科薄荷属多年生草本植物。薄荷的主要食用部位是茎和叶，可以鲜用，也可以干用。薄荷有直立茎、匍匐茎和根状茎，匍匐茎和根状茎水平生长，茎节上生长纤细的须根；直立茎高30~60cm，呈四棱形，具四槽；叶片长圆状披针形，被微柔毛；轮伞花序腋生。

1. 对环境条件的要求

（1）温度 薄荷对温度的适应能力较强，宿存越冬的地下茎能耐-15℃低温。薄荷的生长最适宜温度为25~30℃。在20~30℃，只要水肥适宜，温度越高生长越快。气温低于15℃时生长缓慢。

（2）光照 薄荷为长日照植物，在长日照条件下开花，且在长日照条件下积累的薄荷油、薄荷脑的较多。薄荷喜欢光线明亮但不受阳光直射的散射光环境，栽培时要适当遮阴。

（3）水分 薄荷喜欢在湿润环境中生长，但不同生育期对水分的要求不同。在生长的初期对水分需求较多。生长后期要适当控水，防止植株徒长，发生倒伏。

（4）pH 薄荷对基质的要求不严格，常规基质均能种植，在pH为6~7.5、疏松透气的基质中生长良好。

（5）养分 对薄荷属叶菜类蔬菜，氮、磷、钾三要素都不可缺少，对氮的吸收量较大，其次是钾，以氮为主并施用钾则增产效果明显。

2. 品种选择

薄荷根据茎秆颜色及叶子形状不同可以分为紫茎紫脉类型和青茎类型。紫茎紫脉类型薄荷在幼苗期整个地上茎都为紫色，中后期地上茎的中下部为紫色或者浅紫色，上部茎为绿色。紫茎紫脉类型薄荷大部分品种结实少，生长势和分枝能力较弱，抗逆性差，挥发油产量不稳定，但挥发油质量好，油中含薄荷脑量高。

青茎类型薄荷在幼苗期地上茎基部为紫色，上部为绿色，中后期地上茎基部为浅紫色，中上部为绿色。青茎类型大部分品种结籽率高，分枝能力和抗逆性强，挥发油产量较稳定，但油的质量不如紫茎类型。

3. 栽培技术

（1）育苗 薄荷可以播种和扦插繁殖，但操作较复杂、种子发芽率低，成本高。薄荷更多采用扦插繁殖。扦插可以采用苗床扦插也可以采用穴盘扦插。还可以使用水培扦插。扦插基质用蛭石和珍珠岩按1∶1体积比混合。也可直接购买商品育苗基质进行生产。

1）苗床扦插育苗。从健壮的植株上剪下约10cm长的嫩梢，将下部叶片摘掉，按行距为20~30cm、株距为6~10cm斜插于苗床，深度以5~6cm为宜。20~25℃的条件下，5~17d即可生根成活。

2）穴盘扦插育苗。从健壮的植株上剪下5~6cm长的嫩梢，将下部叶片摘掉，将制备好的插穗直插入装好基质的穴盘中，深度以3cm为宜。

3）扦插后管理。薄荷喜湿润环境，设施内空气湿度要控制在80%~90%，不能超过95%，否则容易引发病害。浇水的频次、时间和水量应结合本地气候条件来决定。生根前浇水要多，防止枝条失水，生根以后浇水要减少。施肥应以喷施含氮叶面肥为主，少施或不施磷、钾肥，薄肥勤施，提供苗期所需营养。

（2）定植 薄荷种植槽长和宽均为96cm、高15cm。选用泥炭、珍珠岩、有机肥按2∶1∶1的比例混合，消毒后将配好的基质填入种植槽。当薄荷幼苗长7~8cm时进行定植，定植株行距为20cm×10cm，定植后浇透水，并保持根系不外露于基质。

（3）定植后管理 薄荷定植后温室内温度一般为白天25~30℃、夜间15℃。薄荷前中期需水较多，特别是生长初期。封行后应适当控水，以免茎叶疯长，发生倒伏，造成下部叶片脱落，降低产量，但要注意保持基质湿润，防止出现干旱。薄荷在苗高10~15cm时追肥，每亩施尿素10kg，封行后每亩用磷酸二氢钾150g和尿素150g混合液喷施2次。薄荷进入旺盛生长期后要及时摘心，促进侧枝茎叶生长，利于增产。

4. 采收

薄荷作为蔬菜用，一般以摘、割方式采收嫩茎尖。

八、蕺菜基质槽培

蕺菜又名鱼腥草、折耳根，三白草科蕺菜属多年生草本植物，产于中国长江流域以南地区，将其搓碎有鱼腥气。蕺菜的茎呈扁圆柱形，扭曲，表面呈棕黄色，节明显，下部节上有残存须根；叶互生，叶片卷折皱缩，展平后呈心形，先端渐尖，全缘；穗状花序顶生，黄棕色。

1. 对环境条件的要求

（1）温度 蕺菜喜欢温暖湿润的气候，不耐干旱，耐寒。越冬的地下茎在-10~0℃时不会冻死，在12℃时，地下茎开始生长并发芽，生长前期的最适宜温度为16~20℃，地下茎成熟期要求20~25℃。

（2）光照 蕺菜对光照要求不严，但喜欢弱光的环境。

（3）水分 蕺菜喜湿耐涝，要求土壤潮湿，湿度为75%~80%。蕺菜对基质的适应性较强，在营养丰富、疏松透气的基质中生长良好。

（4）pH 蕺菜适宜生长在pH为6~7的微酸至中性环境中。

（5）养分 施肥以氮肥为主，适当施磷、钾肥，在有机质充足的基质中，蕺菜的地下茎生长粗壮。

2. 栽培技术

（1）种植槽准备 蕺菜种植槽长和宽均为96cm、高15cm。选用泥炭、珍珠岩、有机肥按2∶1∶1的比例混合，消毒后将配好基质填入种植槽。

（2）定植 将挖出的新鲜蕺菜的根状茎剪成长10cm的小段，每段留2~3节备用。在种植槽基质上开沟，沟深8~10cm，两条沟间距为20~25cm。将剪好的茎段平放于栽植沟内，茎段要头尾相连。种好后覆基质厚3~5cm，浇足水，遮阴保湿。

（3）定植后管理 定植后温室保持温度在16~20℃。以促进萌芽生长。进入旺盛生长期，温度提高到20~25℃。蕺菜喜湿、耐涝，生长期间不可缺水。出芽期基质湿度要保持在80%~95%，出芽后保持基质湿度在80%左右。生长迅速时期，每隔10~15d追施速效肥1次，前期以氮肥为主，后期以磷、钾肥为主。

3. 采收

蕺菜一年四季可以采收嫩茎和嫩叶。如果采收根状茎，一般在地上部干枯后进行。

第五节 食用菌类蔬菜无土栽培技术

食用菌类蔬菜的氨基酸、维生素和矿质等营养元素含量丰富，能量物质含量极少，是优质食物来源。食用菌类蔬菜多为非速生型，生产周期较长，丰产性好，经济价值高，耐长距离运输，加工性能优异，贮藏期和货架期较长，能较好地达到“常年种植常年采收”生产目的，使食用菌产业驱动乡村振兴成为可能。

一、木耳基质袋栽培

木耳又名黑木耳、光木耳和细木耳等，属于担子菌纲木耳科木耳属的食用真菌，腐生在枯死的树木枝干上。木耳的菌丝体为无色透明管状细胞连接而成；菌丝纤细，有根状叉；子实体扁平，形如人耳，所以叫木耳（图 7-5）。

1. 对环境条件的要求

（1）温度　木耳在不同生长发育阶段对温度的要求不同，孢子在 22～32℃ 萌发；菌丝能在 6～36℃ 生长，但以 22～28℃ 最适；子实体分化和发育的温度为 15～27℃，以 20～24℃ 最适宜。

图 7-5　玉木耳（陈世禄供图）

（2）水分　木耳栽培时基质含水量要保持在 60%左右。菌丝体生长阶段，空气湿度应保持在 70%以下；原基分化阶段空气湿度要保持在 80%～85%；子实体生长发育阶段空气湿度要保持在 85%～90%。

（3）空气　木耳是好气性真菌，生产管理时需要加强通风透气。

（4）光照　菌丝体在完全黑暗或有微弱散射光的条件下都能正常生长，光线过强则产量和质量差；在子实体分化和发育阶段必须有散射光，在黑暗的环境中很难形成子实体；在子实体生长阶段需要充足的光照。

（5）pH　木耳菌丝喜欢微酸性的环境，菌丝体生长的最适 pH 为 5.0～6.5。

2. 栽培技术

（1）栽培基质准备

1）基质配方。配方一：杂木锯末 77.5%～82.5%、麦麸 5%～10%、砻糠灰 10%、石膏 1%、石灰 1%、糖 0.5%。配方二：桑枝锯末 80.5%～84.5%、麦麸 3%～7%、砻糠灰 10%、石膏 1%、石灰 1%、糖 0.5%。配方三：杂木锯末 79%、麦麸 5%、棉籽壳 5%、砻糠灰 10%、碳酸钙 0.5%、石灰 0.5%。配方四：稻草 43%、玉米芯 43%、麦麸 10%、豆饼粉 2%、石膏 1%、石灰 1%。配方五：麦麸 6%、杂木锯末 40%、玉米芯 45%、石膏 2%、石灰 4%、钙镁磷肥 3%。

2）基质配制。按照配方将基质充分拌匀，调整基质含水量为 60%左右，以手握基质时指缝中渗出水但不下滴为宜。

3）装袋消毒。基质配制好后立即装袋，菌袋选用（15～17）cm×（33～38）cm×0.035cm 的低压聚乙烯或者聚丙烯袋，采用手工或机械装袋均可。以每袋装 0.5kg 干料为准，将表面压平、打洞，装袋要松紧适宜。用常压灭菌锅消毒，保持基质温度在 100℃ 达 12h 以上，停火后再闷 3～5h，取出菌袋后降温到 25℃ 才能开始接种。

（2）接种　在无菌室或者无菌箱内严格按照无菌操作程序操作，接种室定期用甲醛或高锰酸钾熏蒸 12～24h 灭菌处理。每瓶菌种可接菌袋 40～50 袋，接种前要严格检查菌种质量，接种工具可用接菌勺或接菌枪，把菌种接在基质表面。

（3）发菌期管理　将接种后的菌袋及时移入发菌室，进行发菌管理。菌袋培养期需要 50d。

1）培养室消毒和放菌袋。发菌室消毒前先安置好床架，可搭4～7层，层距不小于30cm。发菌室内用生石灰对地面进行消毒。

2）温度管理。接菌后1～15d为萌发期，前5d的室温以28℃为适宜，可促进菌丝快速萌发；第6～15d将室温调节至25～26℃，培养15d后菌袋中菌丝已经长入袋内3cm深以上，此时室温可降至23～24℃，以促进菌丝生长健壮。

3）防湿控光。控制发菌室空气湿度为70%以下，发菌时应避光培养。以防过强光照促使耳基形成过早，致使产量和质量下降。

4）发菌室定期消毒。每隔7～10d进行1次空间消毒，用0.2%多菌灵或0.1%甲醛溶液喷洒。

（4）出耳期管理 当木耳菌丝长满菌袋后就可以进行出耳管理。

1）菌袋打孔。在菌袋中菌丝的生长覆盖率达到90%左右时，可在袋上进行打孔操作，采用刺孔工具每棒刺150～200个孔，孔径为3～4mm、深5～10mm。打孔要及时，防止菌龄过长。

2）菌袋摆放。在平整的出耳场地上垫一层塑料薄膜，将菌袋间隔5cm直立摆放在其上。一般1m^{2}场地可放25袋。

3）温度控制。木耳生长期温度控制在20～24℃，不可高于30℃；每天傍晚喷雾1次，每次10min左右，白天保持干燥，形成干湿交替的环境；保持空气清新，使木耳正常生长。7d左右可形成大量耳基。

3. 采收

木耳子实体的生长周期一般为25d左右，当耳片充分展开，耳基开始收缩，子实体腹凹面略见白色孢子粉时应立即采收，太晚可能出现烂耳现象。采收时用拇指与食指轻捏住耳片基部，轻轻旋转即可采下耳片，注意避免碰落或碰伤未到采收期的幼耳。

1个菌袋可以多次采收，一般将达到采收标准的木耳采下，剩余的木耳继续进行出耳管理，直至出耳结束。

二、银耳基质袋栽培

银耳又名白木耳，为银耳科银耳属的食用真菌。银耳的菌丝纤细，有分枝，呈灰白色（图7-6）。银耳菌丝的萌发和生长要有香灰菌伴生。香灰菌的颜色是铜绿色或草绿色，因此在银耳菌丝生长阶段，在菌袋中看见的菌丝是铜绿色或草绿色的。银耳的子实体半透明、柔软有弹性，由许多薄而多褶的扁平形瓣片组成。

图7-6　银耳（陈世禄供图）

1. 对环境条件的要求

（1）温度 银耳孢子在18～30℃都能萌发，但以在23～25℃最适宜；菌丝生长温度为8～34℃，最适宜温度为20～28℃；子实体形成最适宜温度为20～24℃；子实体生长温度以22～25℃为宜。

（2）水分 银耳栽培基质含水量以

60%~65%为宜。菌丝体生长阶段的空气湿度控制在70%以下，子实体生长发育阶段空气湿度要提高到90%。

（3）空气　银耳是好气性真菌，栽培时要注意栽培室内的通风，以排除二氧化碳，保持空气新鲜。

（4）光照　银耳菌丝生长阶段不需要光照，子实体要在散射光下才能发育良好。

（5）pH　银耳是喜微酸性真菌，最适 pH 为 5.2~5.8。

2. 栽培技术

（1）栽培基质准备

1）基质配方。配方一：棉籽壳 85%、麦麸 13%、石膏 1.5%、蔗糖 0.5%。配方二：棉籽壳 80%、麦麸 15%、玉米粉 3%、石膏 1%、蔗糖 1%。配方三：棉籽壳 83.5%、麦麸 15%、黄豆粉 1.5%、微量富硒元素。配方四：杂木锯末 76%、麦麸 20%、石膏 2%、蔗糖 1.3%、硫酸镁 0.4%、尿素 0.3%。

2）基质配制。不同地区根据材料获得的难易程度，选择适宜的配方。按照配方将基质充分拌匀，调整基质含水量为60%左右，以手握基质时指缝中渗出水但不下滴为宜。

3）装袋消毒。基质配制好后立即装袋，菌袋选用 55cm×（8~10）cm×0.035cm 的低压聚乙烯或者聚丙烯袋，可以手工装袋或机械装袋。每袋装 1kg 干料，装袋要松紧适宜，装好后封口。用常压灭菌锅消毒，保持基质温度在 100℃达 15~18h，停火后再闷 3~5h，取出菌袋后降温到 25℃才能开始接菌。

（2）接种　在无菌室或无菌箱内严格按照无菌操作程序操作，接种室定期使用甲醛、高锰酸钾熏蒸 12~24h 灭菌处理。接种时在装好的菌袋上均匀地打 4 个接种穴，接种穴直径为 1.2cm、深 2cm，用接菌勺或接菌枪把菌种放入接种穴，菌种要低于料面 1~2mm。然后用 3cm×3cm 的封口胶布封严接种穴，防止杂菌渗透到袋内。

（3）发菌期管理　将接种后的菌袋及时移入发菌室，进行发菌管理。银耳的菌丝生长阶段通常为 12d 左右。对发菌室消毒前先安置好床架，可搭 4~7 层，层距不小于 30cm。发菌室内用生石灰对地面进行消毒。菌袋要整齐地排放在床架上并要紧靠、重叠在一起，以提高温度，促进菌丝生长。15d 后把菌袋重新排放，袋与袋之间距离 2cm 左右，防止热量蓄积，造成高温损伤菌丝。

接菌后 1~3d 为萌发期，前 3d 的室温控制在 26~27℃，以促进菌丝快速萌发；第 4d 室温调节至 23~25℃，发菌室空气湿度控制在 65%~70%。每天通风 1~2 次，每次 20~30min，以排湿和补充新鲜空气。发菌时应避光培养，以防过强光照促使耳基过早形成，致使产量和质量下降。

接种后 3d 左右菌丝能长满接种穴，到第 8d 左右，菌圈能长到 8~10cm，4 个接种穴的菌圈能连接到一起。这时要把胶布揭开一角，以增加菌袋中的氧气，促进子实体的形成。同时保留的胶布构成一个小屋状，对幼嫩的子实体起到保护作用。揭角的方法是：捏紧一角朝它的对角轻轻平拉过去，不要朝上揭开。揭角后在菌袋上盖上湿润的报纸，要经常喷水以保持报纸湿润，将空气湿度提高到 80%~85%。

（4）出耳期管理　接种后 13~18d 为子实体形成阶段（出耳阶段）。在接种后第 14d，进入子实体形成旺盛时期，这时去除全部胶布。到接种后第 16d，子实体基本出齐，为了给幼耳的迅速生长排除障碍，要把原接种孔向外扩大一圈，半径增加 0.5cm。在出耳期，银耳对温度很敏感，要保持温度在 22～24℃，温度高或低都会严重影响出耳率。空气湿度要提高到 90%左右。因为充足的氧气对银耳子实体形成很重要，所以出耳期必须保持室内空气新鲜。在银耳出耳期间，菌袋内会出现黄色水珠，是银耳出耳期间的生理排泄物，也是幼耳即将出现的征兆，但黄色水珠不能存留在菌袋中，要及时排除，否则会影响出耳率，严重的会造成烂耳。排除黄色水珠一般在撕胶布、扩孔时进行，用药棉轻轻吸取即可。

1）幼耳期。接种后 19～27d 为幼耳生长期，这一时期银耳幼嫩且不整齐，要促使幼耳个体壮实、整齐一致。幼耳期的温度要保持在 23～25℃，低于 22℃或超过 25℃时耳片会变薄。空气湿度要控制在 80%左右，如果低于 75%，就会出现幼耳萎缩发黄的现象；如果高于 85%，则会出现开片早、大压小的现象。幼耳期通风时要注意空气湿度，不能因通风导致室内空气湿度低于 75%。银耳喜光，幼耳期要给予银耳适宜的散射光。

2）成耳期。接种后 28～38d 是成耳期。成耳期温度控制在 25℃，不能低于 24℃，也不能高于 26℃；空气湿度控制在 95%，从第 33d 起，需要揭掉覆盖的报纸，直接在银耳上喷水。成耳期银耳对氧气的需求量很大，在保证室内温度和湿度的前提下尽量多开窗通风。另外，成耳期要尽量增加室内的散射光。

3. 采收

银耳的生长周期一般为 38d 左右，当耳片充分展开、子实体稍有弹性的时候就可采收。采收时用小刀从耳基部将子实体整朵切下。银耳采收后，基质中会有部分营养没有被吸收利用，还会长出再生耳，继续加强管理，培养 15～20d 后可再次采收。

三、金针菇基质瓶栽培

金针菇又名朴菇，是口蘑科小火焰菌属食用菌。金针菇的菌丝为白色绒毛状，有锁状联合（图 7-7）。菌丝生长过程中，菌丝断裂形成大量粉孢子，使菌丝在培养后期具有粉质感；子实体基部相连，成束生长，菌盖初期为白色球状体，后逐渐成为半球形，呈乳黄色或白色。

1. 对环境条件的要求

（1）温度 金针菇孢子在 15～24℃都能萌发，但以 20℃最适宜；菌丝生长温度为 4～35℃，最适宜温度为 22～26℃；子实体形成最适宜温度为 20～24℃；子实体生长的温度范围是 5～19℃，最适宜温度是10～15℃。

（2）水分 金针菇栽培基质相对含水量以 60%～65%为宜。菌丝体生长阶段，空气湿度控制在 60%～70%，子实体生长发育阶段空气湿度要提高到 90%左右。

图 7-7 金针菇（陈世禄供图）

（3）空气 金针菇是好气性真菌，栽培时要注意通风，以排除二氧化碳，保持空气新鲜。特别是在子实体生长期，如果氧气不足、二氧化碳浓度过高，菌盖生长会明显受到抑制。

（4）光照 金针菇在菌丝生长阶段不需要光照，子实体要在散射光下才能发育良好。

但若散射光过强，子实体会表现为柄短、盖大、颜色深，影响质量。金针菇子实体生长发育需要 100lx 左右的散射光。

（5）pH　金针菇菌丝生长适宜的 pH 为 3.0~8.4，最适 pH 为 5.0~7.5。

2. 栽培技术

（1）栽培基质准备

1）基质配方。配方一：棉籽壳 88%、麦麸 10%、石膏 1%、石灰 1%。配方二：棉籽壳 44%、玉米芯 44%、麦麸 10%、石膏 1%、石灰 1%。配方三：棉籽壳 35%、玉米芯 53%、麦麸 10%、石膏 1%、石灰 1%。配方四：棉籽壳 38%、锯末 25%、麦麸 32%、玉米粉 3%、石膏 1%、石灰 1%。配方五：锯末 79%、麦麸 20%、石膏 1%。配方六：锯末 74%、麦麸 25%、石膏 1%。

2）基质配制。不同地区根据材料获得的难易程度，选择适宜的配方。按照配方先将原料干拌均匀，再将石膏和石灰溶于水后加入料中，调整基质含水量为 60%左右，以手握基质时指缝中渗出水但不下滴为宜。

3）装瓶灭菌。基质配制好后立即装瓶，栽培瓶使用容量为 1200mL、口径为 80mm 的塑料瓶。瓶子带盖，盖子为双层，中间加海绵，内层有 5 个孔。将配好的基质装入栽培瓶中，装到瓶口下 1.5cm 处，每瓶装 950~980g（带瓶重量），基质松紧度要适宜。装好后盖好盖子并消毒灭菌。用高压灭菌锅消毒，基质温度保持在 122℃、压力保持在 1.5 个大气压，维持 2.5h 以上，取出栽培瓶后降温到 20℃才能开始接菌。

（2）接种　栽培基质温度降到 20℃后，进行无菌接种。菌种充足的条件下，采取全孔接种。可以人工接种，也可以使用接种机接种。

（3）发菌期管理　将接种后的塑料瓶放入培养室，保持温度在 15~17℃。菌丝生长过程中会产生热量，需经常检查，基质中的温度要在 20℃以下，减慢菌丝生长速度，使菌丝长得健壮。保持室内空气湿度在 70%~80%，有充足的氧气，二氧化碳浓度在 4000mg/L 以下。无须光照。发菌期一般为 25~30d。

（4）搔菌　用搔菌机（或手工）去除老菌种块和菌皮等方式进行搔菌。当菌丝发满整个瓶子并在表面出现黄色露珠状分泌物时要及时搔菌。搔菌时把瓶盖去掉，用搔菌匙将表面老菌块挖掉，把形成的菌膜划破，以增加菌丝和氧气的接触。搔菌要求料面平整，深浅一致，表面无散料，并补水 10~15mL。搔菌也可以使用搔菌机。搔菌后不再盖盖子，在瓶口处覆盖湿润报纸并保湿。

（5）催蕾　搔菌后，把温度降到 10~15℃，空气湿度调整到 90%左右，增加室内空气循环，保证室内温度和湿度均匀，二氧化碳浓度控制在 3000mg/L 以下，并给予散射光照。3~4d 以后，料面上会长出鱼子状菇蕾。催蕾时要在瓶口覆盖报纸喷水保湿，防止基质干燥，也可以使用自动增湿机来加湿。

（6）抑制　现蕾后 3~5d，菌盖长到半个绿豆大小、菌柄 1~2cm 时要进行抑制处理，以减缓幼蕾生长速度，使子实体长得粗壮整齐。抑制前先将温度降到 8℃、空气湿度维持在 85%~90%进行均育处理，2~3d 后把室内温度降到 5℃、空气湿度在 85%~90%、二氧化碳控制在 1000mg/L 以下。抑制可以使用光抑制和风抑制两种方法。光抑制的方法是每天照射 2h 的 200lx 的散射光，分多次进行。风抑制的方法是每天吹风 2~3h，连续吹风 3d 左右。

（7）子实体生长期管理　抑制后，保持环境温度在 10℃左右，空气湿度在 85%~90%。

加大通风量，促使金针菇生长。当幼菇长出2~3cm时，在瓶口上加一个12~13cm高的喇叭形纸筒，可以减少氧气、增加二氧化碳，达到抑制菌盖开展、促进菌柄生长的目的。

3. 采收

当金针菇菌柄长到12~15cm，菌盖为半球形时及时采收。采收前2d把空气湿度降到75%~80%，通风除去菇体上的凝结水。采收时将纸筒取下，握住子实体基部，前后摇动就可把金针菇取下。

四、香菇基质袋栽培

香菇又名花菇和冬菇，为口蘑科香菇属的食用真菌。香菇的菌丝体为白色绒毛状、有横隔和分枝，菌丝相互交织呈蛛网状；子实体为伞状，菌盖为圆形或不规则圆形，开始时边缘内卷，逐渐变为扁球形、最后平展，中央微凹，大小不等。

1. 对环境条件的要求

（1）温度 香菇担孢子萌发的最适温度为22~26℃。香菇是低温和变温结实性的菇类，菌丝生长温度范围是5~24℃。香菇原基在8~21℃分化，在10~12℃分化最好；子实体在5~24℃发育，8~16℃为发育最适温度。在恒温条件下，香菇不形成子实体。

（2）水分 香菇菌丝生长的适宜基质含水量为55%~60%，含水量过高或过低都不利于菌丝的生长，从而影响子实体形成。菌丝体生长期的空气湿度要控制在70%以下。子实体形成和生长发育阶段适宜的空气湿度为85%~95%，湿度过高或过低会造成子实体生长不良，影响香菇的产量和质量。

（3）空气 香菇属于好气性真菌。充足的新鲜空气是香菇正常生长发育的重要条件。

（4）光照 香菇菌丝生长阶段不需要光照，光照会对香菇菌丝生长有抑制作用。在子实体分化和生长发育阶段，需要300~500lx的散射光。

（5）pH 香菇适宜在微酸性的基质上生长，在pH为3~7时都能生长，最适pH为5.5~6.0。

2. 栽培技术

（1）栽培基质准备

1）基质配方。配方一：粗锯末52%、细锯末26%、麦麸20%、蔗糖1%、石膏1%。配方二：杂木锯末50%、麦麸20%、莲壳20%、玉米芯10%。配方三：杂木锯末78%、麦麸16%、玉米粉2%、蔗糖1.2%、石膏2%、尿素0.3%、过磷酸钙0.5%。配方四：杂木锯末66%、麦麸10%、棉籽壳20%、蔗糖1.2%、石膏2%、尿素0.3%、过磷酸钙0.5%。

不同地区根据材料获得的难易程度，选择适宜的配方。按照配方先将原料干拌均匀，再将石膏溶于水后加入料中，调整基质含水量为60%左右，以手握基质时指缝中渗出水但不下滴为宜。

2）装袋灭菌。基质配制好后立即装袋，栽培袋选用15cm×(50~55)cm×0.004cm的低压聚乙烯或者聚丙烯袋。可以用手工装袋或机械装袋。每袋装1kg干料，装袋要松紧适宜，装好后封口。用常压灭菌锅消毒，保持基质温度在100℃达36h以上，停火后再闷3~5h，取出菌袋后降温到28℃才能开始接菌。

（2）打孔 菌袋灭菌后，在无菌室或者无菌箱内打孔、接种。打孔时先用酒精棉球擦去袋面的残留物，用打孔器在袋面上等距打3个接种穴，再翻到背面打2个接种穴，两面接种穴要错开。穴直径为1.5cm、深2cm。打孔后要立即接种，严格按照无菌操作程序操作，每瓶菌种可接菌袋20袋左右，接种前要严格检查菌种质量。用接菌勺或接菌枪把菌种放入接种穴，菌种要低于料面1~2mm。接种后用3cm×3cm的胶布贴好，封严接种穴。

（3）发菌期管理　将接种后的菌袋及时移入发菌室，进行发菌管理。发菌室内用生石灰对地面进行消毒。移入发菌室的菌袋以“井”字形堆叠，横竖均为每行3~4袋，依次重叠，堆放6~10层。接菌后前面3~5d的室温控制在27℃，以促进菌丝快速萌发。第4~5d室温调节至25℃左右，发菌室空气湿度控制在65%~70%。每天通风1~2次，每次20~30min，以排湿和补充新鲜空气。发菌时应避光培养，以防过强光照影响菌丝生长，致使产量和质量下降。接种后5~6d进行1次翻堆。将菌袋上下左右调换，使空气、温度一致，并在翻堆时检查是否有杂菌污染。接种后20d左右菌丝能长满接种穴，菌圈能长到8~10cm，这时要把胶布揭开一角，以增加菌袋中的氧气，促进子实体的形成。

（4）脱袋排场　接种后60~70d，菌丝长满整个菌袋，菌丝体开始膨胀、褶皱、表面形成大量瘤状突起，在接种穴四周，有浅棕色物质出现，就要将菌袋搬到菇场进行脱袋排场。将菌袋运到菇场内，用刀子把菌袋纵向划破，小心地把塑料薄膜撕掉。将菌筒排放在菇床的横杆上，菌筒的2/3高度处靠在横杆上，与地面呈70°~89°夹角，菌筒间距为5~6cm。

（5）转色管理　脱袋后，香菇从营养生长转为生殖生长，白色的菌丝在菌筒表面形成一层菌膜。转色时菌丝分泌色素，菌膜由白色转为粉红色，逐渐变为褐色。转色期为12~15d。脱袋后的温度控制在20℃左右，空气湿度控制在85%~90%，为了保证湿度，可以给每个菇床上覆盖一层塑料薄膜。脱袋后5~6d，每天揭膜通风2~3次，每次20~30min。脱袋后7~8d，菌丝开始转色，这时要增加通风次数和时间。

（6）出菇期管理　香菇是低温变温结实型真菌，只有在变温条件下才进行生殖生长。转色后温度控制10~18℃，需要有10℃以上的昼夜温差。经过3~4d，香菇进入子实体生长阶段，大量的菇蕾出现，这时温度保持在12~20℃，每天通风2次，每次30min，结合通风喷水，控制空气湿度为80%~90%、菌袋含水量为55%左右、有充足的氧气和一定的散射光。

3. 采收

香菇长至七成熟、菌膜没开裂、菌盖呈铜锣边时采摘。

五、平菇基质袋栽培

平菇又名侧耳、糙皮侧耳，为口蘑科侧耳属的食用真菌（图7-8）。

图7-8　平菇（陈世禄供图）

1. 对环境条件的要求

（1）温度　平菇菌丝生长温度是5~35℃，最适温度为25℃左右。不同品种的平菇子实体形成对温度的要求不同，低温型品种的子实体分化温度是5~15℃，最适温度是8~13℃；中温型品种的子实体分化温度是12~22℃，最适温度是15~20℃；高温型品种的子实体分化温度是20~30℃，最适温度是25℃；广温型品种的子实体分化温度范围较广。平菇是变温结实性菇类，温差刺激有利于子实体分化，恒温条件下子实体难以发生。

（2）水分 平菇菌丝生长的适宜基质含水量为60%~65%，含水量过高或过低都不利于菌丝的生长，菌丝体生长期的空气湿度要控制在70%以下。

子实体形成和生长发育阶段，适宜的空气湿度为85%~95%，湿度过高或过低都会造成子实体生长不良，影响平菇的产量和质量。

（3）空气 平菇属于好气性真菌。菌丝体生长阶段，对氧气要求不严格；但在子实体生长发育阶段，要有充足的氧气，才能保证其正常生长发育。

（4）光照 平菇菌丝生长阶段不需要光照，光照会对平菇菌丝生长有抑制作用。在平菇子实体分化和生长发育阶段，需要散射光，但强烈的光照尤其大于2500lx的直射光会抑制子实体生长。

（5）pH 平菇适宜在微酸性的基质上生长，在基质pH为5~9时都能生长，最适pH为5.5~6.0。

2. 栽培技术

（1）栽培基质准备

1）基质配方。配方一：棉籽壳100%、水适量。配方二：棉籽壳91.7%、麦麸（或米糠、玉米面）5%、石灰2%、石膏1%、尿素0.3%、水适量。配方三：玉米芯92.5%、钙镁磷肥4%、尿素0.5%、石灰3%、水适量。配方四：玉米芯81%、麦麸10%、复合肥3%、石膏2%、石灰4%、水适量。配方五：豆秆75%、棉籽壳15%、麦麸5%、石膏2%、石灰3%、水适量。配方六：甘蔗渣80%、麦麸15%、过磷酸钙1%、石膏1%、石灰3%、水适量。

2）基质配制与消毒。不同地区根据材料获得的难易程度，选择适宜的配方。按照配方将基质充分拌匀，调整基质含水量为60%左右，以手握基质时指缝中渗出水但不下滴为宜。平菇栽培基质用常压灭菌锅消毒，保持基质温度在100℃达12h以上，停火后再闷3~5h，取出基质后降温到25℃才能开始接菌。

（2）装袋接种 基质配制好后立即装袋，菌袋选用（22~28）cm×(45~55)cm×0.002cm的低压聚乙烯或者聚丙烯袋。平菇装袋接种采用层播法，把菌袋的一端捆扎，捆扎位置在菌袋的1/3处，从另外一端装料，边装边压实，装到一半时，在料面上撒一圈菌种。接种后继续装料，装至快满时，再撒一圈菌种，整平压实，用绳子扎口。封口后倒过来，把之前捆扎的绳子去掉，装料到快满的时候，撒一层菌种，整平压实封口，一般采用两层料三层菌种。

（3）发菌期管理 接种后要及时把菌袋排放在发菌室内，可以排放在地面上或培养架上。气温低时可以多层堆放，气温高时单层排放。温度越低堆放层次越多。

在发菌期间需要多次翻堆，第一次在接种后3~5d，第二次在接种后10d左右，以后每5~10d翻堆1次。通过翻堆使菌袋内温度均匀、发菌整齐。若装袋接种时未打孔，则需在发菌期管理中还要注意刺孔通气，促进菌丝的生长，可以使用牙签刺孔，一般刺在菌丝顶端1cm处，每个菌圈等距离打5~6个孔。在平菇发菌期，要创造适宜菌丝生长发育的环境条件，发菌室内温度控制在20~25℃，空气湿度在70%以下，经常通风换气，保持空气新鲜。发菌时应避光培养，以防过强光照促使过早形成耳基，致使产量和质量下降。

（4）子实体形成期管理 接种后20~30d，菌丝长满菌袋后，可以转入出菇房进行出菇管理。在出菇房中将菌袋一层层摆放，堆4~8层，每排间留60cm的间距，以方便管理和采菇，进入出菇房后及时解开袋口，用小铁耙或镊子将老菌皮去掉，露出菌丝。此时，白天室温保持在20~25℃，晚间开门窗降低夜间温度，创造8~12℃的昼夜温差；空气湿度保持在90%左右，增加通风和散射光照射，以促进子实体分化。

（5）出菇期管理　一般催菇后5~7d，菌袋两端出现大量菇蕾。随后子实体迅速生长，需要大量的水分和新鲜空气。这时室温要保持在13~20℃、空气湿度控制在90%左右。在保证温度和湿度的前提下，加强通风，保证出菇房内空气新鲜。

3. 采收

当平菇菌盖基本平展、颜色开始变浅时就可以采收。采收时用手握住菌柄，轻轻摇动即可采下。采收后把料面清理干净，停止喷水，养菌5~7d后再进行出菇管理。通过加强全面管理，平菇可以实现多次采收。

第六节　樱桃萝卜穴盘无土栽培生产技术方案

一、生产目标

樱桃萝卜种植面积为2000m^2，每茬可种植樱桃萝卜1.1万盘。樱桃萝卜采用穴盘无土栽培，可以周年生产，每年可以生产12茬，单产可达到85kg/m^2，总产量170000kg。樱桃萝卜的商品质量要求是，肉质根表面富有光泽、外形饱满，直径为2~3cm，单根重15~20g。

二、生产时间

樱桃萝卜穴盘无土栽培可以实现周年生产，樱桃萝卜生长周期为30d，1年可以生产12茬。

三、栽培品种

采用穴盘种植樱桃萝卜要求选择株型较小、肉质直根不易开裂、表皮富有光泽、适应力较强的品种。

（1）美樱桃　该品种是自日本引进的小型萝卜品种。肉质根呈圆形，直径为2~3cm，单根重15~20g，根皮为红色，瓤为白色，具有生育期短、适应性强的特点，喜温和气候，不耐热。

（2）上海小红萝卜　该品种的肉质根为扁圆球形，表皮为玫瑰紫红色，单根重20g左右，生育期为30~40d。

（3）二十日大根　该品种是从日本引进的品种，极早熟，生育期为20~30d；表皮鲜红，肉质白嫩，直径为2~3cm。

（4）卡洛尔　该品种属意大利引进品种，生育期为20~30d，叶片短小，叶色深绿，肉质根为圆球形；根皮光滑，为鲜红色，肉为白色，直径为1.5~2cm，单根重15g，没有侧根；耐寒耐热，可四季种植。

（5）樱桃美人　该品种是从意大利引进的早熟品种，生育期为20~30d；果实长，上部为红色，下部为白色，肉为白色；直径为1.5~2cm，单根重15g；耐寒性强，不耐高温。

（6）荷兰红星樱桃萝卜 该品种是从荷兰引进的早熟品种，生育期为25~30d；肉质根为圆球形，根皮光滑且为鲜红色，肉为白色，直径为2~3cm，单根重15~20g；喜温和气候，不耐炎热。

（7）红玛丽 该品种生育期为30d；根为圆球形，直径为2~3cm，外皮为鲜红色，肉为白色，单根重15~20g；较耐寒，耐热性一般。

（8）萨丁 该品种是从意大利引进的早熟品种，生育期为20~30d；叶片短而少；肉质根为圆球形，根皮光滑，为鲜红色，肉为白色，直径为1.5~2.0cm，单根重15g。

周年生产应选择耐寒耐热的品种，如卡洛尔；若只是春、秋、冬三季生产，大部分品种都可以使用。

四、栽培技术

樱桃萝卜穴盘栽培不用提前育苗，直接在穴盘中播种。

1. 穴盘选择与基质配制

樱桃萝卜穴盘栽培时，一般选用72穴的穴盘。种植基质用珍珠岩、泥炭、蛭石按照3：6：1的比例混合均匀。将配好的基质含水量调整至60%。注意基质湿度不能过大，过大则装盘困难，太小则播种后浇水困难。准备好基质后，装入穴盘，用工具刮平，然后用同规格穴盘在上压出0.5cm深的小坑。

2. 浸种催芽

为了提高种子出苗率和发芽整齐度，樱桃萝卜在播种前需要浸种催芽。一般用25~30℃温水浸种2~3h即可，浸种后捞出用清水冲洗干净，放置于18~22℃环境下保湿催芽，到种皮裂开露白，就可播种。一般催芽需20h左右。

如果购买的是包衣种子则不能浸种，需要直接播种。

3. 播种

把樱桃萝卜种子点播在穴盘中，1穴1粒，播种后用蛭石覆盖，播种后浇1次透水。

4. 生产管理

（1）温度和光照管理 将播种后的穴盘摆放于苗床上。出苗期间温室内温度不能低于8℃，也不能高于30℃，整个生长期间温度管理见表7-13。温室内要有充足的光照。

（2）水分管理 播种后浇水一定要浇透。穴盘底部有水流出时，说明已经浇透。如果基质过干需要小水滴灌或浸盘。

发芽期只需保证种子发芽对水分的要求即可，将基质湿度保持在60%左右，小水勤浇。

幼苗期需要适当地控水蹲苗，以促进樱桃萝卜根系的生长。同时，需防止幼苗徒长。

叶片生长期和肉质根膨大期则应确保水供应充足，避免忽干忽湿。可在基质表面出现轻微干裂时浇水。

（3）施肥 樱桃萝卜播种后14d开始施肥，通常需交替喷施清水与营养液。幼苗期和叶片生长期选用20-10-20的育苗专用肥溶液，每7d浇施2~3次，随植株生长逐渐加大，施肥量从25mg/kg逐渐加到1000mg/kg。进入肉质根膨大期后，改用高钾型水溶性复合肥1000倍液浇灌，营养液和清水交替使用。

5. 采收

一般在播种后30~35d采收，采收不能过晚，否则很容易糠心。采收时注意不要损伤叶片。

五、成本概算

樱桃萝卜穴盘无土栽培的生产成本概算见表7-15。

表7-15　樱桃萝卜穴盘无土栽培生产成本概算

项目	数量	单位	规格	单价/元	总金额/元
种子	178	kg	包衣种子	360.0	64080
穴盘	12750	个	72穴	0.8	10200
珍珠岩	136	m^3		300.0	40800
泥炭	272	m^3	3~6mm	300.0	81600
蛭石	46	m^3	3~6mm	260.0	11960
农药					5000
化肥					4000
遮阳网	2000	m^2	70%遮光率	1.0	2000
设备保养费					3500
水电费	9000	kW		0.7	6300
运费					30000
人工费					180000
不可预见费					50000
总计					489440

六、效益分析

樱桃萝卜采用穴盘无土栽培的面积为2000m^2，若按年产蔬菜170000kg、售价为6元/kg计算，年产值为102万元，去除成本48.94万元，预计年收益可达53万元以上。此效益分析仅作为参考，具体收益受生产水平、管理水平和市场价格波动等因素的影响较大。

第八章　蔬菜无土栽培水肥一体化技术

植株吸收水分和养分是两个相异的耗能过程。吸收水分的动力是由蒸腾作用产生的蒸腾拉力，属于非耗能过程；吸收养分要通过养分离子的跨膜作用，则需要消耗植株体内的生物能，属于耗能过程。植株吸收养分的前提是需要把肥料先溶于水，将大分子化合物溶解并分解成小分子化合物或离子态物质。水肥一体化是利用该原理研发的一套技术体系，有效节约人力、物力、时间和空间等生产成本，提高蔬菜生产效能，从而获得较好的经济、生态和社会效益。

第一节　水肥一体化系统

蔬菜无土栽培的水肥一体化系统，是从设施设备的角度，实现水分与肥料耦合的基本硬件条件及相关系统设计与技术要求。为确保水肥一体化系统在蔬菜生产过程中的正常运行，在生产实践中应做到硬件要用好，软件要配套（图 8-1）。

图 8-1　基质栽培水肥一体化系统

一、系统设计

1. 设计资料收集

（1）地形资料　实测地形图是水肥一体化系统布置、水力计算必不可少的环节。蔬菜

生产水肥一体化系统所在区域的地形要以实测地形图为标准。

（2）气象资料　气象资料是计算蔬菜生产需水量和制定水肥管理制度的基础，主要包括光照、温度、湿度、风速和风向等。

（3）蔬菜生产资料　要根据不同蔬菜的生理习性选择水肥方案、制定水肥管理制度，具体需要了解生产区域的蔬菜种类、种植时间和分布情况等。

（4）水源资料　水源资料不仅是水量平衡计算的基础，也是水泵、过滤器类型、水处理工艺和所用肥料种类的选用依据。水源资料主要包括水源类型、取水方式、供水量、水质情况等。

2. 设计要素

（1）水源工程规划　水源工程规划主要包括水源供水量分析、水量平衡计算和蓄水池容量的确定等。

1）水源供水量分析。水源供水量分析内容会随水源类型的变化而变化，若采用已建的水利工程或出水口供水，主要分析来水量和来水过程；若抽取河水作为水源，则主要分析该河流的年流量与月流量；若抽取地下水作为水源，则分析井的出水量和移动水位等情况。

2）水量平衡计算。水量平衡计算的目的是确定工程的规模，主要是确定系统可控制面积的大小。

3）蓄水池容量的确定。很多节水灌溉工程需要修建蓄水池，蓄水池的容量要根据供水和用水的平衡关系来确定。若蓄水池过大而供水量过小，易造成蓄水设备的闲置；反之，蓄水池小而供水量大，则易造成水源的浪费。另外，积蓄水池的储水量和水源供水量会对蔬菜无土栽培的种植面积产生双重影响。

（2）灌水器用法

1）灌水器选用类型。灌水器是灌溉系统的重要元件，正确选择灌水器是科学灌溉的重要步骤。通过科学灌溉技术，即将肥料或药剂由比例式注肥泵、文丘里施肥器、压差式施肥罐等专用的施肥装置注入节水灌溉管网，随着灌水器直接作用到作物的有效区域，可以很好地发挥水肥一体化系统的作用，提高肥料利用率。灌水器类型具体要根据蔬菜类型、种植模式进行选择，在节约水资源、保护环境的同时提高灌溉水利用率。通常，茄果类的“行植”作物，如番茄、黄瓜和辣椒等，采用滴灌带、滴灌管；木本蔬菜采用滴头、小管出流；盆栽蔬菜选用滴箭；对湿度要求高的叶菜类蔬菜，则选用雾化微喷；大面积成片种植的蔬菜，应选用喷灌（图 8-2）。

图 8-2　蔬菜喷灌

2）灌水器的布置。灌水器的布置形式关系着水肥一体化系统是否实现了高效灌溉。以滴灌为例，采用滴灌带和滴灌管等灌水器，需根据蔬菜株距选择相应滴头间距的产品，然后沿行向铺设在蔬菜根部附近。滴头、滴箭等灌水器的布置，则需根据蔬菜或器皿位置来灵活确定其安装位置。总之，滴灌灌水器的布置是以蔬菜生长为核心，安装到蔬菜根部附近，使灌溉水直接作用于蔬菜根部区域，促进根系的吸收。

（3）管道布置 管道布置主要包含轮灌区域的划分和管路布置原则等内容。

1）轮灌区域的划分。在大面积灌溉时，若所有的灌水器同时灌溉，必须最大限度地提高管道、水泵等所有设备的规格，供水量标准也相应提高。因此，需划分若干个轮灌区，合理布置灌溉系统，每个轮灌区由单独的阀门控制，各轮灌区依次灌溉，要求各轮灌区的流量接近、均衡灌溉。

2）管路布置原则。综合周围条件，遵循正、平、直的原则，设计管道长度最短，以减少压力损耗，同时节约材料；对于斜坡地形，主管应采用垂直等高线布置，若条件不具备应布置在等高线的高位；支管应采用平行等高线布置，使同一支管上压力平衡；管路尽量少穿越建筑物和道路等；控制阀沿道路布置，布置形式主要有丰字形布置和梳子形布置，此外还有树状、鱼状和环状等布置形式。

（4）管道的水力计算 首先根据经济流速计算支管和干管的管径，然后根据管道布置情况计算水力损失，推荐采用查表或软件计算的方式，这一步骤需要反复比选计算。管径越小就意味着沿程损失越大，水泵扬程就要越高，前期水泵和控制柜的建设成本要增大，而且后期的运行成本也会增大。

（5）绘制管道布置及局部大样图 利用上述水力计算结果，选择较为合理的管道布置形式，整理并绘制管道布置图。对于复杂的管道布置区域，可增加局部大样图，以保证施工安装正确。

（6）编写整理设计说明 在这个过程中，要将上述工作进行总结与说明，包括规划设计的基本资料、选用设备的依据与介绍、设计系统说明、灌溉制度的设计、材料用量及投资预算等内容。

3. 设备技术体系

水肥一体化设备系统主要包括水源工程、首部枢纽系统（水泵、过滤系统、消毒系统等）、压力和流量监测设备、施肥设备、自动化控制系统、管网和灌水器（喷头、滴头等），如图 8-3 所示。各部分功能和作用如下。

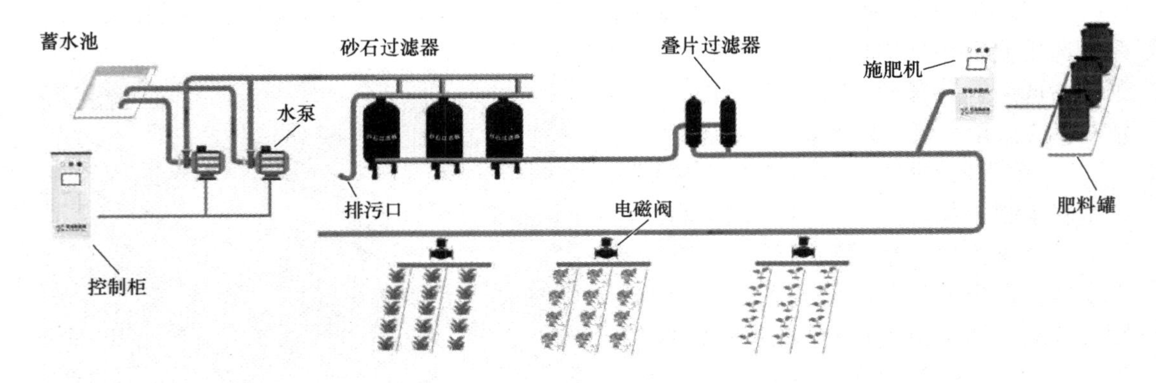

图 8-3 水肥一体化系统布置

（1）水源工程 只要水源过滤措施和设备符合生产要求，自来水、井水、渠水、河水、山塘水和水库水等，均可作为水肥一体化的水源。无土栽培的水源工程一般通过修建蓄水池，或者用铁制、塑料桶作为蓄水容器，为蔬菜生产供水。在此，将这些统称为水源系统。

（2）首部枢纽系统　首部枢纽系统是由水泵、过滤系统、消毒系统组成。首部枢纽担负着整个系统的驱动、检控和调控任务，是全系统的控制调度中心。

1）水泵。水泵类型有立式离心泵、卧式离心泵、立式多级离心泵、自吸泵、潜水泵等（表 8-1）。水泵主要起到增压的作用，将水体从水源处加压输送到各个管道。

2）过滤系统。过滤系统是灌溉系统重要的组成部分，是灌水器长期稳定工作的基础保障。过滤系统设计选型时，要结合不同水源的杂质类型、灌水器类型等综合考虑。除自来水等洁净水源外，灌溉系统一般都需要设计过滤设备，以防止灌水器堵塞而使系统不能正常运行。

3）消毒系统。消毒系统是无土栽培系统的重要构成部分，常用设备主要为臭氧消毒机和紫外线消毒机等，一般安装在供液管道出水端，对流经的营养液进行消毒，随后送至蔬菜根部。

表 8-1　水泵类型及其特点

水泵类型	特点
立式离心泵	安装简便、价格实惠、占地面积小
卧式离心泵	出水流量大、维修方便、配有底座
立式多级离心泵	安装简便、扬程高、适用于高山输水灌溉
自吸泵	无须灌引水、结合了卧式离心泵的优点
潜水泵	价格实惠、安装简便、维修困难

（3）压力和流量监测设备　压力和流量监测设备主要包括流量表、压力表、压力传感器、排气阀、主阀等。

1）流量表。流量表又称流量计，常用的有电磁流量表、涡街流量表、浮子流量表、科氏力质量流量表、热式（气体）质量流量表、超声波流量表和涡轮流量表等。

2）压力表。压力表作为安装在管道上的安全监测装置，主要作用为监测管道水压，特别是在管道安装打压测试时，使用压力表可以使施工人员实时监测压力，保证管道水压维持在最适水压。

3）压力传感器。压力传感器的工作原理是将水体的压力直接作用在传感器的膜片上，使膜片产生与水体压力成正比的微位移，使传感器的电阻发生变化，利用电子线路检测这一变化并转换输出相对应的压力标准信号。

4）排气阀。排气阀用在首部枢纽，如砂石过滤系统的最高位置，防止水锤现象的发生。安装在管路系统的相对高点，在系统起动时，排出管路系统中的空气；在系统关闭时，进气防止出现真空现象。

5）主阀。主阀只能全开和全关，不能调节和节流，常用的是软密封闸阀。

（4）施肥设备　集成化的控制设备，不仅可以对肥料比例进行精准控制，还可以编辑和执行灌溉程序，结合气象站和传感器等实现智能化控制，适合标准化、规模化、产业化的蔬菜无土栽培。

（5）自动化控制系统 水肥一体化系统是由农业物联网系统与高效灌溉系统相结合，从而定位、定时、定量实施现代化灌溉施肥及温室气候调控技术与管理。

运用各种传感器，实现数据采集、反馈、分析、积累，将种植区域的各种环境数据、影像、历史数据报表、曲线、农事活动、灌溉施肥情况等海量信息汇集至综合信息平台，并于该平台进行数据采集、反馈、分析、积累，最终通过智能化操作终端实现用户随时随地查询、监控，及时发现并解决农业生产、经营、管理和服务等过程中存在的问题，确保实现高产、高效、优质、环保和安全的蔬菜生产模式。

（6）管网和灌水器

1）主管。在给排水管道设计中，给排水末端支管供水的主要管道是主管，起主流作用。

2）支管。支管是通向排水主管的分支，连接主管道和毛管，起到“前承后接”的连接作用。

3）毛管。毛管是微灌系统的最末一级管道，其上安装或连接灌水器。

4）灌水器。滴头、微喷头和喷头等灌水器的作用是将灌溉施肥系统中的压力水（肥液）等液流，在流过不同结构的流道和孔口后，变成水滴、雾滴、细流或喷洒状等形态，直接作用于蔬菜的根部或叶面，极大地消减了水流压力，见图 8-4。

图 8-4 灌水器（滴头）

二、技术要求

1. 养分管理

（1）基质养分检测 蔬菜生长基质测试包含两个参数：电导率和 pH。基质中水浸提物的电导率反映可溶性盐分含量。施肥后未被蔬菜吸收或未淋失部分的养分及灌溉水本身均会造成盐分累积，盐分浓度增加会使根际环境的渗透压升高，导致蔬菜根系对水分和养分的吸收量减少，会造成减产，且营养元素离子过量会对蔬菜产生毒害作用。蔬菜生长基质浸提物的 pH 体现溶液和生长基质的酸碱情况。大多数蔬菜种类在 pH 接近中性时长势最好。一些肥料具有酸化作用，如施用含铵化合物会因其氧化成硝态氮而使酸度增加。

（2）植株养分检测 蔬菜在不同生育阶段从环境中吸收营养元素的种类、数量和比例等各不相同。蔬菜对养分的要求，存在阶段性和需求关键时期，但蔬菜吸收养分过程也有连续性，除了营养临界期和最大效率期外，在各个生育阶段适当供给足够的养分都是必需的。对蔬菜进行植株测试可对已察觉的症状进行诊断或证实诊断，以便检出潜伏的缺素情况；研究蔬菜在生长过程中的营养动态和规律，可作为养分补充的依据。蔬菜养分测试一般分为两类：全量分析和组织速测。全量分析用来测定已结合在蔬菜组织中的元素及还留在植株汁液中的可溶性元素；组织速测用来测定尚未被同化的留在植株汁液中的可溶性元素，实际代表的是已进入蔬菜体内而未到达被利用部位的途中养分含量。

2. 水分管理

（1）制定灌溉制度　灌溉制度是指按蔬菜需水要求和不同灌水方法制定的灌水次数、每次灌水时间、灌水定额及灌溉定额的总称。灌水定额指单位灌溉面积上一次灌水量或灌水深度。灌溉定额指蔬菜播种前及全生育期单位面积的总灌水量或总灌水深度。

（2）控制灌溉水用量　蔬菜在不同的生育阶段，其根系层分布深度不同。一般情况下苗期根系分布较浅，在蔬菜生长的中后期才发育延伸到一定深度。灌溉时，尤其是苗期不需要灌溉太多的水。即使是蔬菜生长旺盛时也只需满足蔬菜根层深度的贮水要求即可。一般来说，蔬菜生产区域的湿度以60%~80%为宜。

3. 肥料管理

水肥一体化技术下，一般应根据肥料的质量、价格、溶解性等确定肥料种类，要求所选养分的相应肥料应具备以下条件。

（1）溶解性好　在常温条件下能够完全溶解于灌溉水中，溶解后溶液中养分浓度较高，且不会产生沉淀堵塞过滤器和滴头，不溶物含量低于5%，调理剂含量少。

1）肥料的溶解性。当各种肥料用于水肥一体化技术体系时，必须考虑其溶解性，良好的溶解性是保证该技术体系运行的基础。所有的液体肥料和常温下能够完全溶解的固体肥料均可使用。部分难溶解的固体肥料最好不用，以免堵塞灌水器而造成损失。

2）肥料的溶解反应。多数肥料溶解时会伴随热反应。如磷酸溶解时会放出热量，使水温升高；尿素溶解时会吸收热量，使水温降低，了解溶解反应对于配制营养液有一定指导意义。如气温较低时为防止盐析作用，应合理安排各种肥料的溶解顺序，尽量利用其间的放热量来溶解肥料。

（2）兼容性强　采用水肥一体化生产蔬菜时，所选肥料应能与其他肥料混合施用，以不产生沉淀为宜，保证两种或两种以上养分能够同时施用，减少施肥时间，提高效率。需要注意的问题：一是溶液中难溶盐的溶解度将限制混合液的溶解度，如将硫酸铵与氯化钾混合，硫酸钾的溶解度决定了混合液的溶解度，因为生成的硫酸钾是该混合液中溶解度最小的。二是肥料间发生化学反应生成沉淀，会堵塞滴头和过滤器，降低养分有效性，如硝酸钙与任何形式的硫酸盐反应都会生成硫酸钙沉淀，硝酸钙与任何形式的磷酸盐反应都会生成磷酸钙沉淀，镁与磷酸二氢铵或磷酸氢二铵反应生成磷酸镁沉淀，硫酸铵与氯化钾或硝酸钾反应生成硫酸钾沉淀，磷酸盐与铁反应生成磷酸铁沉淀等。三是生产中为避免肥料混合后相互作用产生沉淀，应采用两个或两个以上的贮肥罐，一个罐中贮存钙、镁和微量元素；另一个罐中贮存磷酸盐和硫酸盐，确保安全有效地灌溉施肥。

（3）作用力弱　一般来说，水肥一体化要求肥料与灌溉水的相互作用很小，不会引起灌溉水的pH发生剧烈变化，也不会与灌溉水发生不利的化学反应。但若处理不当，则会产生以下不良影响：一是与硬质和碱性灌溉水生成沉淀化合物、灌溉水中通常含有各种离子和杂质，如钙离子、镁离子、硫酸根离子、碳酸根和碳酸氢根离子等。灌溉水固有的离子达到一定浓度时，会与肥料中的有关离子反应，产生沉淀，降低养分的有效性。如果在微灌系统中定期注入酸性溶液（硫酸、磷酸、盐酸等），可溶解沉淀，以防滴头堵塞。二是高电导率可以使蔬菜受到伤害或中毒。含盐灌溉水的电导率较高，再加入化肥后电导率更高，对一些敏感蔬菜和特殊蔬菜可能会产生伤害（盐害）。生产中应检验蔬菜对盐害的敏感性，选用盐分指数低的肥料或进行淋溶洗盐。

(4）腐蚀性小 选对肥料，对灌溉系统和有关部件的腐蚀性就小，可延长灌溉设备和施肥设备的使用寿命。水肥一体化的肥料要通过灌溉设备施用，有些肥料易腐蚀灌溉设备，使用时应根据灌溉设备材质选择腐蚀性较小的肥料。镀锌铁设备不宜选硫酸铵、硝酸铵、磷酸及硝酸钙，青铜或黄铜设备不宜选磷酸氢二铵、硫酸铵、硝酸铵等，不锈钢或铝质设备适合大部分肥料。如用铁制的设备时，磷酸会溶解金属铁，铁离子与磷酸根离子生成磷酸铁沉淀物。实际生产中，常使用不锈钢或非金属材料的设备。

第二节 关键技术

一、灌溉制度

在蔬菜无土栽培中，采用物联网技术把蔬菜品种、栽培模式，以及根据环境条件确定的相应灌水次数、每次灌水日期及灌溉定额等指标，通过灌水经验、灌溉试验资料、生理生态指标和水量平衡原理分析，形成并选用成熟的灌溉制度（方案）对蔬菜进行精准水肥管控。灌溉制度的执行方式如下。

1. 通过自动化灌溉系统设定执行

蔬菜无土栽培自动化水肥灌溉系统主要由中心主控系统、采集控制模块、无线通信模块、基质水分传感器、气象观测站、电磁阀等设备组成。该系统采用传感器采集环境的相对湿度信息、气象信息和蔬菜的生长状况，通过无线网络对蔬菜灌溉用水量实时监控，按照蔬菜的需求实施灌溉施肥操作。

2. 通过灌溉施肥操作进行执行

按复杂程度和投资多少，灌溉施肥常有以下控制方式。

(1）手动控制 按蔬菜灌溉施肥的需要，人工开关灌溉阀门及调节水量和施肥量。常规的管路阀门即可实现控制，是最简单的控制方式，设备投资低、劳动强度较大、控制精度低。

(2）手动延时控制 人工开启灌溉系统的定量阀门进行灌溉施肥，定量阀门会按设定的灌溉量或灌溉时间自动关闭阀门，实现半自动灌溉。这种方法安装使用简便，设备投资不高，可减轻劳动强度，准确实现控制精度。

(3）程控器控制 程控器是利用时间控制器、可编程控制器、单板机等制成的小型灌溉控制器，可以进行简单的灌溉程序编制，并按设定的程序向控制执行单元发出控制电信号，起动和关闭水泵和电磁阀等灌溉设备。该系统可以实现闭环自动控制，有效减轻劳动强度，减少管理人员，节省劳动力，实现精量灌溉。由于需要配置电磁阀等装备，控制系统投资相对较高。

(4）自动灌溉施肥控制器 可以根据蔬菜种植环境的需水信息，利用自动控制技术进行蔬菜灌溉施肥的适时和适量控制，在灌水的同时，还可以配施可溶性肥料或农药。可以将多个控制器与一台装有灌溉控制专家系统软件的计算机（上位机）连接，实现大规模设施生产。

从蔬菜无土栽培发展趋势来看，采用自动灌溉施肥控制器的会越来越多。它适用于连片日光温室或连栋温室大棚的灌溉施肥控制，是一个设计独特、操作简单和模块化的自

动灌溉施肥系统，能够按照用户设置的灌溉施肥程序和电导率/pH 进行实时监控，共享专家控制数据库的丰产优质生产数据，并通过自动灌溉施肥控制器实现对灌溉施肥过程的全程控制，保证蔬菜及时、精确地获得水分和营养供应，使施肥和灌溉一体化得以进行，提高水肥一体化效率。

二、营养液管理

蔬菜无土栽培主要依靠营养液为蔬菜生长发育提供养分和水分。蔬菜无土栽培营养液的配制较为复杂，不推荐自行配制，市场中有较为成熟的蔬菜无土栽培水溶肥出售，直接采购即可。蔬菜无土栽培的营养液管理是无土栽培的核心技术，对蔬菜的产量和品质有重要影响。为掌握蔬菜无土栽培生产技术的精髓，就必须深入了解营养液的组成、变化规律及控制技术。营养液管理主要是指对蔬菜无土栽培过程中循环使用营养液的管理，一是在蔬菜无土栽培中，蔬菜的根系大部分都生长在营养液中，随着根系吸收水分、养分和氧气，营养液的浓度、成分、pH 和溶存氧也会不断地发生变化。二是蔬菜根系在代谢过程中会分泌代谢有机物，部分衰老的残根等也会脱落于营养液中，进而引发微生物的繁殖。三是在蔬菜生长的不同阶段，对营养液的浓度和温度要求也不同，为了满足蔬菜生长的最适宜要求，要对上述因素进行实时监控，并采取相应的措施调节蔬菜的需要状态，必要时还需对营养液进行更换，以保证蔬菜高质量高效生长。

1. 养分浓度

蔬菜会不断地吸收营养液中的养分和水分，以及营养液自身的水分蒸发，会引起其浓度、组成的不断变化，从而要对营养液进行适时调整。营养液的调整主要是对溶液的养分和水分进行科学合理的补充。

（1）补充时机　根据营养液浓度降低的程度，确定养分的补充时机。对于高浓度的营养液配方，当总浓度降到 1/3~1/2 剂量时就要补充养分，使其恢复到初始浓度。而低浓度的营养液配方可以采用以下方法补充营养液的养分：当营养液浓度下降到配方浓度的 1/3 时，即可补充至初始浓度。

（2）补充数量　一般用绘制关系曲线的方法确定补充养分的数量，方法是以营养液配方的 1 个剂量（配方规定的标准肥料用量）为基础浓度，以每隔 0.2 个剂量划分浓度级差，再按这一系列级差配制相应浓度的营养液，然后用电导率仪测定各个级差浓度的电导率。营养液的浓度与营养液的电导率呈正相关。

2. 营养液 pH 的调整

（1）营养液 pH　营养液 pH 的大小反映营养液酸碱性的强弱。当 pH 大于 7 时，溶液呈微碱性或碱性，随数值由低至高，溶液的碱性由弱变强；而当 pH 小于 7 时溶液呈微酸性或酸性，随数值由高至低，溶液的酸性由弱变强；当 pH 等于 7 时溶液为中性。不同的蔬菜适宜的 pH 有所不同，对于大多数的蔬菜来说，最理想的 pH 为 5.5~6.8 的微酸环境，pH 过高或过低都会损伤蔬菜的根系。pH 还会间接影响营养液中多种元素的有效性。pH 过高时会导致铁、锰、铜和锌等微量元素沉淀；当 pH 小于 5 时，溶液酸性较强，氢离子较多，由于其拮抗作用，蔬菜对钙的吸收受阻，会引起缺钙症，同时还会使其过量吸收某些元素而中毒。当 pH 不适宜时，蔬菜会表现出根端发黄或坏死、叶片失绿等异常现象。

（2）营养液的调整方法　运用酸碱中和的原理，当 pH 过高而溶液偏碱性时，常通过加入硫酸、盐酸、硝酸或磷酸进行中和，其用量、种类依培养液的新旧和水质而异，若长期加入硫酸、盐酸，营养液中会积累硫酸根离子、氯离子，引起电导率升高；用硝酸不仅可以调整 pH，而且是氮源。pH 过低时，以碱中和，常用的有氢氧化钾和氢氧化钠，一般用 10%的溶液来进行调整。

3. 营养液的供液方法

蔬菜无土栽培的加液方法有连续供液和间歇供液两种。营养液的供液时间和供液次数根据无土栽培的方式和种植蔬菜的种类有关。一般来说，基质栽培或岩棉培通常采用间歇供液的方式。而供液次数的多少要根据季节、天气、苗龄大小和生育期来决定。供应时，营养液不能太少，否则会影响蔬菜生长，但是如果供液过于频繁也不利于其生长，而且也浪费能源。供液时间一般选择在白天，夜间不供液或少供液；天晴时供液的次数要多些，阴雨天应少一些；气温高、光照强时多一些，反之则少一些。

4. 营养液的更换

对于营养液不需要循环的蔬菜无土栽培，不需要进行营养液的更换。而对于营养液需要循环的蔬菜无土栽培而言，营养液在使用一段时间后应适时更换。因为营养液中积累了过多有碍蔬菜生长的物质，会造成营养不平衡、病菌大量繁殖，使得根系生长受阻，严重时将导致蔬菜死亡。

用电导率仪配合分析检测营养液中的氮、磷、钾等大量营养元素的含量，若这些大量营养元素含量很低，但电导率又很高，表明营养液中含非营养成分的盐类较多，需要更换。如果使用营养液的蔬菜发病，则说明营养液中积累了大量的病原菌，且病菌难以用农药控制时，就需要更换营养液。

5. 水分的补充

由于蔬菜叶片的蒸腾作用及根系对水分和养分的不均衡吸收，会出现营养液浓度升高的现象，简单确定补水量的方法是水泵起动前在贮液池侧壁上画好刻度，水泵起动一段时间后再停机，种植槽过多的营养液全部流回贮液池后，若发现液位降低比较多，就必须补充水分至原来的液位。

三、系统管理

1. 过滤系统

灌溉的关键是防堵塞，选择合适的过滤器是灌溉成功的先决条件。常用的过滤器有砂石过滤器、网式过滤器、叠片过滤器和水力驱动过滤器。前两者用于初级过滤，后两者用于二级过滤。过滤器有很多的规格，过滤器及其组合类型主要由水质决定。一般无土栽培水肥一体化多采用叠片过滤器。

（1）砂石过滤器 砂石过滤器主要用来处理水中有机杂质和藻类，适用于开放性水源。水库、池塘及渠道水的初级过滤，一般在其后面配备叠片式过滤器进行二级过滤（图 8-5）。

图 8-5 砂石过滤器

（2）叠片过滤器 叠片过滤器分全自动反

冲洗叠片过滤器、手动反冲洗叠片过滤器、手动T形叠片过滤器。该类型过滤器在蔬菜无土栽培水肥一体化中较为常用（图8-6）。

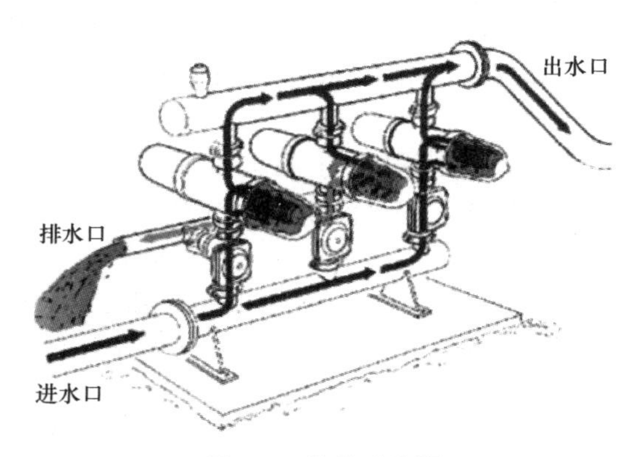

图8-6　叠片过滤器

（3）离心过滤器　其工作原理是由高速旋转水流产生的离心力，将砂粒和其他较重的杂质从水体中分离出来，它内部没有滤网，也没有可拆卸的部件，保养维护很方便，主要适用于井水或含砂量较大的渠道水的一级过滤，一般在其后面配备叠片式过滤器进行二级过滤。

2. 施肥系统

施肥系统由灌溉系统和肥料溶液混合系统两部分组成。灌溉系统主要由灌溉泵、稳压阀、控制器、过滤器、田间灌溉管网及灌溉电磁阀构成。肥料溶液混合系统由控制器、肥料灌、施肥器、电磁阀、传感器及混合罐、混合泵组成。目前，蔬菜无土栽培水肥一体化采用的施肥机均有自动灌溉施肥控制器，可以根据蔬菜在种植过程中的需水信息，通过自动控制技术对蔬菜灌溉和施肥进行适时、适量的控制，还可实现施肥、施药与灌溉同时进行，做到了操作简单和模块化自动灌溉施肥，提高水肥耦合效应和水肥利用效率。

（1）保护控制系统　保护控制装置包括水表、压力表、止回阀、空气阀、减压阀等。减压阀用来保持阀门下游的压力一致；空气阀是灌溉系统中不可缺少的保护性设备之一，通过排出或向系统中补充空气，消除空气对系统造成的各种不利影响；止回阀是防止介质倒流的阀门。

（2）检测装置　最基本的是电导率/pH检测，在配肥过程中，肥液电导率和pH的控制对于蔬菜无土栽培来说是至关重要的，因此，系统需要实时监测电导率/pH的变化，并通过及时调配水肥比例和注酸通道，实现对电导率/pH的有效控制；除电导率/pH检测外，肥料罐（池）及混肥罐液位的实时变化、管道压力、流量等参数也需要进行检测，以保证整个系统正常、稳定工作。

（3）输配水管网系统　输配水管网由干管、支管、毛管组成。干管一般采用PVC管，支管一般采用PE管或PVC管，管径根据流量分级配置，毛管目前多选用内镶式滴灌带或边缝迷宫式滴灌带；首部枢纽及大口径阀门多采用铁件。干管或分干管的首端进水口处设闸阀，支管和辅管进水口处设球阀。输配水管网系统的作用是将首部枢纽处理过的水，按照要求输送到灌水单元和灌水器。毛管是微灌系统的最末一级管道，在滴灌系统中，即为滴灌管；在微喷系统中，毛管上安装有微喷头。

（4）阀门控制系统 阀门控制器是接收由田间工作站传来的指令并实施指令的下端。阀门控制器直接与管网布置的电磁阀相连接，接收到田间工作站的指令后对电磁阀的开闭进行控制，同时也能够采集田间信息并上传信息至田间工作站，一个阀门控制器可控制多个电磁阀。电磁阀是控制田间灌溉的阀门，电磁阀由田间节水灌溉设计轮灌组的划分来确定安装位置及个数。

（5）灌水器系统 在蔬菜无土栽培中，按灌水时水流流出方式的不同，主要有滴灌、微喷灌和涌泉灌溉三种微灌类型，构成整个灌水器系统。

3. 营养液回收监测系统

随着蔬菜无土栽培面积的增加，也引发出一系列的问题，最严重的是排放废液日益增多。排出的废液污染了土壤、地表水和地下水，直接排入河流中的废液引起河流或湖泊水的富营养化，导致大量的水资源污染与浪费。鉴于此，回收再利用废弃营养液显得尤为重要，将废弃营养液若直接应用到蔬菜无土栽培中，可能会把残留的有害病菌输入到蔬菜中，引起不必要的病害危机。

营养液回收系统的应用可有效解决上述问题，通过中压的紫外线消毒技术处理回收的营养液，有效灭活降解了致病菌等有害物质，实现了废弃营养液的回收再利用。营养液回收监测系统的应用提高了营养液资源利用率，不仅降低了蔬菜无土栽培的总体成本，还有效解决资源紧缺和资源浪费等问题。

四、注意事项

1. 水源

从水源要求看，对泵站、蓄水池等应经常养护，保持设施完好；对蓄水池沉积的泥沙、藻类等污物应定期清洗排除；灌溉季节结束后应排除所有管道中的存水，封堵阀门。

2. 水泵

运行前，检查水泵与电机工作是否正常，水泵和水管各部位有没有漏水和进气情况；水泵停止运行时应先停起动机，后拉电闸；停机后要擦净水迹，防止生锈；在灌溉季节结束或冬季使用水泵时，停机后应打开泵壳下的放水塞把水放净，防止锈坏或冻坏水泵。

3. 施肥机

设备投产前，组织使用和检修人员进行专业技术培训，合格后方能上岗；对所有施肥机进行定期检查和维修，专人专管，确保机器运行有序。

4. 过滤器

将肥料倒入施肥罐前先溶解搅拌并过滤，搅拌均匀后方可使用；拆开过滤器，取出滤网，用刷子刷洗滤网上的污物并用清水冲洗干净；对滤网要经常检查，发现损坏应及时修复；灌溉季节结束时，应取出滤网，刷洗晾干后备用。

5. 施肥系统

用压差式施肥罐进行施肥时，应注意肥液浓度随时间不断变化，当以轮灌方式向各个轮灌区施肥时，存在施肥不均匀的问题，应正确掌握各轮灌区的施肥时间；用注射泵进行施肥时，最重要的是确定肥料罐内装多少肥料与水混合，还要校核肥料罐中的肥料是否全部溶解；每次施完肥后，应用灌溉水冲洗管道，将残留在管道中的肥液排出。一般来说，滴灌系统冲洗 20~30min，微喷灌系统冲洗 10~15min。

6. 管道系统

管道在首次使用时，应打开干管、支管和所有毛管的尾端进行冲洗。冲洗后关闭干管上排水阀，随后关闭支管排水阀，最后封堵毛管尾端；切记每运行一段时间冲洗一次，保证阀门开闭自如，管道和管件完整无损。每年灌溉季节结束后，必须对管道进行一次全面检查维修；预防滴灌带堵塞，经常检查灌水器工作状况并测定其流量，加强水质检测，保证水质清洁。

7. 用前处理

检查所有的末端竖管是否有折损或堵头丢失；检查所有的阀门与压力调节器及其连接微管，关闭主支管道上的排水阀门，确保全系统能正常运行。

8. 用后维护

对全系统进行高压清洗，将管道内的污物冲洗干净，然后把堵头装回；在维护施肥系统时，要关闭水泵，打开与主管道相连的注肥口并驱动注肥系统的进水口以排出压力。仔细清洗罐内残液并晾干保存。

五、常用系统示例

1. 基质栽培系统

在蔬菜基质栽培中，常用的无机基质有蛭石、珍珠岩、岩棉、砂粒、砾石、陶粒、炉渣及聚氨酯等，有机基质有泥炭、稻壳、树皮、椰糠、锯末、甘蔗渣和腐叶等。基质栽培通常采用滴灌供给营养液和水分，主要设备包括水泵、过滤器、压力和流量监测设备、压力保护装置、施肥装置（施肥设备）、输水管网和灌水器等。蔬菜无土栽培技术与水肥一体化技术体系相结合用于番茄工厂化栽培的示范性较好，见图 8-7、图 8-8。

图 8-7　基质栽培的菜苗

图 8-8　基质栽培床

2. 水培系统

水培分为浅液流培和深水培（图 8-9）。

（1）浅液流培　浅液流培的特点是循环供液的液流呈膜状，仅以数毫米厚的浅液流流经种植槽底部，水培蔬菜的根垫底部接触浅液流吸水吸肥，上部暴露在空气中吸氧，较好地解决了根系吸水与吸氧的矛盾，即营养液膜技术（NFT）。浅液流培存在液流浅、液温不稳定；一旦停电停水，蔬菜易枯萎等缺陷。蔬菜种植槽要有一定的坡水比（1∶75 左右）。浅液流培的设施主要是营养液槽、栽培床、加液系统、排液系统和循环系统。

（2）深水培 深水培主要包括深液流水培技术（DFT）、动态浮根法（DRF）、浮板毛管法（FCH）。深液流水培技术和营养液膜技术的共同特点是均不用基质材料作为栽培床，而是将蔬菜的根系直接置于营养液中。深水培的设施由种植槽、定植网或定植板、贮液池、循环系统等部分组成。

图 8-9 蔬菜水培

深水培是在设施栽培床中，盛放 5~10cm 深的营养液，营养液要流动，以补充营养液中氧气并使营养液中养分更加均匀。其优点是根际的缓冲作用大，根际环境受外界环境的影响小，稳定性好，有效解决中途停水停电困境，有利于作物的生长和管理；缺点是对设施装置的要求高，根际氧气的补充十分重要，一旦染上土传病害就会呈现蔓延快、危害大等特点。

3. 雾培

雾培是将蔬菜的根系置于密闭不透光的空间内，供液装置将送到根部的营养液雾化，间歇性供到植物根系表面来提供蔬菜正常生长的水分和养分的一类栽培技术（图 8-10）。雾培的优点是很好地解决了蔬菜无土栽培中根系的水气矛盾，易于进行自动化控制和立体栽培，提高温室空间的利用率，使蔬菜产量成倍增长；缺点为一旦断电 30min 以上或水泵故障，导致营养液不能及时循环，就会影响蔬菜无土栽培水肥一体化的进程。雾培的水肥设施包括营养液配制罐或水池、管道、雾化装置、水泵、栽培床、加液系统、排液系统和营养液回收系统。

图 8-10 马铃薯雾培

第九章　蔬菜无土栽培病虫害防治技术

无土栽培蔬菜从播种到开花结果直至死亡的整个生长过程中，或轻或重会不同程度地受到病虫为害。轻则影响蔬菜美观和商品性能，重则可导致蔬菜绝产绝收。

第一节　常见病害

蔬菜无土栽培的常见病害从成因上总体可分为两类，一类是由各种不利于蔬菜生长的温、水、光、气和肥等环境因素引起的非侵染性病害，如干旱、涝灾、日灼等。另一类是由真菌、细菌和病毒等生物因素引起的侵染性病害，常见的真菌性病害有霜霉病、白粉病、锈病、灰霉病、炭疽病、疫病等，细菌性病害有细菌性角斑病、软腐病、青枯病等，病毒病有花叶病、条斑病等。

一、非侵染性病害

1. 温度不适

每种蔬菜的正常生长发育都需要在一定的温度范围内，不同植物适宜的温度范围有所差异，高于或低于该温度范围都会导致植株生长受到影响，严重的会导致植株的死亡。蔬菜的不同品种、不同生育期和不同组织，其适宜的温度范围也会有所变化，在生产中应细心观察和灵活把控。

（1）高温

【主要症状】温度过高会导致蔬菜体内水分蒸腾过量，轻则蔬菜叶片出现萎蔫，重则可使整株干枯，高温障碍常表现为叶缘焦枯（彩图 1）。果实受到日灼，病部出现灰白色或黄褐色斑块，有的干缩后凹陷。受伤部位还易被病原菌侵染，引起蔬菜果实发霉或腐烂。

【发病原因】蔬菜向阳部位长时间受到阳光直射，夏季中午环境温度高，大棚通风不良，水分供应不足等。

【防治方法】夏季中午最容易出现高温危害，可通过开窗通风和适当浇水等措施降低温度。也可在中午打开遮阳网或反光膜，适当降温。蔬菜种植密度过大易导致植株群体内部温度偏高，需根据蔬菜大小选择适宜的株行距，利于通风降温。

（2）低温

【主要症状】蔬菜受到的低温危害分为两类：0℃以上的低温危害称为冷害，喜温及热带、亚热带蔬菜容易受冷害影响，老叶表现为叶片颜色变暗、无光泽，出现水渍状斑或干枯斑；新叶易变小扭曲，叶缘反卷，植株整体生长受到抑制，节间缩短，根系生长缓慢，花、果畸形，严重者甚至整株死亡（彩图2）；0℃以下的低温危害称为冻害，表现为茎、叶出现水渍状暗褐色病斑，组织变软，逐渐死亡，严重时整株变黑（彩图3）。低温还会造成幼苗期植株出现沤根现象（彩图4）。

【发病原因】 寒流侵袭或骤然降温，冬季清晨蔬菜大棚（温室）开窗过早或关窗过晚。

【防治方法】 冬季和初春关注天气预报，在低温到来前及时做好保温措施，尤其应注意连阴天。增加蔬菜大棚保温措施，如覆盖草毡等；增设加温设施，如热风火炉等。合理施肥，增施磷、钾肥，喷施生长延缓剂，可提高蔬菜抵抗低温的能力。在低温期要减少浇水量。冬季清晨根据外界温度适当推迟蔬菜大棚开窗时间。还可以通过选择耐低温蔬菜品种、低温炼苗提高蔬菜本身对低温的抵抗力。

2. 水分失调

水是生命之源，蔬菜生长离不开水分。由于蔬菜的种类和生育时期的不同，对水分的需求量各异。应根据蔬菜需求，合理灌溉。

（1）水分过多

【主要症状】 水分过多，容易导致设施设备内部温度降低，进而会抑制蔬菜根系生长。同时，蔬菜根部环境的湿度增高，会降低基质的通气性，易出现沤根现象，致使蔬菜生长缓慢，叶片变黄，严重者可导致整株枯死。有时还可引起果实开裂。

【发病原因】 浇水量多，排水不畅通。

【防治方法】 采用固体基质栽培蔬菜需注意控制浇水量，时常检查管道，做好排水。水培蔬菜应注意在营养液中及时通入空气，提高营养液的含氧量。可适当采用蔬菜叶面施肥，促进蔬菜生长，同时减少根部需水量，并注意预防病虫害的发生。

（2）水分过少

【主要症状】 水分供应不足，蔬菜缺水，叶片出现萎蔫症状；长期缺水，蔬菜生长受到抑制，各器官变小。严重缺水时，蔬菜叶片干枯，落叶、落花、落果，甚至整株死亡（彩图5）。

【发病原因】 长期高温，水源减少，输水管道不通畅。

【防治方法】 栽培时可选择抗旱蔬菜品种，栽培前可对蔬菜幼苗进行抗旱锻炼，如蹲苗、搁苗、饿苗等。合理施肥，控制氮肥用量，增施磷、钾、硼肥。夏季高温时，可适当增加浇水量或浇水次数。喷施抗蒸腾剂或生长延缓剂，如高岭土、脱落酸、矮壮素等，可减少蔬菜的水分蒸发。定期检查输水管道。

3. 光照不适

蔬菜生长需要阳光，不同蔬菜品种需要的光照强度和时长有所不同，只有提供充足的光照，蔬菜才能健康生长，增强抗病力。

（1）光照过强

【主要症状】 可引起蔬菜日灼和叶烧，叶片、果实的向阳面容易发生日灼斑（彩图6）。

【发病原因】 高温干旱易引起蔬菜缺水并出现日灼。

【防治方法】 在设施上架设遮阳网、反光膜或其他外覆盖物等进行遮光处理，及时灌溉。

（2）光照不足

【主要症状】蔬菜徒长，叶片发黄，植株脆弱、容易倒伏，同时植株上容易伴随其他病害的协同发生（彩图 7）。

【发病原因】连续阴雨天气，周围建筑物或大棚设施遮光。

【防治方法】调整设施方向，延长光照时间。减少大棚或温室不必要的框架结构，减少遮阴。及时揭开覆盖物，必要时进行人工补光。

4. 通风不良

【主要症状】通风不良容易导致栽培环境内温度高，湿度大，引起植物发生病害。导致有害气体积累过量，引起蔬菜中毒。

【发病原因】蔬菜栽植过密，设施的通风次数、时长不够或不及时。

【防治方法】控制蔬菜的株行距，及时开窗通风，安装风扇加强空气对流。

5. 营养失调

【主要症状】蔬菜营养失调症状各异，见附录 A。蔬菜健康生长需要 16 种必需的矿质元素，不同蔬菜种类对各种元素的需求量不相同；蔬菜不同生育期，对营养的偏好性存在差异，营养元素过多或过少都对蔬菜生长发育不利，甚至可能造成严重危害。

【发病原因】营养液中某元素过多或过少；营养液 pH 不合适，如基质或营养液偏酸性易使蔬菜不易吸收钼元素，基质或营养液偏碱性不易使蔬菜吸收铁元素。

【防治方法】对营养液进行成分分析，判断营养元素是否均衡；针对相应的营养元素，应增加或减少施用量；调节营养液的 pH，防止偏酸或偏碱；通过叶面施肥，快速补充缺乏的营养元素。

6. 酸碱不适

蔬菜根系需要生活在适宜的 pH 环境中才能正常生长，过酸过碱都会引起蔬菜生长异常，严重的会导致其死亡。

【主要症状】偏施氮肥易使栽培基质酸化，导致蔬菜根系死亡，还会降低磷、钙、镁等元素的吸收，引起相应缺素症；基质偏碱性影响蔬菜对硼、锰、铜等元素的吸收，还会形成有毒物质，影响蔬菜正常生长。

【发病原因】营养液的 pH 调配不合适；基质没有消毒就重复利用；营养元素配比不合理。

【防治方法】合理施肥，多施有机肥。对基质进行消毒或用水清洗基质，去除多余的酸碱物质。用石灰调节酸性基质，用硫酸亚铁、硫酸铝等调节碱性基质，使基质 pH 保持在适宜蔬菜生长的范围内。

7. 毒物污染

工业废水、废气的排放，农药残留，生活废弃物，均会产生大量有毒物质，造成空气和水体的污染，当污染物浓度超标，会使蔬菜中毒，影响其生长，严重时导致其死亡。

【主要症状】臭氧症：叶面褪绿及产生坏死斑；氨气症：叶片呈水渍状，叶色变浅，逐渐变白或变褐，最终枯死，多发生在生命活动比较旺盛的中、上部叶片或生长点；二氧化氮症：叶片出现褪绿白斑，进而叶脉变白，最终枯死；二氧化硫症：生长受到抑制，叶片出现白斑、褐斑或灰斑；氯气症：叶片褪绿，变黄、变白，严重的枯死；乙烯症：叶片下垂，弯曲、叶脉由绿变黄，最终变白枯死（彩图 8）。

【发病原因】有毒物质多由工厂排放不达标所致，另外铵态氮肥大量使用易产生氨气和二氧化氮，有毒的塑料制品会生成氯气和乙烯。

【防治措施】查清污染源，从源头上减少污染物的产生；合理施肥，不用或少用强挥发性氮肥；勤通风，降低有害气体浓度。

8. 农药危害

在蔬菜生产中，不合理用药对蔬菜会产生危害。

【主要症状】斑点：主要发生在蔬菜叶片上，茎秆或果实表皮有时会有斑点，常见的有褐斑、黄斑、枯斑和网斑等，多为大小形状各异，分布无规律的斑点；黄化：发生在蔬菜茎部和叶部，轻则叶片发黄，重则全株发黄。晴天黄化速度快，阴雨天黄化速度慢；畸形：在蔬菜根、茎、叶、果上均可发生畸形，具体表现为卷叶、丛生、根肿大、畸形果或畸形穗；枯萎：蔬菜整株萎蔫、枯死，发生速度较快，多由除草剂使用不当引起；脱落：表现为蔬菜的叶、花、果脱落；生长抑制：植株生长速度缓慢；不育：多表现为蔬菜全株不育；劣果：蔬菜的果实畸形，体积变小，品质变差（彩图 9）。

【发病原因】生产过程中使用了假冒伪劣农药；农药过期；农药使用浓度较大；将不能混合的农药混合使用；农药配制时没有混合均匀；配制农药的水硬度太大，偏碱性；短期内连续喷药；施药方式不当，乱用除草剂或喷施的除草剂漂移到蔬菜上。不同蔬菜对每种农药的耐受程度不同，如黄瓜忌辛硫磷，番茄忌吡虫啉等。蔬菜不同生育期对药剂的敏感性也不同，如开花期喷药易产生药害。另外，温度过高、湿度过大也易引发药害。

【防治方法】

1）规范用药。严格按照农药使用说明书操作，详细了解药剂的适用蔬菜类型、作用病虫害、使用浓度、施用方式、施药时期等，如要混合用药，看两种药剂性质是否冲突。配药时按照两步法配制，即先用少量水将药液调成浓稠母液，然后再稀释到所需浓度，使药剂充分混匀。在蔬菜的敏感期谨慎用药。使用新药时先在小范围内做药剂试验，无不良反应后再大面积推广。

2）及时补救。用大量清水或微碱性水喷洒在出现药害的叶片和植株上，清洗掉植株表面的残留农药，缓解药害；将发生药害严重的部位及时摘除，以防内吸性药物在蔬菜体内扩展；加强水肥管理，适当增施氮、磷、钾，促进植株发育，提高恢复能力；喷施缓解药害的物质，如碳酸氢铵等碱性肥可缓解有机磷类、拟除虫菊酯类农药引起的药害，用细胞分裂素阻止叶片变黄，赤霉素能缓解三唑类药物引起的药害；及时通风，降低空气中的药剂浓度。

二、侵染性病害

1. 真菌性病害

真菌性病害是在蔬菜生产过程中，蔬菜受到病原真菌感染而引起的病害。

（1）霜霉病

【主要症状】主要危害蔬菜的叶片，也可危害茎、花梗、果实，如白菜、萝卜、芥菜等十字花科蔬菜和黄瓜、冬瓜、南瓜等瓜类蔬菜。多从下部叶开始发病。发病初期，叶片上出现水渍状病斑，后逐渐增大，形成黄色至黑褐色的不规则病斑（彩图 10）。环境湿度大时，在叶片背面出现白色至灰白色霉层，后期变成黑色。危害花梗时，会使其膨胀、弯曲、畸形，俗称“龙头拐”。

【发生规律】病原菌来自于蔬菜的病株、病残体、基质及种子等。气温为20~24℃、相对湿度大于85%的条件下易发生该病。多雨高湿、昼夜温差大、露重雾多、通风不良、营养失衡、杂草多的环境条件容易诱发该病。

【传播途径】病原孢子借助风雨传播。

【防治方法】

1）农业措施。①不同品种抗性不同，可选择抗病品种栽培，如黄瓜的中农3号、5号和白菜的青研4号、5号、6号、8号等品种，对霜霉病均有较强的抗性。②与非寄主实行3年以上的轮作。③选用无病的蔬菜种子，做好蔬菜种子消毒。④及时清除病株残株、病叶、落叶等，设施周围的杂草也要清理干净。⑤合理密植，适量浇水，做好通风排水。⑥培育壮苗，施足基肥，合理追肥，适当增施磷、钾肥。

2）化学措施。发现病株后，及时用药。可喷施75%百菌清可湿性粉剂、70%代森锰锌可湿性粉剂等。

（2）白粉病

【主要症状】主要危害黄瓜、西葫芦、苦瓜等瓜类和番茄的叶片，也可危害植株茎秆。蔬菜整个生长期都可以发生，以中后期危害较重。发病初期，叶片正反面会出现白色小点，此后病斑逐渐扩大成圆形白色粉斑，可连成片，严重者覆盖整个叶片。发病后期叶片枯黄，病斑变为灰白色，出现散生黑色小点（彩图11）。

【发生规律】病原菌随蔬菜病株、病残体在田间越冬。病原菌适宜生长温度为20~25℃，喜温喜湿，耐干燥。光照不足、通风不良、湿度大、偏施氮肥利于发病。

【传播途径】病原孢子借助雨水和气流传播。

【防治方法】

1）农业措施。①选择抗病品种，一般抗霜霉病的蔬菜品种也兼抗白粉病。②清除病株残株，做好通风透光，加强水肥管理，防止蔬菜徒长和早衰。

2）化学措施。①用硫黄粉或百菌清对温室进行熏蒸消毒。②蔬菜病情严重时可选择适当的药剂进行防治，常用的有15%粉锈宁可湿性粉剂、70%甲基托布津可湿性粉剂等。

（3）锈病

【主要症状】危害韭菜、葱、蒜、香椿、黄花菜、豆科类等蔬菜的叶片和叶柄等。叶片感染时，初呈黄色小点，后逐渐扩大、凸起并呈红褐色。病斑破裂在叶背散出锈色粉末。豆荚染病形成凸出表皮的疱斑，症状与叶片相似（彩图12）。

【发生规律】病原菌随病株、病残体越冬。高温高湿易诱发锈病，湿度大和昼夜温差大有利于病害的流行。

【传播途径】孢子随气流传播（气传病害）。

【防治方法】

1）农业措施。①选择抗病蔬菜品种栽培。②清除病株残株，做好通风透光，合理密植，加强栽培管理。

2）化学措施。可使用15%粉锈宁可湿性粉剂或80%代森锌可湿性粉剂等药剂进行防治。

（4）白锈病

【主要症状】主要危害白菜、芥菜等十字花科蔬菜的叶片。蔬菜叶片正面出现黄绿色的不规则病斑，后期变为褐色，叶片逐渐枯死。叶片背面初期形成白色凸起，大小不等，略有光泽。后期成熟后破裂，散出白色的粉末状物。花梗、花器受害，会出现畸形膨大，也可见白色疱状斑（彩图 13）。

【发生规律】病原菌在病株、病残体或基质中越冬。低温多雨、昼夜温差大、偏施氮肥及通风透光不良易于该病的发生。

【传播途径】病原菌借助气流、水流传播。

【防治方法】

1）农业措施。①实行蔬菜科间轮作。②加强栽培管理，清除蔬菜病株残株，做好通风透光，加强水肥管理，多施磷、钾肥，降低棚内湿度，适当提高温度可控制该病害的发生。

2）化学措施。发病初期喷洒 25%甲霜灵可湿性粉剂或 58%甲霜灵·锰锌可湿性粉剂等进行防治。

（5）菌核病

【主要症状】从蔬菜苗期到成熟期都可感染该病，主要危害茎基部，常见于十字花科、豆科、茄科、葫芦科等的多种蔬菜。一般先从蔬菜根部或茎基部发病，最初茎基部出现褐色水渍状病斑，后逐渐扩展到整株。湿度大时，病部产生白色棉絮状物，后期产生黑色鼠粪状菌核直至蔬菜腐烂及全株死亡（彩图 14）。

【发生规律】菌核混在基质或种子中可存活 2 年。温度为 20℃、湿度为 85%以上有利于病原菌的生长；湿度低于 70%时菌丝生长受到抑制。排水不良、通透性差、偏施氮肥会造成发病重。

【传播途径】孢子随气流、灌溉水传播，菌核还可随种子进行远距离传播，蔬菜生产中靠病健株互相接触扩大传播。

【防治方法】

1）农业措施。①选择无病种子，清除种子中带有的菌核。②实行科间蔬菜隔年轮作。③及时清除病株和病残体，清除下部老病叶，保持田间通风透光，降低田间湿度，增施磷钾肥。

2）化学措施。可选用 50%扑海因可湿性粉剂或 40%菌核净可湿性粉剂等进行药剂防治。

（6）灰霉病

【主要症状】主要危害黄瓜、番茄、莴苣、韭菜等的叶、茎、花、果。开败的花、长时间结露的叶尖或叶缘处易引发该病；病斑呈“V”字形向内扩展，初为水渍状，病部逐渐变软、腐烂；花和果实的病部表面密生灰黑色霉层，叶片和茎上的较稀疏（彩图 15）。

【发生规律】病原孢子在病残体或基质中越冬。低温、高湿利于病害的发生，温度高于30℃会抑制病害发生，连续阴雨、温度低湿度大也利于该病发生。

【传播途径】病菌随雨水、气流和农事操作传播。

【防治方法】

1）农业措施。①及时清除病株、病残体，摘除病叶和老叶；基质应及时消毒。②加强管理，增强光照，加强通风，降低室内湿度，避免覆盖物上长期结露。③施足底肥，培育壮苗，提高抗性。

2）化学措施。可选用 45%百菌清烟剂或 6.5%甲霉灵粉剂、50%甲基托布津或 50%扑

海因可湿性粉剂等药剂进行防治。注意交替用药，以防病原菌产生抗性。

（7）炭疽病

【主要症状】危害瓜类、豆类、甜椒、番茄、茄子等蔬菜的叶片、嫩梢、果实。叶片发病出现褐色病斑，病斑上着生同心圆状的黑色小点；枝梢受害，产生不规则褐色凹陷，干燥时易开裂；果实受害，出现圆形或不规则褐色水渍斑，斑上有同心轮纹状小黑点，湿度小时病斑干缩，湿度大时病斑表面溢出红色黏稠物；豆荚受害时，病斑周围有红色晕圈（彩图16）。

【发生规律】病菌随蔬菜病残体越冬，也可黏附在种子表面越冬。该病原菌喜欢高湿的环境，温度在27℃左右较适宜存活，种植密度大、偏施氮肥的情况下容易发病重。

【传播途径】孢子借助风雨、昆虫等传播，种子可带病菌进行远距离传播。

【防治方法】

1）农业措施。①选择抗病蔬菜品种，或与非寄主实行2~3年轮作。②选择无病种子。③合理密植，通风降温，控制湿度，合理施肥，及时清理病叶、病株残体。

2）化学措施。①选择合适的药剂在种植前对种子进行消毒。②选用50%炭疽福美可湿性粉剂、2%抗霉菌素水剂等进行喷雾防治。

（8）疫病

【主要症状】该病在蔬菜整个生育期均可发生。多见于茄科、葫芦科、豆科、百合科等蔬菜，叶、茎、果实均可得病。由高等真菌引起的早疫病，如番茄和芹菜的早疫病、马铃薯晚疫病等，其症状表现为：叶片感染初期呈水渍状暗绿色病斑，后扩大成圆形或不规则轮纹斑，边缘具有浅绿色或黄色晕环，中部具有同心圆状轮纹，潮湿时发病部位会长出黑色霉层。由低等真菌引起的疫病和绵疫病，如辣椒早疫病、黄瓜疫病、韭菜疫病、茄子绵疫病等，其症状表现为病斑水渍状，干燥时病叶干枯易破，湿度大时在病健交接处出现白色霉层；茎部感染使皮层软腐，易折断，但维管束不变色；果实感染后软腐，易导致脱落或形成僵果（彩图17）。

【发生规律】病原物在蔬菜病残体和种子上越冬，湿度大则发病重。

【传播途径】通过气流、灌溉水及农事操作传播。

【防治方法】

1）农业措施。①选择抗性品种或轮作。选择抗病品种或与非寄主轮作3年以上。②加强栽培管理，施足底肥，合理密植，加强通风，做好排水，及时清除病株残株。

2）化学措施。使用75%百菌清或40%甲霜铜等药剂进行药剂防治。

（9）煤污病

【主要症状】主要危害番茄、瓜类、甘蓝等蔬菜的叶片和果实。在叶片或果实表面出现黑色小霉点，由小到大逐渐扩展，严重时可全部覆盖，霉层可用手抹去（彩图18）。

【发生规律】病原物在基质或病残体上越冬。对温度要求不严格，喜欢高湿的环境。栽植过密和通风不良利于发病。

【传播途径】孢子借助风雨、蚜虫、蚧壳虫、粉虱等传播。

【防治方法】

1）农业措施。①合理密植，保证通风透光，适量浇水，降低湿度。②防治媒介昆虫，重点防治蚜虫、蚧壳虫、粉虱。

2）化学措施。可喷施代森铵或灭菌丹等药剂进行药剂防治。

（10）立枯病

【主要症状】茄科、瓜类、十字花科和豆科等蔬菜易发病，主要危害蔬菜幼苗。幼苗茎基部出现椭圆形或不规则暗褐色病斑，病部逐渐凹陷缢缩，最终导致植株干枯死亡，但不倒伏。湿度大时，病部出现浅褐色蛛丝状菌丝（彩图19）。

【发生规律】病原物在基质或病残体上越冬。蔬菜种植密度大、通风透光差利于发病。

【传播途径】病菌随雨水、农事操作和用具等传播。

【防治方法】

1）农业措施。①实行科间蔬菜作物轮作。②改进栽培措施，合理密植，加强通风，做好排水，及时清除病株残株。

2）化学措施。①对基质和种子进行消毒。②可用50%福美双可湿性粉剂或50%甲基硫菌灵可湿性粉剂等进行药剂防治。

（11）猝倒病

【主要症状】茄科、十字花科和瓜类等蔬菜的幼苗易发生该病。幼苗茎基部出现水渍状褐色病斑，病斑逐渐缢缩如线状，导致幼苗倒伏。湿度大时，病残体周围可生一层白色絮状菌丝（彩图20）。

【发生规律】以孢子在基质或病残体上越冬。湿度大、蔬菜种植过密利于该病害的发生。

【传播途径】病菌随气流、灌溉水、雨水传播。借助种子进行远距离传播。

【防治方法】

1）农业措施。育苗期合理密植，通风透光，做好排水。

2）化学措施。①做好基质和种子的消毒。②用25%甲霜灵可湿性粉剂或75%百菌清可湿性粉剂等进行药剂防治。

2. 细菌性病害

细菌性病害是在蔬菜生产过程中，蔬菜由于受到病原细菌感染而引起的病害。

（1）细菌性角斑病

【主要症状】主要危害十字花科、茄科、葫芦科等蔬菜的叶片，也可危害茎和果实。初生病斑呈水渍状，后逐渐扩大，发展受叶脉限制呈多角形，后变为黄褐色。湿度大时叶背面可见乳白色菌脓，干燥后呈灰白色，质脆、易破裂或穿孔。果实感染后，后期会发生腐烂，并伴有臭味（彩图21）。

【发生规律】病原菌在蔬菜种子内或病残体上越冬，在种子内可存活2年。温度为18~28℃、湿度为70%以上容易发病。

【传播途径】随雨水、灌溉水、昆虫、农事操作及用具等传播。

【防治方法】

1）农业措施。①选用抗病、耐病品种，或与非寄主实行2~3年轮作。②选择无病种子，或用50℃温水浸种20min进行消毒。③施足底肥，合理密植，加强通风，做好排水。

2）化学措施。①做好种子的消毒。②用铜制剂如噻菌铜、噻森铜、喹啉铜等或抗生素如春雷霉素、新植霉素、链霉素等进行药剂防治。

（2）软腐病

【主要症状】十字花科、马铃薯、番茄、莴苣和黄瓜等蔬菜易发病。发病部位初期呈水渍状，病健部界线明显，后期病部向四周发展成软腐，并伴有汁液渗出和恶臭。湿度低时病叶失水干枯，呈薄纸状（彩图22）。

【发生规律】病原菌在基质、蔬菜病残体、害虫体内越冬。通过伤口入侵。最适温度为25~30℃、最适pH为7.0~7.2，不耐干燥和日光，高温高湿、通风不良有利于病害的发生。

【传播途径】借助雨水、灌溉水、带菌肥料和昆虫等传播。

【防治方法】

1）农业措施。①选择抗性品种。品种间对病毒病和软腐病的抗性较为一致。②改进栽培措施，合理密植，加强通风，做好排水。及时清除病株残株。施足基肥，及时追肥。

2）化学措施。①注意防虫。②农用硫酸链霉素、新植霉素、络氨铜、代森铵等可起到一定的防治效果。

（3）青枯病

【主要症状】青枯病为细菌性土传病害，对茄科蔬菜如辣椒、番茄、茄子和马铃薯等危害较大。感染初植株中午萎蔫，早晚恢复，病情发展迅速，严重时2~3d死亡，而叶片仍保持绿色。病株茎部横切可见维管束变褐，用手挤压有乳白色的菌脓溢出，有异味（彩图23）。

【发生规律】病原菌依赖病残体在基质中越冬，从寄主根茎部的伤口侵入，通过维管束蔓延至全株。高温高湿的环境有利于病害的发生，尤其是雨后转晴时，温度快速升高，最有利于青枯病发生。在微酸性基质中发病重。

【传播途径】主要通过雨水、灌溉水、未腐熟的有机肥等传播。

【防治方法】

1）农业措施。①选择抗病品种，从无病蔬菜上采种留种。②加强栽培管理，通风降温，控制浇水量，做好排水。③对工具及时消毒，及时拔除病株，深埋或烧毁。④蔬菜轮作。实行科间蔬菜作物轮作。

2）物理措施。①可用45~55℃温水浸种20~30min，并对种子进行消毒。②注意防治蔬菜食叶昆虫等媒介昆虫，减少伤口的产生。

3）化学措施。①用72%农用硫酸链霉素可溶性粉剂500倍液浸种2h对种子进行消毒。②用72%农用链霉素可溶性粉剂、20%噻菌酮水剂等药剂进行防治。

3. 病毒病

【主要症状】蔬菜病毒病主要危害十字花科、番茄、辣椒、瓜类等蔬菜，症状主要表现为三类。花叶型：轻时叶色深浅不一，明脉；重则叶片皱缩，凸凹不平，植株矮化，果实变小。条斑型：茎秆上初时呈暗绿色条斑，后变褐坏死，严重者导致整株枯死；果实僵硬，表面有褐色坏死斑，影响品质。蕨叶型：多发生在嫩叶上，叶片狭小，组织退化，叶背呈浅紫色，节间缩短，表现为丛枝状（彩图24）。

【发生规律】通风散热不良，排水不良，植株长势弱，蚜虫数量多都有利于病毒病的发生。

【传播途径】主要通过蚜虫、田间农事操作、汁液摩擦微伤口传播。

【防治方法】

1）农业措施。①选育利用抗病品种。②培育无毒菜苗或进行种子消毒。③加强栽培管理，合理调控水肥，及时清除杂草，使植株健壮，提高抗病性；注意操作，避免在植株上造成伤口，进行打顶抹枝等农事操作时应将病健株分开进行，对工具及时消毒。④注意防治蚜虫。

2）化学措施。发病初期可喷施病毒灵、病毒A、病毒必克等抗病毒制剂减缓症状。

4. 线虫病害（以根结线虫病为例）

【主要症状】瓜类、茄果类、豆类及十字花科蔬菜均可受害，尤其在辣椒、番茄、茄子等茄果类及黄瓜、南瓜、丝瓜、西瓜、甜瓜等瓜类蔬菜上发生严重。主要侵染蔬菜的侧根和须根，严重的会危害主根。蔬菜的根上形成近球形、大小不等的瘤状根结，根结初为白色、表面光滑，后期变为褐色至暗褐色、表面粗糙。剖开根结，见乳白色梨状或柠檬状虫。发病轻的植株，地上部分一般无明显症状；随着病情的加重，根结数量增多，地上部分则表现为生长发育不良、矮小、黄化、萎蔫，症状似缺肥，结果少而小，降低蔬菜的商品价值（彩图25）。

【发生规律】发病最适宜的土温为20～30℃、基质湿度为40%～70%、基质pH为4～8。基质质地疏松、盐分低的条件适宜线虫活动，有利于发病。根结线虫以卵或2龄幼虫在蔬菜病残体和基质中越冬，可存活1～3年。

【传播途径】主要通过人为的传带、菜苗的调运、灌溉水及耕作农具的携带等方式传播。

【防治方法】

1）农业措施。①选用高抗根结线虫病的蔬菜或砧木蔬菜品种可以从根本上解决根结线虫。②应避免蔬菜连作，尤其是茄果类、豆类、瓜类蔬菜；实行科间蔬菜作物轮作；水旱轮作防治根结线虫病效果最好，通过对基质淹水，可使绝大多数根结线虫死亡。③清洁场园。要注意消毒鞋子、翻土器具等农具，避免从外面携带病虫进入棚室内。应及时拔出感染植株并对病穴和周围基质消毒，深埋或烧毁病株。④科学用水，避免大水漫灌。

2）化学措施。①育苗盘、基质等重复利用时要严格消毒。②可选用淡紫拟青霉、阿维菌素、噻唑磷等药剂防治根结线虫病，使用时严格参照不同药剂的使用说明书用药。

第二节　常见虫害

根据为害部位的不同，蔬菜害虫可分为地上害虫和地下害虫。蔬菜地上害虫根据危害症状的不同，又可分为食叶害虫和吸汁害虫。食叶害虫会取食蔬菜的叶片，猖獗时能将叶片吃光，不仅影响产量，造成的伤口还容易导致病害的发生，如菜粉蝶、棉铃虫、蝗虫、黄守瓜、黄曲条跳甲、蜗牛等；吸汁害虫会吸食蔬菜的汁液，使叶片发黄，植株生长不良，有些还会使叶片发生皱缩畸形，同时还能传播病毒病，如蚜虫、蓟马、粉虱、菜蝽、螨虫等。蔬菜地下害虫会取食蔬菜的种子或根茎，影响种子发芽，根茎受损会影响水分和养分的吸收，使植株生长受到抑制，严重的引起整株死亡，常见的有地老虎、蝼蛄、蛴螬、金针虫等。本节就常见的蔬菜害虫的形态、习性和防治方法进行简要介绍，便于识别害虫，并采取适当的防治措施。

一、地上害虫

1. 蝶蛾类

（1）菜粉蝶

【形态特征】成虫体长15~20mm，体色为灰黑色，雄蝶翅为乳白色，雌蝶翅为浅黄白色，前翅顶角有1个三角形黑斑，翅中下方有2个黑色圆斑。其幼虫俗称菜青虫，体长28~35mm，幼虫初孵化时为灰黄色，后变为青绿色，体为圆筒形，中段较肥大，体上各节均有4~5条横皱纹，背部有1条不明显的断续黄色纵线（彩图26）。

【危害症状】幼虫在叶片背面取食，2龄幼虫开始取食蔬菜叶片成洞，一般3龄前都在叶片背面危害，4龄转到叶片正面危害，虫龄越大取食量越多，孔洞和缺刻为其症状，严重时仅剩蔬菜的叶柄和叶脉。

【生活习性】发育最适温度为20~25℃，湿度76%左右，以蛹在被害蔬菜上越冬。卵散产于蔬菜叶上。幼虫行动迟缓，对外界刺激反应迟钝。

（2）小菜蛾

【形态特征】成虫体长6~7mm，为灰褐色，翅狭长，缘毛很长，前翅后缘有黄白色三度曲折的波纹。幼虫初孵时为深褐色，后变为绿色。体为纺锤形。背线为浅黄色，沿气门线各有1列黄斑（彩图27）。

【危害症状】初孵幼虫潜入蔬菜叶肉内取食，形成细小的隧道。1龄末或2龄初时，幼虫钻入隧道，在蔬菜叶面取食叶肉，仅留下表皮，呈透明的天窗；3龄后因食量增大，取食造成孔洞或缺刻，严重时叶片全无，仅留蔬菜叶脉；成虫为小型蛾类。在苗期常集中在心叶为害，影响包心。在蔬菜的留种株上，危害蔬菜的嫩茎、幼荚和籽粒。

【生活习性】成虫昼伏夜出，趋光性较强。用性引诱剂吸引效果好。

（3）斜纹夜蛾

【形态特征】成虫体长14~20mm，头、胸、腹都为深褐色。前翅为灰褐色，斑纹复杂，内横线及外横线为灰白色，呈波浪形，中间有白色的条纹；在环状纹与肾状纹之间，自前缘向后缘外方有3条白色的斜线；后翅为白色，没有斑纹；前后翅通常都带有水红色至紫红色的闪光。老熟幼虫体长35~47mm，头部为黑褐色，身体通常有土黄色、青黄色、灰褐色或暗绿色等几种颜色，背线、亚背线及气门下线都为灰黄色及橙黄色（彩图28）。

【危害症状】主要以幼虫危害，幼虫食性杂，且食量大，初孵幼虫在蔬菜叶背危害，取食叶肉，仅留下表皮；3龄幼虫后造成叶片缺刻、残缺不全甚至全部吃光，蚕食花蕾造成缺损，容易暴发成灾。

【生活习性】成虫有趋光性，并对糖醋酒液及发酵的胡萝卜、麦芽、豆饼和牛粪等有趋性。卵多产在高大、茂密、深绿色的蔬菜上，以蔬菜中部叶片背面叶脉分叉处最多。

（4）甜菜夜蛾

【形态特征】成虫体长8~10mm，为灰褐色，前翅有明显的环形纹和肾形纹，均呈粉黄色，有黑边。幼虫的体色变化很大，有绿色、暗绿色、黄褐色、褐色至黑褐色；腹部气门下线为明显的黄白色纵带，有时带粉红色，这条带直达腹部末端，但不弯到臀足上；每个腹节的气门后上方各具有1个明显的白点（彩图29）。

【危害症状】以幼虫取食各类蔬菜的叶片。初孵幼虫常群集在一起，取食蔬菜叶肉并残留另一面的表皮，受害部位呈半透明的天窗。3 龄以后，幼虫开始分散危害，可以把蔬菜叶片吃成孔洞、缺刻，严重时把叶片吃光，仅剩下叶柄、叶脉。4 龄后进入暴食期，除了取食蔬菜的叶片以外，还可以取食蔬菜的茎秆、花瓣及果荚等部位，对蔬菜产量影响很大。

【生活习性】成虫昼伏夜出，具有趋光性，并对糖醋酒液有比较强的趋性。高龄幼虫具有假死性，受到惊扰会落地假死。幼虫老熟后，一般会钻入土壤或基质的表层下 3~5cm 处化蛹。

（5）棉铃虫

【形态特征】棉铃虫属鳞翅目夜蛾科。成虫前翅有褐色环纹及肾形纹，后翅为黄白色或浅褐色，端区为褐色或黑色。老熟幼虫体长 30~42mm，有浅绿色、浅红色至红褐色。其体表密生长而尖的小刺（彩图 30）。

【危害症状】幼虫蛀食蔬菜的蕾、花、果实，偶尔也蛀茎，主要危害蔬菜果实。蕾受害后，苞叶张开，变成黄绿色，2~3d 后脱落；幼果常被吃空或引起腐烂而脱落；成熟果实虽然只被蛀食部分果肉，但蔬菜已失去商品价值，而且因蛀孔在蒂部，雨水、病菌进入易引起蔬菜腐烂；危害蔬菜的部分幼芽、幼叶和嫩茎，常使蔬菜嫩茎折断。

【生活习性】成虫昼伏夜出，对杨树枝和紫外线光有强烈趋性。产卵时有强烈的趋嫩性，卵散产，多产在蔬菜的顶尖、嫩叶和花蕾的苞叶上。棉铃虫属喜温喜湿害虫，幼虫发育以温度为 25~28℃和湿度为 75%~90%最为适宜。

（6）蔬菜蝶蛾类害虫主要防治方法

1）农业措施。摘除带有卵块或初孵幼虫取食危害的蔬菜叶片，带出场外集中销毁，消灭大量卵块和幼虫；蔬菜采收后应该及时清洁场园，减少越冬蛹量。

2）物理措施。①使用黑光灯、性诱剂和糖醋酒液来诱杀成虫。②严密设置防虫网，以免成虫飞入。

3）生物措施。利用蚜茧蜂、赤眼蜂、七星瓢虫等天敌进行生物防治。

4）化学措施。可选用 1%苦皮藤素水乳剂、15000IU/mg 苏云金杆菌水分散粒剂、0.6%印楝素乳油、200 亿 PIB/g 斜纹夜蛾核型多角体病毒（NPV）水分散粒剂等药剂喷洒防治。

2. 蝗虫类

（1）短额负蝗

【形态特征】成虫体长 20~30mm，虫体为绿色（夏型）或褐色（冬型）。头额前冲，尖端着生一对触角（彩图 31）。

【危害症状】以成虫、若虫取食蔬菜的叶片，造成叶片出现缺刻，严重时全叶被吃成网状，仅残留叶脉。

【生活习性】成虫、若虫喜在白天日出后活动，上午 11:00 以前和下午 15:00~17:00 取食最强烈，喜潮湿环境。卵多产于疏松、湿度适中和杂草稀少的区域。

（2）东亚飞蝗

【形态特征】体大型，为绿色或黄褐色，匀称。头大而短，头顶宽短，顶端钝圆，复眼长卵形，触角丝状，细长。前翅发达，褐色，具许多暗色斑点，超过后足胫节中部，后翅略短于前翅，无色透明。后足胫节上侧外缘具刺 10~11 个（彩图 32）。

【危害症状】成虫、若虫咬食蔬菜的叶片和茎，大发生时成群迁飞，把成片的蔬菜吃光。

【生活习性】2龄后活动能力增强，白天活动，夜间和凌晨栖息于蔬菜上。聚群和扩散多在晴天的9:00~16:00，朝着与阳光垂直的方向远距离跳跃迁移，地面温度高于40℃或日落后方停止。喜欢栖息在地势低洼、易涝易旱或水位不稳定的海滩、湖滩、河滩、荒地或耕作粗放的场园中。卵在基质中越冬。

（3）蔬菜蝗虫防治方法

1）物理措施。①在成虫、若虫盛发期，可用捕虫网进行人工捕捉。严密设置防虫网，以免害虫飞人。②基质采用高温消毒灭卵。

2）生物措施。利用自然天敌，植树引诱鸟类，保护蜘蛛、蚂蚁、蛙类等进行防治。

3）化学措施。选用的无公害农药如1.8%阿维菌素、0.5%苦参碱、5%氟虫腈、5%氟虫脲等进行防治。

3. 甲虫类

（1）茄二十八星瓢虫

【形态特征】体形为半球形，体色为黄褐色或红褐色，体表密生黄色细毛。2鞘翅上各有14个黑斑。幼虫背面隆起，各节生有整齐白色枝刺，基部有黑褐色环纹（彩图33）。

【危害症状】成虫和幼虫均可将蔬菜叶片吃成穿孔，严重时叶片只剩叶脉，受害叶片干枯、变褐，全株死亡。此外，还可危害蔬菜嫩茎、花瓣、萼片、果实等，茄果、瓜条被啃食处常常破裂，组织变僵、粗糙，有苦味，不能食用。

【生活习性】以成虫在杂草、疏松基质等背风向阳处越冬，成虫具有假死性和一定的趋光性，初孵幼虫具有群集性，幼虫老熟后多在蔬菜叶背、茎秆或杂草上化蛹。

（2）黄曲条跳甲

【形态特征】成虫体长2mm，体色为黑色、有光泽，鞘翅中央有一条黄色纵斑，后足腿节膨大，跳跃能力强。幼虫体形为长圆筒形，背部体色为浅褐色，腹部体色为乳白色（彩图34）。

【危害症状】幼虫危害蔬菜根系，造成根部腐烂，刚出土的蔬菜幼苗受害后往往不能继续生长而死亡，造成缺苗毁种；成虫啃食蔬菜的嫩茎、枝叶，造成蔬菜叶片孔洞，形成缺刻，严重影响蔬菜品质，蔬菜经济性状较差。

【生活习性】适宜生长温度为21~30℃，冬季10℃以上仍能见到成虫在地面活动。成虫在枯枝、落叶、杂草丛或基质（土壤）缝隙里越冬。

（3）黄守瓜

【形态特征】主要有黄足黄守瓜和黄足黑守瓜两种。黄足黄守瓜成虫为长椭圆形，体色为黄色和橙红色、有光泽，仅复眼、上唇、后胸腹面和腹节为黑色（彩图35）；黄足黑守瓜全身仅鞘翅、复眼和上颚顶端为黑色，其余部位为黄色。幼虫呈蠕虫状，体色为白色。

【危害症状】成虫可取食蔬菜的叶、茎、花和果实，但以叶片受害最重，严重时可致整个植株死亡。幼虫在基质中危害蔬菜根部，1~2龄幼虫危害细根，3龄以后能够钻食木质部危害主根，可使地上部分萎蔫致死。也可蛀食贴地生长的瓜果。

【生活习性】成虫受惊后飞离或假死，耐饥力强，对黄色有正趋向性；喜欢在湿润的基质中产卵，气温在24℃左右时为产卵盛期。

（4）蔬菜甲虫类主要防治方法

1）农业措施。①彻底清除场园杂草和残枝落叶，消灭越冬虫源及其越冬场所。②利用十字花科蔬菜与水生蔬菜或其他非寄主作物轮作，能较好地控制甲虫的发生。

2）物理措施。①利用黄色粘虫板、灯光诱杀成虫。②对基质进行高温消毒。③人工捕捉成虫。

3）化学措施。①播种前对基质消毒可提高防治效果。②利用内吸性药剂在播种前拌种，可保护刚出土幼苗免受害虫危害，如噻虫嗪。③利用苦参碱、啶虫脒、唑虫酰胺等药剂喷药防治。

4. 蚜虫类

【形态特征】蚜虫又称腻虫、蜜虫，分为无翅蚜和有翅蚜两种。蔬菜上的蚜虫主要有桃蚜、萝卜蚜、瓜蚜、甘蓝蚜、豆蚜等。常见的体色有绿、黄、黑、茶色，腹部大于头部与胸部之和，前胸与腹部各节常有缘瘤，腹部具腹管（彩图36）。

【危害症状】主要分布在蔬菜的叶背和幼茎生长点，以吸食植株汁液为食，致使叶片弯曲变形，有的会变黄，严重危害蔬菜生长。蚜虫会分泌蜜露，可诱发煤污病。蚜虫又是病毒的传播者，对蔬菜的产量影响很大。

【生活习性】温度为16~24℃、湿度为75%以下时蚜虫会迅速繁殖，以孤雌繁殖为主。蚜虫具有趋色性，对黄色、橙色有较强的正趋性，对银灰色有负趋性。

【防治方法】

1）农业措施。①合理种植。安排茬口布局，避免连作，实行轮作。十字花科蔬菜的种植区和留种区远离桃、李等果园。蔬菜苗床远离菜地和苗圃。②加强管理。前茬蔬菜收获后，要及时翻耕，清除田间残株败叶和杂草，减少虫源；合理施肥，多用腐熟的农家肥，尽量少用化肥，尤其不能一次性施用氮肥过多。

2）物理措施。悬挂黄色粘虫板，铺设银色地膜。通风口处铺设防虫网。摘除蚜虫大量聚集的叶片和枝条。

3）生物措施。利用瓢虫、食蚜蝇、草蛉、蚜茧蜂和蜘蛛等天敌进行防治。

4）化学措施。采用高效，低毒的绿色农药，如1.8%阿维菌素乳油、2.5%鱼藤酮乳油、0.3%苦参碱水剂80~100倍液喷雾。

5. 蓟马类

【形态特征】蓟马为缨翅目昆虫的通称，蔬菜上危害较重的有棕榈蓟马、西花蓟马、烟蓟马、花蓟马等。蓟马个体微小，成虫体长1~2mm，幼虫呈白色、黄色或橘色，成虫则呈黄色、褐色或黑色（彩图37）。

【危害症状】吸食寄主植物的叶、芽、花或果实的汁液，造成嫩叶皱缩卷曲，使被害叶片及其他组织老化变形，嫩梢僵缩，植株生长缓慢甚至枯萎；花器受害后出现斑点或变色；果实受害后，果皮硬化，发育受阻，甚至造成疮疤，影响作物产量和质量，严重时甚至造成绝产绝收。蓟马不仅直接危害蔬菜，有些还可以传播病毒病。

【生活习性】成虫、若虫有怕光、趋嫩、趋蓝色的习性。卵散产于叶肉组织内或下表皮。

【防治方法】

1）农业措施。清除蔬菜残体和杂草，消灭过渡寄主，减少外来虫源。适时浇水，防止干旱，恶化蓟马生存环境。加强水肥管理，促进蔬菜健壮生长，提高蔬菜的抗逆能力以减轻危害。

2）物理措施。覆盖防虫网能够较好地阻隔部分害虫；悬挂蓝色、黄色粘虫板诱杀成虫。

3）生物措施。利用白僵菌、瓢虫、蝽等天敌防治蓟马。

4）化学措施。利用乙基多杀菌素、吡虫啉等药剂喷雾防治。

6. 粉虱类

（1）温室白粉虱

【形态特征】成虫体长0.8～1.4mm，为白色，雌雄均有翅，翅面覆有白蜡，静止时双翅在体上合成屋脊状。若虫为浅绿色或黄绿色（彩图38）。

【危害症状】成虫和若虫群集在叶片背面，吸食蔬菜的汁液，使被害叶片褪绿、变黄、萎蔫，甚至全株死亡；还会分泌大量蜜露，严重污染叶片和果实，引起煤污病发生，导致蔬菜减产和品质下降，并且还可以传播病毒病。

【生活习性】成虫对黄色有强烈的趋性，但忌白色、银白色。成虫喜群集于蔬菜上部嫩叶背面产卵。

（2）烟粉虱

【形态特征】烟粉虱的成虫较温室白粉虱小，显得细长，停息时双翅在身体上合成屋脊状较温室白粉虱更明显（彩图39）。

【危害症状】成虫和幼虫都会刺吸蔬菜韧皮部吸取大量的汁液，导致蔬菜营养不良，叶片褪绿，严重还会造成植株枯死。烟粉虱的成虫还会在取食汁液后分泌蜜露，导致蔬菜的器官及果实受到污染，无法正常生长，引起煤污病，还会传播病毒病。

【生活习性】烟粉虱发育的适宜温度是20～30℃，0℃以下则开始出现死亡，且随着温度的降低和处理时间的延长，烟粉虱的死亡率迅速上升；烟粉虱也不耐高温，喜低温干燥环境，若虫生长发育的最适湿度为30%～70%。

（3）蔬菜粉虱类主要防治方法

1）农业措施。培育无虫苗，把好育苗关，严格执行育苗管理；彻底清除带虫叶、残株，铲除杂草。

2）物理措施。在设施出入口和通风处覆以防虫网，防止粉虱飞入；利用黄板诱杀成虫；高温闷棚，连续闷棚5d能杀死大部分粉虱。

3）生物措施。利用中华草蛉、丽蚜小蜂等天敌防治粉虱。

4）化学措施。喷施吡虫啉、啶虫脒等药剂防治害虫。

7. 蚊蝇类

（1）美洲斑潜蝇

【形态特征】幼虫时期是蛆状，为白色。成虫外形与苍蝇相似，与苍蝇颜色上的区别主要是背部为黑色、腹部为黄色（彩图40）。

【危害症状】成虫吸取蔬菜叶片的汁液，并在叶片上形成近圆形凹陷的黄色斑点。幼虫潜入叶片危害，产生弯弯曲曲的不规则形白色虫道，虫道内有清晰的黑色粪便。受害重的叶片因无法吸收养分而脱落，造成花芽、果实萎缩，严重的几乎绝产绝收。还可传播病毒病。

【生活习性】空气湿度为60%～80%、温度为22～27℃最适宜各虫态生长发育和个体繁殖。成虫对橙黄色有趋性，耐热性强。

（2）迟眼蕈蚊

【**形态特征**】俗称韭蛆，成虫体小，长 2.0~5.5mm，体背为黑褐色。复眼在头顶成细眼桥。幼虫头为漆黑色且有光泽，体为白色、半透明，无足（彩图 41）。

【**危害症状**】幼虫钻蛀韭菜等蔬菜的假茎和鳞茎，轻者造成地上部分叶片发黄、变软、倒伏，重则绝产。

【**生活习性**】适度低温和高湿对其生存有利，而过高的温度和湿度或低温、低湿可降低其存活率。幼虫多分布在地面以下 2~3cm 的基质中，为半腐生性，常群集生活。

（3）蔬菜蚊蝇类主要防治方法

1）农业措施。①严格检疫，应保护无虫区，严禁从有虫地区调运菜苗及带虫蔬菜。②合理布局，将寄主与非寄主的蔬菜套种或轮作 3 年以上。③及时清除杂草，摘掉带虫叶片，深埋或烧毁；化蛹高峰期大水漫灌，使蛹窒息死亡。

2）物理措施。①利用黄板、诱蝇纸、糖醋液等诱杀成虫。②铺设防虫网，阻隔外源害虫进入棚室。

3）化学措施。在早晨或傍晚喷药，可用 5%阿维菌素乳油 1000 倍液或 25%的灭幼脲悬浮剂 2500 倍液等。

8. 蝽类

（1）斑须蝽

【**形态特征**】成虫体长 8~13.5mm、宽约 6mm，为椭圆形，体色为黄褐或紫色，密被白色绒毛和黑色小刻点，触角黑白相间。小盾片近三角形，末端钝而光滑，为黄白色。前翅革片为红褐色，膜片为黄褐色、透明，超过腹部末端。胸腹部的腹面为浅褐色，散布零星小黑点，足为黄褐色，腿节和胫节密布黑色刻点（彩图 42）。

【**危害症状**】成虫和若虫会刺吸蔬菜嫩叶、嫩茎及果实的汁液。被吸食过的部位会出现黄褐色斑点，严重时会使蔬菜的叶片卷曲、嫩茎凋萎、果面上形成黄色不规则斑痕，减产减收。

【**生活习性**】以成虫在蔬菜的根际、枯枝落叶、树皮裂缝中或屋檐底下等隐蔽处越冬。

（2）菜蝽

【**形态特征**】成虫体长 7~8mm，为椭圆形，体色为红色、橙黄色或橙红色。前胸背板有 6 块黑斑，前 2 块为横斑，后 4 块斜长，小盾片基部中央有一大三角形黑斑。若虫近圆形，为橙黄色。头、触角及胸部背面为黑色（彩图 43）。

【**危害症状**】成虫和若虫吸食蔬菜的嫩芽、嫩茎、嫩叶、花蕾和幼果汁液，蔬菜被刺处留下黄白色至微黑色斑点。幼苗子叶期受害可致萎蔫甚至枯死，花期受害不能结荚或籽粒不饱满。还可传播黑腐病和软腐病。

【**生活习性**】以成虫在石块下、缝隙中、落叶枯草下或保护地中越冬。高龄若虫适应性、耐饥力都较强，当十字花科植物衰老或缺少时，也转移危害菊科蔬菜。卵多产于叶背，单层成块。

（3）蔬菜蝽类主要防治方法

1）农业措施。清除枯枝落叶，集中烧毁，可消灭部分越冬成虫。

2）物理措施。人工摘除卵块，捕杀成虫或若虫。

3）化学措施。用 2.5%溴氰菊酯乳油 3000 倍液或 5%定虫隆乳油 1500 倍液喷雾防治。

9. 螨虫类

（1）茶黄螨

【形态特征】成螨体微小，为浅黄至黄绿色，具4对足。若螨为白色，具3对足（彩图44）。

【危害症状】以成螨、若螨集中在蔬菜的幼芽、嫩叶、花、幼果等处刺吸汁液，尤其喜在嫩叶背面栖息取食。受害蔬菜的叶片背面为灰褐色或黄褐色，呈油质光泽或油浸状，叶片边缘向下卷曲，叶片异常增厚、变硬、变脆；受害嫩茎、嫩叶扭曲、畸形，严重时植株顶部干枯，生长点不能正常发育；受害后的花蕾，重者不能坐果、开花；果实受害后表皮木质化，甚至发生不同程度的龟裂，严重的种子裸露，失去食用价值。

【生活习性】喜温暖潮湿的环境条件，发生危害最适气候条件是温度为16~27℃、湿度为45%~90%。

（2）叶螨

【形态特征】个体微小，体呈椭圆形，体色为锈色或深红色（彩图45）。

【危害症状】蔬菜被害初期叶面出现零星褪绿斑点，随着危害的加重，叶片上布满白色小点，进而出现黄斑、红斑、黄白斑，大量叶片枯黄、脱落，严重影响蔬菜生长，甚至整株枯死，造成严重损失。

【生活习性】喜群居及高温低湿的环境。先在中下部叶片背面吸取植株汁液，随后逐渐向上扩散。雌成螨在缝隙、杂草根际、寄主落叶等处越冬，如温度合适，可全年危害。6~8月是危害高峰，尤其干旱年份易大量发生。

（3）蔬菜螨类主要防治方法

1）农业措施。①实行轮作。与其他非寄主蔬菜轮作2~3年。在引进菜苗时，疫区应严格控制输出，最好从无螨区引进，防止初侵染虫源传入无病区。②清洁场园。温室中的杂草、落叶、蔬菜残株应集中烧毁或深埋，减少越冬虫源。

2）物理措施。摘除螨类集中的叶片。种植前可利用高温闷棚的方式清洁栽培环境。

3）生物措施。保护利用天敌，如拟小食螨瓢虫、深点食螨瓢虫、草间小黑蛛和中华草蛉等。

4）化学措施。在蔬菜种植之前，选择合适的药剂熏蒸大棚。发病后，可喷施73%克螨特乳油1200倍液、1.8%阿维菌素乳油4000倍液等。

10. 软体动物

（1）蜗牛

【形态特征】同型巴蜗牛、灰巴蜗牛、条华蜗牛等为蔬菜上的主要危害品种。蜗牛身背螺旋形的贝壳，其形、颜色大小不一。身体柔软无骨，头部具有触角2对，1对较大，顶端有眼（彩图46）。

【危害症状】成虫和幼虫均可啃食蔬菜的幼嫩根系、新芽、花朵，也可咬断幼苗，造成缺苗断垄，严重时把整株全部吃光，延误农时。虫体分泌特有的黏液，对蔬菜造成污染，降低蔬菜商品价值。啃食造成伤口易诱发细菌性软腐病。

【生活习性】多食性，畏光怕热，昼伏夜出。一般在傍晚18:00之后陆续爬出基质觅食，喜欢取食蔬菜的嫩芽和基质表面上已经被取食过的蔬菜，晚上20:00至凌晨4:00是其活动高峰期。如遇雨天，会昼夜活动危害蔬菜。以成贝、幼贝在蔬菜根部、草堆、土缝、瓦砾堆、地面枯枝层或地表层内越冬。

（2）蛞蝓

【形态特征】 体呈长梭形，光滑柔软，头部前端有2对触角，体背前端有外套膜，膜内有退化的贝壳（彩图47）。

【危害症状】 主要危害蔬菜的嫩叶和茎，将叶片咬成孔洞或缺刻，还能咬断嫩茎和生长点，使蔬菜整株枯死。其粪便和分泌的黏液还会污染蔬菜，降低其品质。啃食蔬菜造成的伤口也易感染其他病原菌，造成蔬菜腐烂。

【生活习性】 喜湿怕光，昼伏夜出，从傍晚开始活动，在22:00~23:00到达高峰期，黎明前陆续潜入缝隙或隐蔽处。

（3）蔬菜软体动物主要防治方法

1）农业措施。①保持周边环境的清洁，清除不必要的杂物，如杂草、砖瓦砾、树枝等。②熟化有机肥。蔬菜种植区的有机肥必需堆捂腐熟，杜绝施用未腐熟的有机肥。

2）物理措施。①对基质，特别是重复使用的旧基质，最好进行高温熏蒸处理。②人工捕捉，或在傍晚用瓦砾、杂草、菜叶等进行诱集，第二天清晨日出前揭开集中捕杀。

3）化学措施。①在蔬菜附近每亩撒5~7.5kg生石灰粉或3~5kg茶粕，也可用氨水70~100倍液，可有效隔离蜗牛或蛞蝓。②选用专门的杀软体动物剂，在晚上20:00~22:00进行药剂喷雾或浇灌，如80%四聚乙醛可湿性粉剂200倍液、70%杀螺胺乙醇胺盐等。

二、地下害虫

1. 地老虎类

【形态特征】 地老虎是夜蛾的幼虫，为世界性害虫，我国已知有10余种，主要危害的有小地老虎、大地老虎和黄地老虎。地老虎体长40~60mm（彩图48）。小地老虎为灰褐色，体表粗糙、分布大小不一的黑色颗粒；大地老虎为黄褐色，体表皱纹多，颗粒不明显；黄地老虎为黄褐色，体表颗粒不明显，有光泽，多皱纹。

【危害症状】 在基质中咬断蔬菜幼苗近地面的茎部，使蔬菜整株死亡，造成缺苗断行，对春播蔬菜危害最大。

【生活习性】 喜欢温暖潮湿的环境，20℃左右是其发育的最适温度，基质含水量在15%~20%时危害重。昼伏夜出，成虫有强烈的趋化性，对黑光灯趋性也较强。雌虫喜欢将卵产在小蓟、藜等杂草上。

【防治方法】

1）农业措施。①中耕除草。人工或使用除草剂铲除设施周围的杂草，防止成虫产卵。②灌水杀虫。控制基质的含水量，使其不利于地老虎生存。如果虫量太大，可通过用水浸泡基质的方式淹死幼虫。

2）物理措施。①人工捕捉。清晨在蔬菜附近的表层基质中捕捉幼虫。②诱捕杀虫。利用黑光灯和糖醋液对成虫进行诱杀。

3）化学措施。可选用2.5%溴氰菊酯、2.5%敌百虫或50%辛硫磷等药剂喷洒在基质表面或灌根处理。1~3龄幼虫期是防治的最佳时期。

2. 蝼蛄类

【形态特征】 蝼蛄为世界性害虫，在我国危害的主要有东方蝼蛄和华北蝼蛄。其成虫与若虫形态相似。成虫体长30~50mm，体为灰褐色，头为圆锥形，前足粗壮有锯齿，背部有翅，尾部有一对尾须（彩图 49）。

【危害症状】成虫和若虫在基质中啃食刚播种的蔬菜种子和幼苗，可将幼苗咬断，至其枯死。受害蔬菜根部呈乱麻状。在基质中因虫的活动形成许多隧道，使蔬菜根与基质分离，致使菜苗失水枯死。

【生活习性】喜潮湿疏松的环境，以成虫或若虫在基质中越冬，适宜温度为 15.2~19.9℃，清明前后升至基质表面活动，温度升高钻入基质中。成虫昼伏夜出，21:00~23:00时活动最盛。成虫有趋光性，对香甜物质也有较强趋性，喜在潮湿的区域产卵。

【防治方法】

1）物理措施。①人工捕虫。早春根据蝼蛄钻入基质留下的痕迹深挖，找到虫窝，人工销毁。②灯光捕杀。设置黑光灯等捕杀蝼蛄类成虫。③药物诱杀。配制糖醋液、毒谷、毒饵等诱杀蝼蛄。

2）化学措施。用 40%辛硫磷 1000 倍液、80%敌百虫 1000 倍液或 2.5%敌杀死 3000 倍液灌根。

3. 蛴螬类

【形态特征】蛴螬是金龟子的幼虫。体长 30~40mm，头为红褐色，身体为乳白至黄色，身体前端有 3 对足，体壁较柔软多皱，受到惊吓后会蜷缩成“C”形。成虫可啃食植株叶片（彩图 50）。

【危害症状】蛴螬食性广，寄主范围广泛。主要危害蔬菜根茎部位，喜食刚播的种子、根、块茎及幼苗，切口整齐。

【生活习性】以成虫或幼虫在基质中越冬。幼虫喜 15℃左右的温度，春秋两季对蔬菜的危害最重。幼虫在基质中多上下垂直活动。成虫多昼伏夜出，性诱效果明显，趋光性弱，具假死性，卵多产于土中。

【防治方法】

1）农业措施。施腐熟有机肥，杜绝施用未腐熟的有机肥，清除杂草，通过冬季翻动基质冻死幼虫。

2）物理措施。人工捕杀，利用成虫的假死性人工震落捕杀成虫。

3）生物措施。利用茶色食虫虻、白僵菌等防治。

4）化学措施。用 50%辛硫磷乳油拌种，或与基质混匀制成毒土；发现虫害后还可灌根使用。

4. 金针虫类

【形态特征】金针虫是叩头虫科幼虫，分布较广且危害性较大的为细胸金针虫、沟金针虫、褐纹金针虫、宽背金针虫。体长 20~30mm，体色为金黄色至棕褐色，表面有细毛，体多环节。成虫危害蔬菜叶片（彩图 51）。

【危害症状】咬食刚播下的蔬菜种子，使其不能发芽。还会取食蔬菜的根系和茎基部分，严重的可导致幼苗枯死。常常造成蔬菜缺苗断行，减产减质降效。

【生活习性】以幼虫或成虫在基质中越冬。气温 10~15℃时活动危害猖獗，适宜其活动的湿度为 15%~25%，成虫具有趋光性，性激素对其吸引性强。

【防治方法】

1）农业措施。栽培防虫。精耕细作、深耕多耙，控制基质湿度达到 35%~40%时会停止危害。严禁施用未腐熟的有机肥。

2）物理措施。利用黑光灯或性诱剂诱杀其成虫。

3）化学措施。用50%辛硫磷乳油等药剂对蔬菜进行灌根或拌种。

第三节 蔬菜无土栽培病虫害防治技术方案

在蔬菜病虫害防治上，需遵循的总原则是以保持和优化农业生态系统为基础，建立有利于各类天敌繁衍和不利于病虫害滋生的环境条件，提高生物多样性，维持农业生态系统的平衡性。应建立一整套以农业措施为基础，辅助以物理和生物措施，以化学措施为补充的防治机制。

一、前期准备

1. 基质处理

基质是病虫经常潜伏的场所，在蔬菜生产过程中多次循环使用容易使虫卵或病原孢子大量积累，造成土传病虫害逐年加重的现象发生。因此，在循环使用前，应对基质进行严格消毒。消毒的方式可利用日晒、低温和药剂等，具体措施在附录B和附录C中有详细介绍。在选择合适的化学试剂，对栽培基质进行消毒时，要注意药剂的选择和使用浓度，防止对幼苗造成伤害。

2. 种子和菜苗处理

挑选时应选择饱满，健康的种子，以便培育出健壮的菜苗，提高蔬菜本身的抗性。许多病虫害是借助种子、菜苗或其他无性繁殖材料来传播的。为有效控制该类病虫害的传播，要加强源头监控，注意育苗盆钵、基质等的消毒，通过调控苗圃环境，使圃内无病虫害的发生。采摘菜苗时，要保证母株无毒无病。对于病毒病严重的品种，可通过组培脱毒技术，获得无毒的菜苗。还可以进行温汤浸种，具体措施为：利用50~55℃的温水浸泡种子，可杀死种子上携带的部分病原菌。此外，在60~70℃的温度下干热处理种子，可有效杀死种子内部的病原菌，还能促进种子萌发。由于不同蔬菜种子对温度的耐受力不同，具体操作时需要的温度和时间应先用少量种子做试验后确定。另外，如果种子量少，还可利用超声波、光波等现代物理技术，快速有效地杀灭种子内部的害虫或病原物。蔬菜种子或菜苗可以携带真菌、细菌、线虫等有害生物，蔬菜种子在播种后也容易受到地下害虫的危害，为了蔬菜健壮生长，可以用药剂对蔬菜种子和菜苗进行浸种、拌种等消毒处理。该方法经济、省药、省工，并能减少环境污染。

（1）浸种法 将蔬菜种子浸泡在一定浓度的药剂溶液中，一段时间后，将种子取出并清洗，晾干后播种。该方法可以杀灭蔬菜种子中携带的有害生物，也可用于防治地下害虫的危害，还可促进种子发芽。可用农药主要是杀菌剂、杀虫剂或植物生长调节剂，可用剂型为水剂、乳油、可湿性粉剂等可溶于水的剂型。浸泡水温多为55~60℃，如果蔬菜种子的种皮薄、易吸水，可降低温度为25~30℃。浸种时间与种子的吸水速度、温度相关，种皮变软、种子吸饱水即可。

（2）拌种法 将蔬菜种子与药粉或药液按一定比例均匀混合后直接播种。该法可用于防治种传病害、地下害虫及部分苗期病虫害。可用剂型有粉剂、可湿性粉剂、乳油等。拌种可采用人工法，也可用拌种机，保证药剂均匀分布在蔬菜种子表面即可。

（3）闷种法　将一定剂量的药液均匀喷洒在蔬菜种子上，将其堆起并加盖覆盖物堆闷一段时间，可有效杀灭种子内外的病虫害。可用剂型有水剂、乳油、可湿性粉剂、悬浮剂等。闷种时间以防治效果好且不出现药害为宜。若药剂浓度高，种子敏感性高，闷种时间要短；药液浓度低，种子耐药性强，闷种时间可适当延长。闷种法处理过的种子要及时播种。

（4）蘸秧法　菜苗移栽时，可用根部蘸取药液再栽，起到杀死幼苗携带的病原菌，实现防治根结线虫病等目的。由于根部敏感性较高，药剂配制时要注意浓度。可提前取少量菜苗做药剂试验，以免造成不必要的损失。

3. 温室大棚及器具处理

因温室大棚及农事操作器具在蔬菜生产过程中反复使用，易成为传播病虫的媒介。所以在重复使用前应对其进行消毒。消毒时，可用1：（50~100）的福尔马林喷洒或洗刷。也可用药剂对温室大棚进行熏蒸处理，可用剂型为烟剂，药剂点燃受热后会产生烟雾，烟雾附着于大棚上，可杀死病菌和害虫。该方法使用简便，省工省时，成本低，可有效解决设施内的死角问题。使用烟剂时，要保证设施处于密闭状态，棚膜不能有孔洞，门窗要关严。使用时间为：晴天最好在傍晚落日后，阴雨天、下雪天可正常使用。一般密闭4~6h即可，之后开窗通风一段时间再进室内作业。温室大棚的熏蒸一般在蔬菜播种或定植前3d左右进行。

4. 周围环境的处理

有些病虫害是从设施外传入的。因此，对设施周围的环境要予以重视，最主要的是处理杂草。杂草上可寄生多种病虫害，并有助于这些病虫害安全度过冬季。因此，在蔬菜栽培前，应及时清除设施周边的杂草，预防杂草上的病虫传到设施内。同时，注意在设施的门窗上铺设好防虫网，可减少外界的害虫进入设施内部的机会。

二、关键技术

在蔬菜无土栽培过程中，针对蔬菜病虫害防治，应注意以下事项。

1. 品种选择

栽培时应尽可能选择具有抗性的蔬菜品种。抗性强的品种不容易感染病虫害，可以不施药或少施药，节约成本，减少药剂对环境的污染。应根据本地区病虫害的发生情况，针对主要的病害或虫害，选择适宜本地区栽种的抗病虫蔬菜品种。但应注意，品种的抗病性不是固定不变的，由于病原菌的变异或次要病原升为主要病原等原因，品种的抗性会逐渐消失。因此，在蔬菜栽培时应避免单一品种长期大批量种植，最好将多个品种搭配种植。

2. 水肥调控

（1）适当浇水　蔬菜的不同品种、不同生育时期，其需水量是有所变化的，应根据其相应需水情况，调节基质水分含量。水分过多易使植物徒长，抗性降低，容易发生病害；过少又会导致植物因缺水而死亡。还要注意浇水方式，喷灌会帮助病原物传播，扩大病害范围，同时会增加室内湿度，有利于大多数病害的发生，因此建议使用滴灌系统。浇水的时间也有讲究，阴、雨、雪天尽量不浇水，晴天尽量在上午浇水，温度低时少浇水。

（2）合理施肥　使用无机肥时要注意氮、磷、钾等营养元素的配比，防止蔬菜出现因营养过多而徒长或过少而缺素的情况。适当增加有机肥的使用，有助于提高蔬菜的长势，增强抗病力。如果使用的有机肥是自己通过堆肥等方式获得的，要注意确保有机肥充分腐熟，防止其中带有病原物或害虫。

3. 场园清洁

及时清除蔬菜间的杂草，以便保存基质的肥力，减少病虫的潜伏场所。及时摘除或拔除田间受病虫危害的叶、花、果实或植株，以免病虫危害的范围扩大。蔬菜采收后，遗留的枯枝落叶等是害虫和病原物越冬和繁殖的主要场所，应及时清除，减轻下一茬或下一年病虫害的发生程度。

4. 间作套种

不同蔬菜通过合理间作或套作，可控制或减轻某些病虫害的发生。比如将甘蓝或白菜等十字花科蔬菜与番茄或薄荷套作，后者释放出的刺激性气味可帮助前者驱赶菜粉蝶；低秆蔬菜与高秆蔬菜间作可减轻日灼和其他病害等。

5. 病虫害防治

在蔬菜栽培过程中，可以采取以下措施对病虫害予以防治。

（1）物理措施

① 灯光诱杀法。蝶蛾类、天牛类、蝽类、蝗虫、金龟子等对光都有较强的趋性，利用灯光对成虫可起到较好的诱杀效果。可采用高压汞灯、黑光灯和频振式杀虫灯。开灯的最佳时间在20:00~22:00，此时为害虫的主要活动期。

② 色板诱杀法。粘虫板对蚜虫、粉虱、叶蝉、斑潜蝇和蓟马等都有很好的防控效果。色板的常用颜色为黄色和蓝色。投放密度为6张/100m^2左右即可，高度以距离蔬菜上部0~20cm为宜，并应随着蔬菜生长不断调整。另外，当粘虫板上粘满了害虫或杂质时，应及时更换，以确保高效捕捉。

③ 食物诱杀法。利用害虫的趋气味性，配制毒饵，诱杀害蛾类、金龟子、蝼蛄、蚊蝇等。

④ 机械捕捉法。对于某些有假死性、行动缓慢的害虫，比如金龟子、蜗牛等，可以在清晨或傍晚对其进行人工捕捉；可及时摘除带有虫卵的蔬菜叶片、枝条，摘除蝶蛾类的茧或虫包。

⑤ 阻隔法。通过在大棚上安装40~60目（孔径为250~425μm）的防虫网，或在蔬菜的花或果实上套袋，可以隔绝蚜虫、飞虱、蓟马等害虫的危害，还能有效减轻病毒病的发生。

（2）生物措施

① 天敌昆虫法。利用自然天敌昆虫如螳螂、蜘蛛等，或人工引进、繁殖、释放外地天敌昆虫，对害虫可取得较显著的防治效果。繁殖利用成功的有蚜茧蜂、赤眼蜂、草蛉、管氏肿腿蜂和大红瓢虫等，用于防治白粉虱、蚜虫、吹绵蚧和各类毛虫等。

② 有益微生物法。害虫也会得病，利用其病原物可有效减少害虫数量。用苏云金杆菌对蝶蛾的幼虫防治效果好；白僵菌可有效控制蝶蛾、叶蜂、蝗虫等害虫。病害方面较成功的例子是利用哈氏木霉防治茉莉花白绢病。

③ 昆虫激素法。利用性激素将雄蛾吸引过来杀死，或与绝育剂配合使用，使雌、雄蛾无法交配或产下不正常的卵，使其后代灭绝。利用保幼素、蜕皮激素和脑激素致幼虫畸形甚至死亡，也可减少害虫数量。

（3）化学措施 在蔬菜无土栽培的过程中如果出现较严重的病虫害，常会需要选择适宜的药剂进行防治。但如果农药药剂选择不合适，使用方法不正确，可能会影响蔬菜的品质，引起蔬菜药害和病虫的抗药性的产生。

1）农药常用方法。

① 喷雾法。将药剂装入喷雾器中，利用喷雾器将药剂喷洒成雾状，直接黏附在植物上或有害生物上的施药方法。主要用于防治蔬菜茎叶部分的病虫害及田间杂草。可用剂型有乳剂、可湿性粉剂、可溶性粉剂、悬浮剂、水剂等。喷药时间应在晴天上午无露水时，喷药量以药液不从叶片上流下为宜。有些病虫害发生在叶片背面，喷药时要着重喷蔬菜叶背。根据喷药时每亩地需要的药剂量，可分为大于 40L/亩的高容量喷雾法、10~40L/亩的中容量喷雾法、1~10L/亩的低容量喷雾法、0.33~1.00L/亩的很低容量喷雾法和小于 0.33L/亩的超低容量喷雾法。低容量喷雾法及以下的两种喷雾法可统称为细喷雾法。高容量喷雾法和中容量喷雾法使用的药剂量大，易造成药剂浪费和环境污染，易使人畜中毒，在设施内不宜使用。对于蔬菜来说，可依据蔬菜叶片的大小来选择喷雾方式。叶片越小，需要的雾滴直径越小，应选择用药越少的喷雾方式；在喷头的选择上，除草剂和生长调节剂适宜采用扇形雾喷头，杀虫剂和杀菌剂适宜采用空心圆锥雾喷头或扇形雾喷头。

② 灌根法。这是将药液配制成一定浓度，从蔬菜根区周围灌入的方法。主要用于防治基质害虫、根部病害、蔬菜维管束及导管类病害。可用剂型有可湿性粉剂、乳油、悬乳剂等。处理时，可以在灌溉系统中连接控制阀和储药箱，将相应的杀菌剂、杀虫剂或除草剂混入滴灌或微灌设施中，利用灌溉系统将药剂直接施到根系周围；还可以采取注射的方式，采用专门的注射设备把药液直接注射进基质中，注射时宜选用悬浮剂、微乳剂和水乳剂，乳油易引发药害。对于已使用菌肥的基质，不宜采用此两种方式，可能导致菌肥失去应有的效果。

③ 喷粉法。这是用喷粉器械将低浓度粉剂喷洒到蔬菜和防治对象表面的施药方法。该方法省水省工，不增加设施内的湿度，减轻污染。可用剂型为粉剂。晴天选在傍晚闭棚后施药效果好，阴雨天可全天喷药；喷粉后 3d 内不可喷水，以免降低药效；高温或强光条件下不宜喷粉，以免发生药害。

④ 涂抹法。这是将具有内吸性的农药配制成高浓度的药液，涂抹在蔬菜的茎、叶、生长点等部位，主要用于防治具有刺吸式口器的害虫和钻蛀性害虫，也可施用具有一定渗透力的杀菌剂来防治病害。可选用可湿性粉剂、乳油、悬浮剂等剂型。也可将植物生长调节剂兑水稀释成一定浓度后涂抹在蔬菜的花枝上，防止落花落果。

⑤ 注射法。这是用注射器将药液直接注入蔬菜体内的施药方法。主要用于防治钻蛀性害虫，如天牛；或某些蔬菜病害，如防治软腐病可注射链霉素药液；也可用于矫治缺素症，调节植株或果实的生长发育。

2）农药使用注意事项。化学防治具有方便、高效和低成本的特点，使用广泛。但化学防治还有很大的局限性，比如，会使病虫产生抗药性，降低药效；杀灭有益生物，破坏生态平衡；引起人畜中毒，引发恶性疾病等。

① 正确选药。每种药剂都有一定的防治范围，没有一种药剂能防治所有的病虫害，在施药前应根据症状及蔬菜的品种，选择合适的药剂，避免盲目用药。

② 适时用药。病虫害的发生都有一定的规律，掌握正确的防治时期，根据药剂特性及蔬菜种类等选择最合适的用药时间。比如，杀虫剂对昆虫幼虫最为有效，拒食剂应在害虫的取食阶段施用，保护性杀菌剂要在病原物接触寄主前使用。

③ 交互用药。长期使用一种药剂防治某种病害或虫害，易使病原或害虫产生抗药性，长此以往药效会越来越差，病虫防治更加困难。故应选择作用机制不同的无交互抗性的药剂

交替使用，可延缓抗药性的产生。将两种或两种以上的农药混合配制，可同时有效兼治多种病虫害，减少喷药次数，降低成本，延缓有害生物抗药性的产生，如有机磷制剂与菊酯类混用。但有些药剂混配后反而会降低药效，如苏云金杆菌不能与杀菌剂或碱性农药混用，所以在农药混合前需详细阅读各药剂的使用说明，确定互不影响方能混配。

④ 安全用药。按照药剂的使用说明，严格控制施药剂量和施药次数。超量使用农药并不能明显提高防治效果，反而会杀伤害虫天敌，加速病虫抗药性的产生，使生长中的蔬菜产生药害，甚至造成人畜中毒和污染环境。确保安全间隔期，控制蔬菜产品的农药残留，避免残留超标。安全间隔一般可按 GB/T 8321《农药合理使用准则》系列标准和农药登记批准的产品标签规定执行。在施药过程中，操作人员必须严格遵守农药使用规程，佩戴好相应护具，认真检查器械，在喷药时不得吃东西、喝饮料或抽烟，喷完药后应及时清洗，有头晕、呕吐等症状应及时就医。不得在高温或迎风状态下喷药。

3）绿色蔬菜生产的农药选择。为满足绿色蔬菜对优质安全、环境保护和可持续发展的要求，农业农村部发布了 NY/T 393—2020《绿色食品　农药使用准则》，并已于 2020 年 11 月 1 日起开始实施。AA 级和 A 级绿色食品生产时应按照表 D-1 的规定选用农药及其他植物保护产品。在表 D-1 中所列农药不能满足有害生物防治需要时，还可适量使用表 D-2 所列的农药。禁止使用的农药见表 D-3 和表 D-4。

我国目前使用的农药剂型主要有乳油、悬浮剂、可湿性粉剂、粉剂、粒剂、水剂等十多种，从安全角度考虑，在用药时推荐选用悬浮剂、微囊悬浮剂、水剂、水乳剂、微乳剂、颗粒剂、水分散粒剂和可溶性粒剂等环境友好型的剂型。

4）使用生物农药。生物农药占农药市场的份额越来越大，生物农药主要包括微生物农药，比如真菌、细菌和病毒、昆虫致病性线虫、植物源农药（植物提取物），微生物的次生代谢产物（抗生素），昆虫信息素和转基因植物等。生物农药具有的优点是毒性较低，对人、畜比较安全；对环境危害小，对天敌较安全；有害生物不易产生抗性。

目前，使用较广的生物农药见表 D-5。生物防治虽然有多项优势，但其对病虫害的控制速度较慢，因此应在病虫初发期使用。同时，生物农药的制作运输成本比化学农药高，应慎重选择使用。

三、收获贮藏期

收获时，应尽可能减少蔬菜上的伤口。贮藏时，应提前对贮藏的仓库进行消毒，仓库消毒可采用紫外线照射 30~60min，或者用化学药剂进行熏蒸或喷洒，消毒期间应保持门窗关闭。贮藏期尽量保持一个低温低湿的环境，以减少贮藏期病虫害的发生。贮藏期的温度和湿度在尽量不损伤蔬菜的前提下越低越好。蔬菜收获后放入仓库前，应进行适当的晾晒，减少植株内水分的含量。最好采用悬挂贮藏，堆放时不要堆得太高太多，以免菜堆内部温度升高，引发病害。可适当往仓库中释放二氧化碳或其他惰性气体，可起到保鲜，达到减少病虫害的作用。

综上所述，对于蔬菜病虫害的防治，依赖任何一种单一方法，都不会取得长期有效的结果。需认清病虫来源，明白其发生环境条件和传播途径，对症取法，选择合适的农业措施、物理措施、生物措施和化学措施，取长补短，预防为主、综合防控，做到有病虫但无害，自然调控，无碍生态，绿色发展。

附　录

附录 A　蔬菜营养失调症状

表 A-1　蔬菜营养元素失调症状（生理性病害——非侵染性）

元素	症状	
	过多	过少
氮（N）	叶片暗绿，徒长，植株易倒伏，抗逆性差	植株矮小纤细，叶片褪绿，发红或发黄，早衰，减产降质；最先从老叶表现症状
磷（P）	叶片肥厚，引起早衰，产量降低；引发锌、锰、铁的缺乏症状	植株矮小，叶片为暗绿色，有些蔬菜茎叶呈紫红色，成熟推迟；最先从老叶表现症状
钾（K）	叶片坏死，引发缺镁、缺钙症	茎秆柔弱易倒伏，叶片变黄，叶缘焦枯，叶片弯卷或皱缩；最先从老叶表现症状
锌（Zn）	叶片出现褐色斑点，引发缺铁、缺锰的症状	脉间失绿，幼叶、茎生长受阻，出现“小叶病”
镁（Mg）	影响植株生长，发育迟缓，叶缘焦枯	脉间失绿，严重时呈褐色坏死斑；最先从老叶表现症状
钙（Ca）	引发缺锰、铁、硼、锌的症状	新叶边缘变褐或干枯呈钩状，严重的根茎尖坏死；节间缩短，植株矮小
硼（B）	叶缘最易积累硼而出现失绿呈黄色，重者焦枯坏死，引发缺钾	新叶色浅，生长点受抑制，节间缩短，花丝、花药萎缩，花粉发育不良
硫（S）	叶片变小，叶脉间发黄	生长缓慢，植株矮小，叶小而黄，叶缘焦枯并向上卷筒，老叶死亡，根尖死亡；生育期推迟；最先从新叶表现症状
锰（Mn）	叶片出现褐色斑点，叶缘白化或变紫，幼叶卷曲等；根系变褐色，根尖损伤，新根少；阻碍植株对铁、钙、钼的吸收，引发缺钼症	脉间失绿，叶片易碎，向上弯曲；有褐色小斑点散布整个叶片；最先从新叶表现症状

（续）

元素	症状	
	过多	过少
铜（Cu）	呈现缺铁症状，叶尖及边缘焦枯	顶端生长不良，幼叶失绿、畸形
铁（Fe）	叶缘叶尖出现褐斑，叶色暗绿，根系灰黑，易烂；引发缺钾症	心叶脉间失绿，并逐渐变黄变白，组织轻度坏死；果实变为僵果；最先从新叶表现症状
钼（Mo）	蔬菜叶片失绿	最先从老叶开始褪绿、黄化，并呈螺旋状扭曲，叶缘萎蔫坏死
氯（Cl）	生长缓慢，植株矮小，叶小而黄，叶缘焦枯并向上卷筒，老叶死亡，根尖死亡	叶片失绿易萎蔫

附录B　蔬菜无土栽培的固体基质消毒

（1）太阳能消毒　夏季，将栽培基质直接薄摊平铺在水泥地上，或在基质上覆盖一层塑料薄膜，连续暴晒3~15d，利用太阳能产生的高温，可杀灭大量病原物。

（2）蒸汽消毒　将设备产生的高温蒸汽通入栽培基质中，可对蔬菜有害的微生物、细菌、真菌、线虫、害虫和杂草进行有效消灭。但基质堆垛太厚影响消毒效果。

（3）热水消毒　将基质倒入锅内水中加热到80~100℃，维持30~120min，之后滤去水分晾干到湿度适中即可使用。该方法短期杀菌效果较好。

（4）微波消毒　将基质放入微波炉中处理5min左右即可杀死其中的病虫，适用于少量基质的消毒。

（5）烧炒消毒　用火直接加热锅或铁板上的基质，进行消毒，适用于少量基质的消毒使用。

（6）冷冻消毒　将基质放入-20℃冰箱中冰冻24~48h，可杀死一般的杂草种子、真菌孢子和虫卵，适用于少量基质的消毒。

附录C　蔬菜无土栽培的液体基质消毒

（1）臭氧消毒　臭氧是很强的氧化剂，可以和所有的活有机物发生反应，杀灭微生物。具体方法为：将臭氧和营养液同时输入一个密闭空间中，一定时间后即可杀灭营养液中的病原菌。杀灭病原菌的量与营养液和臭氧接触的时间及臭氧浓度有关。该方法优点是时间短，效果好；缺点是成本较高。

（2）紫外线消毒　紫外线可破坏有机体内核蛋白或DNA结构，使其死亡或丧失繁殖能力，因此可用于消毒杀菌。该方法杀菌效果好，使用方便；缺点是隐藏在悬浮颗粒中的病原菌因不能被紫外线照射到而难以被杀死，对人体也有一定危害。

（3）紫外线-臭氧联合消毒　通过仪器，营养液先后经过臭氧和紫外线双重消毒，对其中的细菌、真菌及放线菌的杀菌率可达到89.9%~98.2%，比单一方法的消毒效果好。

（4）高温消毒　利用较高的温度，可以杀死营养液中存在的病原菌。具体方法为：将经蔬菜吸收后的多余营养液输入加热器中，利用天然气等将加热器的温度提升到80~90℃。

将营养液通入其中，保持5min左右，可杀死大部分病原菌。而且温度越高，需要的时间越短。优点是效果好，缺点是加热的成本较高。

（5）慢砂过滤 将砂粒、珍珠岩、粒状岩棉、玻璃丝或砾石等铺于过滤池中，使营养液缓慢从砂粒中流过，病原菌会被砂粒等阻挡或吸附，底部回收的营养液即可安全使用。除菌效果与砂粒等的大小及过滤速度有关，砂粒直径小，过滤速慢，效果好。优点是成本低，适用范围广；缺点是需定期清洗或更换砂粒，否则会影响使用效果。

（6）活性炭吸附法 直接将活性炭置于营养液池中，可用于去除营养液中累积的自毒物质。但吸附存在饱和点，难以重复利用，需定期更换池中的活性炭。

（7）纳米二氧化钛光催化法 用紫外光照射纳米二氧化钛，使其具有强烈的氧化性，可降解营养液中累积的自毒物质，提高蔬菜产量。该方法化学性质稳定，反应条件温和，广谱杀菌，无毒、无二次污染，可重复使用。

附录D 蔬菜生产时的农药选择

表D-1 AA级和A级绿色食品生产均允许使用的农药和其他植保产品清单

类别	组分名称	备注
植物和动物来源	楝素（苦楝、印楝等提取物，如印楝素等）	杀虫
	天然除虫菊素（除虫菊科植物提取液）	杀虫
	苦参碱及氧化苦参碱（苦参等提取物）	杀虫
	蛇床子素（蛇床子提取物）	杀虫、杀菌
	小檗碱（黄连、黄柏等提取物）	杀菌
	大黄素甲醚（大黄、虎杖等提取物）	杀菌
	乙蒜素（大蒜提取物）	杀菌
	苦皮藤素（苦皮藤提取物）	杀虫
	藜芦碱（百合科葫芦根和喷嚏草属植物提取物）	杀虫
	桉油精（桉树叶提取物）	杀虫
	植物油（如薄荷油、松树油、香菜油、八角茴香油）	杀虫、杀螨、杀真菌、抑制发芽
	寡聚糖（甲壳素）	杀菌、植物生长调节
	天然诱集和杀线虫剂（如万寿菊、孔雀草、芥子油等）	杀线虫
	具有诱杀作用的植物（如香根草等）	杀虫
	植物醋（如食醋、木醋、竹醋等）	杀菌
	菇类蛋白多糖（菇类提取物）	杀菌
	水解蛋白质	引诱
	蜂蜡	保护嫁接和修剪伤口
	明胶	杀虫
	具有驱避作用的植物提取物（大蒜、薄荷、辣椒、花椒、薰衣草、柴胡、艾草、辣根等的提取物）	驱避
	害虫天敌（如寄生蜂、瓢虫、草蛉、捕食螨等）	控制虫害

（续）

类别	组分名称	备注
微生物来源	真菌及真菌提取物（白僵菌、轮枝菌、木霉菌、耳霉菌、淡紫拟青霉、金龟子绿僵菌、寡雄腐霉菌等）	杀虫、杀菌、杀线虫
	细菌及细菌提取物（芽孢杆菌类、荧光假单胞杆菌、短稳杆菌等）	杀虫、杀菌
	病毒及病毒提取物（核型多角体病毒、质型多角体病毒、颗粒体病毒等）	杀虫
	多杀霉素、乙基多杀菌素	杀虫
	春雷霉素、多抗霉素、井冈霉素、嘧啶核苷类抗菌素、宁南霉素、申嗪霉素、中生菌素	杀菌
	S-诱抗素	植物生长调节
生物化学产物	氨基寡糖素、低聚糖素、香菇多糖	杀菌、植物诱抗
	几丁聚糖	杀菌、植物诱抗、植物生长调节
	苄氨基嘌呤、超敏蛋白、赤霉酸、烯腺嘌呤、羟烯腺嘌呤、三十烷醇、乙烯利、吲哚乙酸、吲哚丁酸、芸薹素内酯	植物生长调节
矿物来源	石硫合剂	杀菌、杀虫、杀螨
	铜盐（如波尔多液、氢氧化铜等）	杀菌，每年铜使用量不能超过 $6kg/hm^2$
	氢氧化钙（石灰水）	杀菌、杀虫
	硫黄	杀菌、杀螨、驱避
	高锰酸钾	杀菌，仅用于果树和种子处理
	碳酸氢钾	杀菌
	矿物油	杀虫、杀螨、杀菌
	氯化钙	用于治疗缺钙带来的抗性减弱
	硅藻土	杀虫
	黏土（如斑脱土、珍珠岩、蛭石、沸石等）	杀虫
	硅酸盐（硅酸钠、石英）	驱避
	硫酸铁（3 价铁离子）	杀软体动物
其他	二氧化碳	杀虫，用于储存设施
	过氧化物类和含氯类消毒剂（如过氧乙酸、二氧化氯、二氯异氰尿酸钠、三氯异氰尿酸等）	杀菌，用于土壤、培养基质、种子和设施消毒
	乙醇	杀菌
	海盐和盐水	杀菌，仅用于种子（如稻谷等）处理
	软皂（钾肥皂）	杀虫
	松脂酸钠	杀虫
	乙烯	催熟等
	石英砂	杀菌、杀螨、驱避
	昆虫性信息素	引诱或干扰
	磷酸氢二铵	引诱

注：国家新禁用或列入《限制使用农药名录》的农药自动从该清单中删除。

表 D-2　A 级绿色食品生产允许使用的其他农药清单

药剂种类	药剂名称	作用对象	备注（有效成分）
杀虫剂	吡丙醚	主要用于防治梨木虱、烟粉虱、介壳虫、小菜蛾、甜菜夜蛾、斜纹夜蛾、梨黄木虱、蓟马等	苯醚类
	吡虫啉	主要用于防治蚜虫、叶蝉、蓟马、白粉虱、马铃薯甲虫及麦秆蝇等	烟碱类
	吡蚜酮	主要用于防治蚜虫科、飞虱科、粉虱科、叶蝉科等多种害虫	烟碱类
	除虫脲	主要用于防治蝶蛾类害虫	昆虫生长调节剂
	啶虫脒	主要用于防治蚜虫、飞虱、蓟马、部分鳞翅目害虫和螨虫类	烟碱类
	氟虫脲	主要用于防治叶螨类、锈螨类（锈蜘蛛）、潜叶蛾、小菜蛾、菜青虫、棉铃虫、食心虫类、夜蛾类及蝗虫类	昆虫生长调节剂
	氟啶虫胺腈	主要用于防治盲蝽、蚜虫、粉虱、飞虱及蚧壳虫等所有刺吸式口器害虫	砜亚胺类杀虫剂
	氟啶虫酰胺	主要用于防治蚜虫类、螨虫类、蓟马类等刺吸式口器害虫	昆虫生长调节剂
	氟铃脲	主要用于防治棉铃虫、舞毒蛾、天幕毛虫、冷杉毒蛾、甜菜夜蛾、谷实夜蛾，对螨无效	昆虫生长调节剂
	高效氯氰菊酯	主要用于防治各种蝶蛾类、蚜虫类、斑潜蝇类、甲虫类、椿象类、木虱类、蓟马类	拟除虫菊酯类
	甲氨基阿维菌素苯甲酸盐	主要用于防治蝶蛾类、螨虫类	生物源杀虫剂
	甲氰菊酯	主要用于防治叶螨类、瘿螨类、菜青虫、小菜蛾、甜菜夜蛾、棉铃虫、红铃虫、茶尺蠖、小绿叶蝉、潜叶蛾、食心虫、蚜虫、白粉虱、蓟马及盲蝽类等	拟除虫菊酯类
	甲氧虫酰肼	主要用于防治鳞翅目害虫的幼虫，如甜菜夜蛾、甘蓝夜蛾、斜纹夜蛾、菜青虫、棉铃虫、金纹细蛾、美国白蛾、松毛虫、尺蠖及水稻螟虫等，适用作物如十字花科蔬菜、茄果类蔬菜、瓜类、棉花、苹果、桃、水稻、林木等	双酰肼类昆虫生长调节剂
	抗蚜威	主要用于防治蚜虫	有机氮类

（续）

药剂种类	药剂名称	作用对象	备注（有效成分）
杀虫剂	硫酰氟	一种广谱熏蒸剂，能有效杀灭各种生活期的昆虫和鼠类	无机化合物
	螺虫乙酯	主要用于防治蚜虫、蓟马、木虱、粉蚧、粉虱和介壳虫等	其他
	氯虫苯甲酰胺	防治蝶蛾类效果较好，对象甲科、叶甲科、潜蝇科、烟粉虱等有一定控制效果	其他
	灭蝇胺	主要用于防治美洲斑潜蝇、南美斑潜蝇、豆秆黑潜蝇、葱斑潜叶蝇、三叶斑潜蝇等多种潜叶蝇和根蛆类	昆虫生长调节剂
	灭幼脲	主要用于防治桃树潜叶蛾、茶黑毒蛾、茶尺蠖、菜青虫、甘蓝夜蛾、小麦黏虫、玉米螟、毒蛾类、夜蛾类及根蛆等	昆虫生长调节剂
	氰氟虫腙	防治鳞翅目害虫及某些鞘翅目的幼虫、成虫，还可以用于防治蚂蚁、白蚁、蝇类、蟑螂等害虫	缩氨基脲类杀虫剂
	噻虫啉	主要用于防治蚜虫、粉虱、甲虫、蛾类等	烟碱类
	噻虫嗪	主要用于防治蚜虫、飞虱、叶蝉、粉虱、蛾类等	烟碱类
	噻嗪酮	主要用于防治大青叶蝉、飞虱、粉虱、螨虫等	昆虫生长调节剂
	杀虫双	杀虫谱较广，对水稻大螟、二化螟、三化螟、稻纵卷叶螟、稻苞虫、叶蝉、稻蓟马、负泥虫、稻螟、菜螟、菜青虫、黄条跳甲、桃蚜、梨星毛虫、柑橘潜叶蛾等鳞翅目、鞘翅目、半翅目、缨翅目等多种咀嚼式口器害虫、刺吸式口器害虫、叶面害虫和钻蛀性害虫有效	有机氮杀虫剂
	杀铃脲	防治玉米、棉花、森林、水果和大豆上的鞘翅目、双翅目、鳞翅目害虫	苯甲酰脲类的昆虫生长调节剂
	溴氰虫酰胺	用于蔬菜、玉米、果树、棉花、大豆、水稻等作物，防治烟粉虱、白粉虱、二化螟、三化螟、蓟马、蚜虫、美洲斑潜蝇、豆荚螟、瓜绢螟、棉铃虫、甜菜夜蛾、菜青虫等半翅目、鳞翅目、双翅目类害虫	酰胺类
	辛硫磷	主要用于防治各种蛾类、粉虱、蓟马等	有机磷类
	茚虫威	主要用于防治甜菜夜蛾、小菜蛾、菜青虫、斜纹夜蛾、甘蓝夜蛾、棉铃虫、烟青虫、卷叶蛾类、苹果蠹蛾、叶蝉、尺蠖、金刚钻、马铃薯甲虫	有机氮类

（续）

药剂种类	药剂名称	作用对象	备注（有效成分）
杀螨剂	苯丁锡	主要用于防治螨虫	
	虫螨腈		
	喹螨醚		
	联苯肼酯		
	螺螨酯		
	噻螨酮		
	虱螨脲		
	四螨嗪		
	乙螨唑		
	唑螨酯		
杀软体动物剂	四聚乙醛	主要用于防治蜗牛、蛞蝓	
杀菌剂	苯醚甲环唑	用于果树、蔬菜等作物防治黑星病、黑痘病、白腐病、斑点落叶病、白粉病、褐斑病、锈病、条锈病、赤霉病等	杂环类
	吡唑醚菌酯	主要用于防治叶枯病、锈病、白粉病、霜霉病、疫病、炭疽病、疮痂病、褐斑病、立枯病等	甲氧基丙烯酸酯类
	丙环唑	主要用于防治叶枯病、锈病、白粉病、炭疽病、褐斑病等	三唑类
	代森联	主要用于防治霜霉病、炭疽病、褐斑病、晚疫病等	有机硫类
	代森锰锌	主要用于防治疫病、炭疽病、叶斑病、立枯病、猝倒病等	有机硫类
	代森锌	主要用于防治灰霉病、炭疽病、晚疫病、霜霉病、锈病等	有机硫类
	稻瘟灵	主要防治稻瘟病，同时对水稻纹枯病、小球菌核病和白叶枯病有一定防效	有机硫类
	啶酰菌胺	主要用于防治白粉病、灰霉病、菌核病等	烟酰胺类
	啶氧菌酯	主要用于防治叶枯病、叶锈病、颖枯病、褐斑病、白粉病等	甲氧基丙烯酸酯类
	多菌灵	主要用于防治菌核病、疫病、炭疽病等	苯并咪唑类
	噁霉灵	主要用于防治霜霉病、立枯病、疫病、灰霉病等	杂环类
	噁霜灵	主要用于防治立枯病、猝倒病、枯萎病、黄萎病、菌核病、炭疽病、疫病、黑星病等	杂环类
	噁唑菌酮	主要用于防治白粉病、锈病、颖枯病、网斑病、霜霉病、早晚疫病等	噁唑啉二酮类

（续）

药剂种类	药剂名称	作用对象	备注（有效成分）
杀菌剂	粉唑醇	主要用于防治白粉病、锈病、黑穗病等	三唑类
	氟吡菌胺	主要用于防治霜霉病、疫病、晚疫病、猝倒病等	吡啶酰胺类
	氟吡菌酰胺	用于葡萄、梨树、香蕉、苹果等水果，黄瓜、番茄等蔬菜及大田作物等上的斑点落叶病、叶斑病、灰霉病、白粉病、菌核病、早疫病等的防控，还可以用于防治多种线虫	吡啶酰胺类
	氟啶胺	主要用于防治白粉病、疫霉病、灰霉病、霜霉病、黑星病、黑斑病	二硝基苯胺类
	氟环唑	主要用于防治叶斑病、白粉病、锈病、炭疽病、白腐病等	三唑类
	氟菌唑	主要用于防治白粉病、锈病、炭疽病、桃褐腐病等	咪唑类
	氟硅唑	主要用于防治炭疽病、黑星病、白粉病、疮痂病、锈病、轮纹病、褐斑病、叶斑病、立枯病、根腐病等	三唑类
	氟吗啉	主要用于防治卵菌纲病原菌产生的病害，如霜霉病、晚疫病、霜疫病等	吗啉类
	氟酰胺	主要用于防治各种立枯病、纹枯病、霉腐病等。对水稻纹枯病有特效	酰胺类
	氟唑环菌胺	用于小麦、大麦、燕麦、黑麦、大豆和油菜控制黑穗病，以及多种苗期疾病，尤其是立枯病	酰胺类
	腐霉利	主要用于防治菌核病、灰霉病、黑星病、褐腐病、大斑病等	二甲酰亚胺类
	咯菌腈	主要用于防治立枯病、根腐病、枯萎病、炭疽病、褐斑病、蔓枯病等	其他
	甲基立枯磷	主要用于防治立枯病、枯萎病、菌核病、根腐病、褐腐病等	有机磷类
	甲基硫菌灵	主要用于防治白粉病、灰霉病、炭疽病、菌核病、褐斑病等	苯并咪唑类
	腈苯唑	主要用于防治白粉病、锈病、黑星病、叶斑病、褐斑病、黑穗病	三唑类
	腈菌唑	主要用于防治白粉病、锈病、黑星病、灰斑病、褐斑病、黑穗病等	三唑类

（续）

药剂种类	药剂名称	作用对象	备注（有效成分）
杀菌剂	精甲霜灵	主要用于防治霜霉病、疫病、腐霉病等	苯基酰胺类
	克菌丹	主要用于防治纹枯病、稻瘟病、小麦秆锈病、烟叶赤星病等	有机硫类杀
	喹啉铜	主要应用于防治番茄的晚疫病、细菌性溃疡病，辣椒的疫病、溃疡病、疮痂病、霜霉病，黄瓜的霜霉病、细菌性叶斑病，西瓜的霜霉病、炭疽病、细菌性果斑病，甜瓜的霜霉病、疫腐病、细菌性果腐病，马铃薯的晚疫病等	有机铜类
	醚菌酯	主要用于防治白粉病、黑星病、炭疽病、锈病、疫病	甲氧基丙烯酸酯类
	嘧菌环胺	对灰葡萄孢引起的葡萄、草莓、黄瓜、西红柿等作物灰霉病，苹果树、梨树的斑点落叶病、黑星病、褐腐病，大麦、小麦等谷物上常发的网斑病、叶枯病等均有优异的效果，对白粉病、链格孢属真菌引起的黑斑病等也有一定的防效	嘧啶胺类
	嘧菌酯	主要用于防治白粉病、锈病、颖枯病、网斑病、霜霉病、稻瘟病等	甲氧基丙烯酸酯类
	嘧霉胺	主要用于防治灰霉病	苯氨基嘧啶类
	氰霜唑	主要用于防治晚疫病和霜霉病	磺胺咪唑类
	氰氨化钙	有效防治根结线虫、根肿病、枯萎病、莲藕腐败病等土传病虫害	无机类
	噻呋酰胺	主要用于防治水稻的纹枯病、稻瘟病、稻曲病，小麦的纹枯病、白粉病、黑穗病、锈病，蔬菜的锈病、白粉病、炭疽病、叶霉病、蔓枯病，花生的白绢病、茎腐病、锈病，葡萄的炭疽病、白腐病、褐斑病，棉花的立枯病，柑橘的炭疽病、疮痂病，枣树的炭疽病、轮纹病、锈病，马铃薯的黑痣病	酰胺类
	噻菌灵	主要用于防治稻瘟病，白粉病，灰霉病，叶枯病，菌核病，青、绿霉病	苯咪唑类
	噻唑锌	主要用于防治溃疡病、疮痂病、性角斑病、软腐病、性条斑病、叶枯病、青枯病、枯萎病、炭疽病、褐腐病、白叶枯病、纹枯病、稻瘟病、褐斑病、猝倒病、立枯病、小叶病、霜霉病、靶斑病等病害，还能防治缺锌病的发生	噻二唑类
	三环唑	防治稻瘟病	三唑类
	三乙膦酸铝	主要用于防治霜霉病、疫病、心腐病、根腐病、茎腐病、红髓病等	有机磷类

（续）

药剂种类	药剂名称	作用对象	备注（有效成分）
杀菌剂	三唑醇	主要用于防治黑穗病、白粉病、锈病等	三唑类
	三唑酮	主要用于防治黑穗病、锈病、白粉病	三唑类
	双炔酰菌胺	主要用于防治霜霉病、晚疫病、疫病等	酰胺类
	霜霉威	主要用于防治霜霉病、疫病、猝倒病、晚疫病、黑胫病等	氨基甲酸酯类
	霜脲氰	主要用于防治晚疫病、霜霉病	脲类
	萎锈灵	主要用于防治禾谷类黑穗病、锈病、黄萎病、立枯病等	杂环类
	肟菌酯	对白粉病、锈病、颖枯病、网斑病、霜霉病、稻瘟病等均有良好的效果。除对白粉病、叶斑病有特效外，对锈病、霜霉病、立枯病、苹果黑腥病、油菜菌核病有良好的效果	甲氧基丙烯酸酯类
	戊唑醇	主要用于防治白绢病、白粉病、根腐病、赤霉病、黑穗病等	三唑类
	烯肟菌胺	主要用于防治小麦锈病、小麦白粉病、水稻纹枯病、稻曲病、黄瓜白粉病、黄瓜霜霉病、葡萄霜霉病、苹果斑点落叶病、苹果白粉病、香蕉叶斑病、番茄早疫病、梨黑星病、草莓白粉病、向日葵锈病等	甲氧基丙烯酸酯类
	烯酰吗啉	主要用于防治霜霉病、晚疫病、腐霉病、黑胫病等	吗啉类
	异菌脲	主要用于防治灰霉病、早疫病、黑斑病、菌核病等	二甲酰亚胺类
	抑霉唑	主要用于防治青霉病、绿霉病	三唑类
熏蒸剂	棉隆	主要用于防治土壤中的线虫、土壤真菌、地下害虫和藜属杂草	
	威百亩	主要用于防治土壤中线虫、真菌、细菌引起的病害、地下害虫和杂草	
除草剂	二甲四氯	主要用于防治三棱草、鸭舌草、泽泻、野慈姑等一年生或多年生阔叶杂草和部分莎草	
	氨氯吡啶酸	主要用于防治钝叶酸模、皱叶酸模、田蓟、欧洲蓟、荨麻等一年生和多年生阔叶草	

（续）

药剂种类	药剂名称	作用对象	备注（有效成分）
除草剂	苄嘧磺隆	防除猪殃殃、繁缕、碎米荠、播娘蒿、荠菜、大巢菜、藜、稻槎菜等阔叶杂草	
	丙草胺	对禾本科杂草有很好的防效，同时对阔叶杂草和莎草也具备一定的防效	
	丙炔噁草酮	主要用于水稻、马铃薯、向日葵、蔬菜、甜菜、果树等，防治一年生禾本科、莎草科和阔叶杂草及多年生杂草	
	丙炔氟草胺	主要用于防治马齿苋、反枝苋、藜、小藜等常见阔叶杂草	
	草铵膦	主要用于防治绝大多数农田一年生乃至多年生的杂草	
	二甲戊灵	主要用于防治稗草、马唐、狗尾草、千金子等一年生禾本科杂草、部分阔叶杂草和莎草	
	二氯吡啶酸	主要用于防治小蓟、大蓟、苣荬菜、鬼针草等豆科和菊科多年生杂草	
	氟唑磺隆	主要用于防治野燕麦、雀麦、看麦娘等禾本科杂草和多种双子叶杂草	
	禾草灵	主要用于防治稗草、马唐、毒麦、野燕麦等一年生禾本科杂草	
	环嗪酮	主要用于防治大部分单子叶和双子叶杂草及木本植物黄花忍冬、珍珠梅、柳叶绣线菊、刺五加等，常用作林用除草剂	
	磺草酮	主要用于防治藜、龙葵、蓼等阔叶杂草及某些单子叶杂草	
	甲草胺	主要用于防治稗草、牛筋草、秋稷、马唐、狗尾草等一年生禾本科杂草和许多阔叶杂草	
	精吡氟禾草灵	主要用于防治看麦娘、早熟禾、野燕麦等一年生和多年生禾本科杂草	
	精喹禾灵	主要用于防治马唐、狗尾草、野燕麦、雀麦、白茅等一年生禾本科杂草	
	精异丙甲草胺	主要防治一年生禾本科杂草和部分阔叶杂草。主要用于旱地作物、蔬菜作物、果园、苗圃、油菜、西瓜、甜椒等	
	绿麦隆	主要用于防治看麦娘、早熟禾、野燕麦、繁缕、猪殃殃、藜、婆婆纳等多种禾本科杂草及阔叶杂草	

（续）

药剂种类	药剂名称	作用对象	备注（有效成分）
除草剂	氯氟吡氧乙酸（异辛酸）	主要用于防治猪殃殃、卷茎蓼、马齿苋、龙葵、田旋花、蓼、苋等阔叶杂草	
	氯氟吡氧乙酸异辛酯	主要用于防治猪殃殃、卷茎蓼、马齿苋、龙葵等阔叶杂草	
	麦草畏	主要用于防治猪殃殃、大巢菜、卷茎蓼蔓、藜等一年生阔叶和宿根性多年生杂草	
	咪唑喹啉酸	主要用于防治蓼、藜、反枝苋、鬼针草、苍耳、苘麻等阔叶杂草	
	灭草松	主要用于防治苍耳、问荆、马齿苋、反枝苋等阔叶杂草和莎草科杂草	
	氰氟草酯	主要用于防治稗草、千金子、牛筋草等大多数恶性禾本科杂草	
	炔草酯	主要用于防治看麦娘、野燕麦、黑麦草、早熟禾、狗尾草等禾本科杂草	
	乳氟禾草灵	主要用于防治苋、蓼、鸭跖草、龙葵、苍耳、苘麻、藜、马齿苋等一年生阔叶杂草	
	噻吩磺隆	主要用于防治野苋菜、马齿苋等一年生阔叶杂草	
	双草醚	对稗草和双穗雀稗（红拌根草、过江龙）有特效，可用于防除大龄稗草和对其他除草剂产生抗性的稗草	
	双氟磺草胺	主要用于防治猪殃殃、繁缕、蓼属阔叶杂草、菊科杂草	
	甜菜安	主要用于防治黎、蓼、苘麻、苋等阔叶杂草	
	甜菜宁	主要用于防治藜属、荠菜、野芝麻等多种双子叶杂草	
	五氟磺草胺	可有效防除稗草、一年生莎草科杂草，并对众多阔叶杂草有效，如沼生异蕊花、鳢肠、田菁、竹节花、鸭舌草等	
	烯草酮	主要用于防治稗草、狗尾草、看麦娘、早熟禾等主要禾本科杂草	
	烯禾啶	主要用于防治稗草、马唐、野燕麦、牛筋草、狗尾草、看麦娘、千金子等一年生禾本科杂草	
	酰嘧磺隆	防治小麦、玉米田阔叶杂草	
	硝磺草酮	主要用于防治一年生阔叶杂草和部分禾本科杂草，如苘麻、苋菜、藜、蓼、稗草、马唐等	

（续）

药剂种类	药剂名称	作用对象	备注（有效成分）
除草剂	乙氧氟草醚	主要用于防治稗草、千金子、异型莎草、鸭舌草等一年生阔叶杂草和莎草，对多年生杂草有一定抑制作用	
	异丙隆	主要用于防治马唐、藜、早熟禾、看麦娘等一年生杂草	
	唑草酮	主要用于防治苘麻、反枝苋、藜、龙葵、白芥、野芝麻、红心藜等阔叶杂草	
植物生长调节剂	1-甲基环丙烯	延缓成熟、衰老，用于果蔬、花卉的保鲜	
	2,4-D（只允许作为植物生长调节剂使用）	主要用于促进生长，防止落花落果	
	矮壮素	主要用于使植株变矮，茎秆变粗，叶色变绿，提高抗逆性	
	氯吡脲	主要用于促进茎、叶、根、果生长，促进结果，加速疏果和落叶	
	萘乙酸	主要用于促进扦插生根，诱导开花结果，防花病、防脱落，形成无籽果实，还能增强植物抗旱涝、抗盐碱、抗倒伏能力	
	烯效唑	主要用于矮化植株、增强植物抗逆性、增加作物产量	

注：国家新禁用或列入《限制使用农药名录》的农药自动从该清单中删除。

表 D-3　禁止（停止）使用的农药（50 种）

名称	六六六、滴滴涕、毒杀芬、二溴氯丙烷、杀虫脒、二溴乙烷、除草醚、艾氏剂、狄氏剂、汞制剂、砷类、铅类、敌枯双、氟乙酰胺、甘氟、毒鼠强、氟乙酸钠、毒鼠硅、甲胺磷、对硫磷、甲基对硫磷、久效磷、磷胺、苯线磷、地虫硫磷、甲基硫环磷、磷化钙、磷化镁、磷化锌、硫线磷、蝇毒磷、治螟磷、特丁硫磷、氯磺隆、胺苯磺隆、甲磺隆、福美胂、福美甲胂、三氯杀螨醇、林丹、硫丹、溴甲烷、氟虫胺、杀扑磷、百草枯、2，4-滴丁酯、甲拌磷、甲基异柳磷、水胺硫磷、灭线磷

注：2,4-滴丁酯自 2023 年 1 月 29 日起禁止使用。溴甲烷可用于“检疫熏蒸处理”。杀扑磷已无制剂登记。甲拌磷、甲基异柳磷、水胺硫磷、灭线磷，自 2024 年 9 月 1 日起禁止销售和使用。

表 D-4　在部分范围禁止使用的农药

通用名	禁止使用范围
克百威、氧乐果、灭多威、涕灭威、灭线磷	禁止在蔬菜、瓜果、茶叶、菌类、中草药材上使用，禁止用于防治卫生害虫，禁止用于水生植物的病虫害防治
克百威	禁止在甘蔗作物上使用

（续）

通用名	禁止使用范围
内吸磷、硫环磷、氯唑磷	禁止在蔬菜、瓜果、茶叶、中草药材上使用
乙酰甲胺磷、丁硫克百威、乐果	禁止在蔬菜、瓜果、茶叶、菌类和中草药材上使用
毒死蜱、三唑磷	禁止在蔬菜上使用
丁酰肼（比久）	禁止在花生上使用
氰虫腈	禁止在所有农作物上使用（玉米等部分旱田种子包衣除外）
氰苯虫酰胺	禁止在水稻上使用

表 D-5　适用于蔬菜无土栽培的常见生物农药清单

名称	防治对象	作用机理	注意事项
烟碱	蚜虫、蓟马、椿象、卷叶虫、菜青虫	触杀	水生生物毒性中等，对家蚕高毒
除虫菊素类	蚜虫、叶甲、椿象等农业害虫和蚊蝇等卫生害虫	触杀	见光易分解，傍晚喷洒，忌与碱性药剂混用，对鱼高毒
鱼藤酮	蚜虫、螨、网蝽、瓜蝇、甘蓝夜蛾、斜纹夜蛾、蓟马、黄曲条跳甲、黄守瓜、二十八星瓢虫	触杀、胃毒	对鱼类等水生生物和家蚕高毒，对蜜蜂低毒，不能与碱性药剂混用
印楝素	粉虱、蚜虫、蓟马、粉蚧、金龟子及小菜蛾	抑制生长发育，拒食和趋避	在光照下不稳定，易失去杀虫活性
苦皮藤素	菜青虫、小菜蛾及槐尺蠖等鳞翅目幼虫	拒食、麻醉、毒杀	严禁与碱性药剂混用
川楝素	菜青虫、斜纹夜蛾、小菜蛾、菜螟等的幼虫及蚜虫、叶螨、粉虱、斑潜蝇	拒食、忌避、干扰生长发育及毒杀	暂无
藜芦碱	菜青虫、蚜虫、叶蝉、蓟马、椿象等	触杀和胃毒	易光解，应在避光、干燥、通风和低温条件下贮存
苦参碱及氧化苦参碱	菜青虫、黏虫、蚜虫及红蜘蛛等	触杀、胃毒	严禁与碱性药混用
辣椒碱	菜青虫和蚜虫等	胃毒、拒食	暂无
蛇床子素	菜青虫	触杀	对家蚕有剧毒，不能与碱性药剂和铜制剂混用，苗期与豆科作物禁用
多杀霉素	鳞翅目幼虫、潜叶虫、叶甲和蓟马	胃毒、触杀	对鱼或其他水生生物有毒，应避免污染水源和池塘
苏云金芽孢杆菌	鳞翅目、直翅目、鞘翅目、双翅目和膜翅目害虫	胃毒	对家蚕有剧毒，不可与杀菌剂或内吸性有机磷杀虫剂混用

（续）

名称	防治对象	作用机理	注意事项
白僵菌	鳞翅目、同翅目、膜翅目、直翅目等幼虫	触杀	养蚕区不宜使用，不能与化学杀菌剂混用
绿僵菌	金龟甲、象甲、金针虫、鳞翅目害虫	触杀	对蚕有毒性，忌与化学杀菌剂混用
核多角体病毒	棉铃虫、斜纹夜蛾和舞毒蛾等鳞翅目幼虫	触杀	不耐高温，易被紫外线杀灭，阳光照射会失活，能被消毒剂杀死
大蒜素	甜菜和芹菜叶斑病，番茄叶霉病、灰霉病，黄瓜炭疽病和细菌性角斑病	保护兼治疗性的内吸性杀真菌剂和杀细菌剂	不能与碱性药剂混用
多抗霉素	蔬菜苗期猝倒病，黄瓜霜霉病、白粉病，番茄晚疫病和瓜类枯萎病	广谱内吸性杀菌抗生素	不能与碱性或酸性药剂混用
井冈霉素	立枯丝核菌引起的立枯病	内吸性杀菌剂	不能与碱性药剂混用
宁南霉素	番茄病毒病、辣椒病毒病、黄瓜白粉病和油菜菌核病	保护与治疗作用兼备的广谱杀菌抗生素	不能与碱性药剂混用
中生菌素	白菜软腐病、茄科青枯病、姜瘟病、黄瓜细菌性角斑病和菜豆细菌性疫病	广谱农用杀菌抗生素	不能与碱性药剂混用
草蛉	捕食蚜虫，也可捕食粉虱、介壳虫、蓟马、螨类、甲虫和鳞翅目昆虫的卵	直接捕食	注意控制蚂蚁取食草蛉卵
蚜茧蜂	蚜虫	寄生于蚜虫体内将其杀死	暂无
异色瓢虫	蚜虫、木虱和粉蚧	成虫和幼虫均可捕食害虫	对异色瓢虫毒力较高

参考文献

[1] 徐永艳. 我国无土栽培发展的动态研究［J］. 云南林业科技，2002（3）：90-94.

[2] 万军. 国内外无土栽培技术现状及发展趋势［J］. 科技创新导报，2011（3）：11.

[3] 林桂权. 我国无土栽培的概况及发展前景［J］. 科技信息，2009（15）：332-333.

[4] 唐世凯，刘丽芳. 发展“云菜”产业助力乡村振兴［J］. 社会主义论坛，2022（10）：42-44.

[5] 林岩，马源，吴娟. 蔬菜无土栽培技术发展概况［J］. 现代农业科技，2008（19）：143，146.

[6] 王学军，仝爱玲. 蔬菜保护地栽培问答［M］. 北京：中国农业出版社，1999.

[7] 王化. 中国蔬菜无土栽培发展历史的初步探讨［J］. 上海蔬菜，1997（1）：11-12，42.

[8] 刘慧超，庞荣丽，辛保平，等. 蔬菜无土栽培研究进展［J］. 现代农业科技，2009（1）：34-35，37.

[9] 胡玥，金敏凤，王全喜. 不同无土栽培方式及其对蔬菜品质影响的研究进展［J］. 上海师范大学学报（自然科学版），2015（6）：672-680.

[10] 孙严艳. 我国蔬菜无土栽培的研究现状及进展［J］. 中国科技信息，2014（21）：127-128.

[11] 宋胭脂，张弛. 现代温室蔬菜无土栽培产投效益分析［J］. 陕西农业科学，2008（4）：100-102.

[12] 唐世凯，刘丽芳. 云南美丽乡村的污染与治理［J］. 西南林业大学大学学报（社会科学），2019（6）：53-58.

[13] 李秀刚，李东星，卜云龙，等. 连栋玻璃温室设计建造要点［J］. 农业工程技术，2018（19）：35-39.

[14] 冷鹏. 无土栽培［M］. 北京. 化学工业出版社. 2015.

[15] 滕星，高星爱，姚丽影，等. 植物工厂水培生菜技术研究进展［J］. 东北农业科学，2017（1）：40-45.

[16] 秦四春，辜松，王跃文. 欧洲水培叶菜机械规模化生产系统［J］. 农机化研究，2017（12）：264-268.

[17] 李茜，仇玉洁，贺江，等. 水培蔬菜的种植模式、品质及其应用研究进展［J］. 湖南农业科学，2018（9）：127-130.

[18] 庄华才，叶榛华，杨贺年，等. 深池浮板栽培蔬菜技术及其应用［J］. 现代农业装备，2008（12）：50-52.

[19] 马清艳，蒋加文. 无土栽培技术原理及方案研究［J］. 考试周刊，2015（49）：196.

[20] 周坚，幸向亮，林爱红，等. 1600m^2 植物工厂气雾栽培系统设计与研究［J］. 江西科学，2017（6）：918-921，967.

[21] 王超，张广宇. 温室环境智能监控系统［J］. 长春工业大学学报（自然科学版），2014（4）：451-454.

[22] 王纪章，李萍萍，彭玉礼. 基于无线网络的温室环境监控系统［J］. 江苏农业科学，2012（12）：373-375.

[23] 王振龙. 无土栽培教程［M］. 2 版. 北京：中国农业大学出版社，2014.

[24] 裴孝伯. 有机蔬菜无土栽培技术大全［M］. 北京：化学工业出版社，2010.

[25] 蒋卫杰，等. 蔬菜无土栽培新技术［M］. 北京：金盾出版社，1998.

[26] 徐伟忠，王利柄，詹喜法，等. 一种新型栽培模式——气雾培的研究［J］. 广东农业科学，2006（7）：30-33.

[27] 陈全胜，邓凯敏. 深液流无土栽培（DFT）营养液管理技术［J］. 黄冈职业技术学院学报，2009（4）：14-16.

[28] 郑光华. 动态浮根系统水培的原理与方法［J］. 中国蔬菜，1992（增刊 1）：47-49.

[29] 姜新法. 立体无土栽培技术浅述［J］. 农技服务，2017（12）：102.

[30] 刘惠超，庞荣丽，卢钦灿. 谈无土栽培基质的消毒［J］. 现代农业科技，2009（1）：100.

[31] 郭世荣. 无土栽培学［M］. 2 版. 北京：中国农业出版社，2011.

[32] 秦新惠. 无土栽培技术 [M]. 重庆：重庆大学出版社，2015.
[33] 王振龙. 无土栽培教程 [M]. 2 版. 北京：中国农业大学出版社，2014.
[34] 王久兴. 图解蔬菜无土栽培 [M]. 北京：金盾出版社，2011.
[35] 蒋卫杰，等. 蔬菜无土栽培新技术（修订版）[M]. 北京：金盾出版社，2012.
[36] 张宗俭，邵振润，束放. 植物生长调节剂科学使用指南 [M]. 3 版. 北京：化学工业出版社，2015.
[37] 何晓明，谢大森. 植物生长调节剂在蔬菜上的应用 [M]. 2 版. 北京：化学工业出版社，2010.
[38] 潘瑞炽，李玲. 植物生长调节剂：原理与应用 [M]. 广州：广东高等教育出版社，2007.
[39] KU Y G, WOOLLEY D J. Effect of plant growth regulatorsand spear bud scales on growth of Asparagus officinalisspears [J]. Scientia Horticulturae, 2006, 108 (3): 238-242.
[40] FAUCONNIER M L, Mouttalib A, Diallo B, et al. Short Communication: Changes in lipoxygenase and hydroperoxide decomposition activities in tissue cultures of soybean [J]. Journal of Plant Physicol, 2001, 158 (7): 953-955.
[41] GAJALAKSHMI S, ABBASI S A. Effect of the application of water hyacinth compost/vermicompost on the growth and flowering of Crossandra undulaefolia, and on several vegetables [J]. Bioresource Technology, 2002, 85 (2): 197-199.
[42] GOMATHINAYAGAM M, JALEEL C A, LAKSHMANAN G M A, et al. Changes in carbohydrate metabolism by triazole growth regulators in cassava (Manihot esculenta Crantz); effects on tuber production and quality [J]. Comptes Rendus Biologies, 2007, 330 (9): 644-655.
[43] 田世平，罗云波，王贵禧. 园艺产品采后生物学基础 [M]. 北京：科学出版社，2011.
[44] 唐雪松. 无土育苗技术 [J]. 吉林蔬菜，2011 (1): 21-23.
[45] 李群. 大棚蔬菜无土育苗技术 [J]. 农村实用技术，2008 (6): 32.
[46] 宁艳民. 不同无土栽培方式对蔬菜品质的影响 [J]. 南方农业，2018 (26): 22-23.
[47] 任玉江，钟建明，赵长江，等. 瓜类蔬菜的简易无土育苗技术 [J]. 中国园艺文摘，2009 (1): 61-62.
[48] 刘洪江. 蔬菜床土育苗和生产管理技术 [J]. 吉林蔬菜，2012 (2): 7-8.
[49] 犹书金. 浅析蔬菜无土育苗技术 [J]. 吉林农业，2011 (6): 162.
[50] 李瑞国，刘晓霞. 无公害蔬菜无土育苗技术 [J]. 农业科技通讯，2005 (8): 41.
[51] 郭智勇，马文全，徐银海，等. 茄果类蔬菜简易无土育苗技术 [J]. 北方园艺，2007 (1): 74-75.
[52] 徐丽萍. 基质穴盘无土育苗技术 [J]. 青海农技推广，2006 (2): 35, 47.
[53] 孙尚忠，杜红兵，马惠琴，等. 蔬菜工厂化无土穴盘基质育苗技术 [J]. 宁夏农林科技，2008 (6): 154, 35.
[54] 陈艳丽，李绍鹏，高新生，等. 热带地区夏季水培小白菜营养液浓度的研究 [J]. 新疆农业大学学报，2010 (5): 389-393.
[55] 侯苗苗，郭玲娟，亓德明，等. 韭菜新型 DFT 多层栽培技术 [J]. 长江蔬菜，2015 (3): 38-39.
[56] 张蕊. 水培生菜栽培技术 [J]. 北方园艺，2011 (19): 53-54.
[57] 谢新太，葛皓，彭志良，等. 空心菜水培营养液配方筛选 [J]. 贵州农业科学，2014 (7): 68-72.
[58] 韩德伟，彭世勇，矫天育，等. 西芹营养液膜技术研究初探 [J]. 吉林蔬菜，2007 (2): 55-56.
[59] 李树和，王震星，张洪顺. 大蒜有机生态型无土栽培技术 [J]. 农业与技术，2003 (5): 95-96.
[60] 王瑞，胡笑涛，王文娥，等. 菠菜水培不同营养液浓度的产量、品质、元素利用效率主成分分析研究 [J]. 华北农学报，2016 (增刊 1): 206-212.
[61] 孙新佳，李晶晶，雷秋媚，等. 番茄无土栽培袋培技术研究 [J]. 南方农机，2019 (12): 54.
[62] 肖英奎，张艳平，张强，等. 马铃薯微型薯气雾培营养液研究综述 [J]. 农机化研究，2011 (10): 220-223.

[63] 申进文. 食用菌生产技术大全 [M]. 郑州：河南科学技术出版社，2014.
[64] 周克强. 蔬菜栽培 [M]. 北京：中国农业大学出版社，2007.
[65] 刘士勇. 阳台创意种菜一本通 [M]. 北京：中国农业出版社，2017.
[66] 崔世茂，张凤兰. 阳台菜园：叶菜无土栽培 [M]. 呼和浩特：内蒙古人民出版社，2014.
[67] 王宏信. 图解家庭蔬菜无土栽培 [M]. 北京：化学工业出版社，2017.
[68] 孙光闻. 图说阳台、天台蔬果巧栽培 [M]. 北京：化学工业出版社，2017.
[69] 李宗尧. 节水灌溉技术 [M]. 3 版. 北京：中国水利水电出版社，2018.
[70] 汪宝会，郑丽娟，郭振有. 节水灌溉实用技术 [M]. 北京：中国水利水电出版社，2015.
[71] 张洪昌，李星林，王顺利. 蔬菜灌溉施肥技术手册 [M]. 北京：中国农业出版社，2014.
[72] 吴文君，高希武，张帅. 生物农药科学使用指南 [M]. 北京：化学工业出版社，2017.
[73] 王迪轩，何永梅. 绿色蔬菜科学使用农药指南 [M]. 北京：化学工业出版社，2016.
[74] 王衍安. 植物与植物生理 [M]. 2 版. 北京：高等教育出版社，2015.
[75] 陈春宏，杨志远，周强，等. 引进现代化温室的作物肥水管理 [J]. 上海农业学报，1998（增刊 1）：57-64.
[76] 李碧霞. 设施蔬菜病虫害防治技术 [M]. 银川：阳光出版社，2013.
[77] 程亚樵，刘彩霞，杨云亮. 园艺植物病虫害防治 [M]. 北京：中国农业出版社，2013.
[78] 袁会珠. 农药使用技术指南 [M]. 2 版. 北京：化学工业出版社，2011.
[79] 中华人民共和国农业农村部. 绿色食品　农药使用准则：NY/T 393—2020 [S]. 北京：中国农业出版社，2020.
[80] 宋卫堂. 国家大宗蔬菜产业技术体系研究成果介绍（五）紫外线—臭氧组合式消毒机 [J]. 中国蔬菜，2013（19）：40.
[81] 邱志平. TiO_2 光催化去除营养液中自毒物质的效果研究 [D]. 中国农业科学院，2013.
[82] 刘伟，陈殿奎，vanOs E A. 无土栽培营养液消毒技术研究与应用 [J]. 农业工程学报，2005（增刊 2）：121-124.
[83] 司亚平，何伟明. 穴盘育苗技术要点（二）——简要栽培技术 [J]. 中国蔬菜，2001（1）：51-52.